"东大伦理"系列·《伦理研究》

江苏省公民道德与社会风尚协同创新中心　江苏省道德发展高端智库　东南大学道德发展研究院

Ethical Research

伦理研究【第九辑】

变革时期的伦理范式与道德话语

主　　编：樊　浩　［德］Thomas Pogge
　　　　　［俄罗斯］Alexander N. Chumakov

执行主编：赵　浩

东南大学出版社
SOUTHEAST UNIVERSITY PRESS

·南京·

江苏省公民道德与社会风尚协同创新中心　江苏省道德发展高端智库　东南大学道德发展研究院

图书在版编目(CIP)数据

　伦理研究. 第九辑，变革时期的伦理范式与道德话语/
樊浩，(德)涛慕思·博格(Thomas Pogge)，(俄罗斯)
亚历山大·丘马科夫主编. — 南京：东南大学出版社，
2022.6

　　ISBN 978-7-5766-0335-4

　　Ⅰ.①伦… Ⅱ.①樊… ②涛… ③亚… Ⅲ.①伦理学
-文集 Ⅳ.①B82-53

　　中国版本图书馆 CIP 数据核字(2022)第 218954 号

责任编辑：陈　淑　　责任校对：子雪莲　　封面设计：余武莉　　责任印制：周荣虎

伦理研究(第九辑)——变革时期的伦理范式与道德话语

Lunli Yanjiu(Di-jiu Ji)——Biange Shiqi De Lunli Fanshi Yu Daode Huayu

主　　编：樊　浩　Thomas Pogge　Alexander N. Chumakov
执行主编：赵　浩
出版发行：东南大学出版社
出 版 人：白云飞
社　　址：南京四牌楼 2 号　邮编：210096
网　　址：http://www.seupress.com
经　　销：全国各地新华书店
印　　刷：南京凯德印刷有限公司
开　　本：889 mm×1194 mm　1/16
印　　张：8.75
字　　数：272 千字
版　　次：2022 年 6 月第 1 版
印　　次：2022 年 6 月第 1 次印刷
书　　号：ISBN　978-7-5766-0335-4
定　　价：75.00 元

本社图书若有印装质量问题，请直接与营销部联系。电话(传真)：025-83791830

《伦理研究》编辑委员会

目　　录

改革时期道德变迁话语的再思考

阎云翔[*]

讲座时间 2021 年 11 月 24 日 9:00—11:00,线上腾讯会议

主持人 王珏教授:

阎云翔教授,早上好! 各位老师、各位同学,大家早上好! 今天我们非常有幸邀请到国际著名人类学家阎云翔教授。大家在拜读阎云翔教授的著作、论文的时候,可能对他已经有所了解,我在这里再介绍一下。

阎老师的本科、硕士就读于北大中文系,博士就读于美国,在哈佛大学获得博士学位,现在任教于美国加州大学洛杉矶分校,是该校中国研究中心主任、文化人类学教授。阎老师虽然远在美国,但是我们感觉他如此亲近,因为他对中国社会的脉动、对中国社会伦理道德的变迁有敏锐精准的把握。他出版了很多著作,在国内目前已经翻译成中文的有《礼物的流动:一个中国村庄中的互惠原则与社会网络》《私人生活的变革:一个中国村庄里的爱情、家庭与亲密关系(1949—1999)》《中国社会的个体化》等,最近阎老师还出版了新著 *Chinese Families Upside Down*:*Intergenerational Dynamics and Neo-Familism in the Early 21 st Century*(《倒立的中国家庭:21 世纪早期的代际互动和新家庭主义》),期待中文版能早日与我们见面。我本人是从《礼物的流动:一个中国村庄的互惠原则与社会网络》开始读起的,当时就觉得非常震撼,也非常亲切,里面用的方法和我们平时伦理学用的方法不同,我们的伦理学团队在樊和平院长的带领下,也一直在做一些交叉的、新的方法的学习和研究,今天有幸请到阎云翔教授给予我们团队指导。阎教授的著作《私人生活的变革》在 2005 年获得"列文森中国研究书籍奖",这个奖是美国亚洲研究协会为纪念中国历史研究的巨擘列文森所设,目的就是奖励在美国出版的对中国历史、文化、社会、政治、经济等方面的研究作出杰出贡献的学术著作。我们下面就把时间交给阎老师以及后面精彩的学术对话。

主讲人 阎云翔教授:

谢谢王院长的介绍,希望我不至于使大家失望。我还要感谢樊院长在百忙之中能够参加这次讲座,并且慷慨地答应做评议人。我刚才私下里对王院长和樊院长都讲过,我还是有点紧张的。无论从伦理学研究还是道德社会学研究来看,东南大学都是制高点、大本营,我只不过是从人类学的角度做过某些个案经验研究而已,所以在什么程度上能够对大家关心的议题有所贡献,我自己心里也没谱。最后也向

---

* 作者简介:阎云翔,美国加州大学洛杉矶分校中国研究中心主任、文化人类学教授,是享誉海内外的人类学家。著有《礼物的流动:一个中国村庄中的互惠原则与社会网络》《私人生活的变革:一个中国村庄里的爱情、家庭与亲密关系(1949—1999)》《中国社会的个体化》等,其中《私人生活的变革:一个中国村庄里的爱情、家庭与亲密关系(1949—1999)》获得 2005 年度"列文森中国研究书籍奖",这是该奖首次颁发给华裔学者。

本文为阎云翔教授在东南大学人文学院所作演讲的实录,由牛润钰、赵浩整理,阎云翔校订。

与会的各位表示感谢。

下面是我今天要讲的主要内容。

首先,我先介绍一些基本的观察。题目是关于道德变迁的公共话语和公共认知,实际上接下来我要在诸多话语和认知之中,侧重于所谓的道德滑坡或者道德危机这样一个焦点话题。

其次,我会分析道德危机或者道德滑坡在过去改革以来的四十多年间是如何处于公共话语和公共认知的中心地带。我想强调的是,这些关于道德危机的公共感知和话语,实际上在不同的时间框架内代表了不同社会群体的不同看法。我们无法一以概之,我们必须要具体地分析。因此,本次讲座的核心部分是关于五类或者说是五次关于道德危机话语和认知出现的动机、呈现的结构面貌以及最后发展结果的有关分析。

这段分析结束之后,我会从纵向与横向两个不同的角度,强调我上面所讲的道德危机的公共话语和公共认知的时间性、特殊性以及它所代表的不同社会群体。横向是来自我过去的研究。在任何一个时间横切面,作为一个总体的中国的道德场景的话,会同时存在三个不同的区域,而这三个不同区域之间又有很多细微的变化。接下来纵向看,从1980年代开始到现在,我认为正在进行之中的道德转型过程有五条清晰可见的轨迹,可以帮助我们从纵向或者从过程的角度来看有关道德危机的话语和认知在任何一个时间节点是如何形成的,以及它背后代表的是什么。当然,所有这些有关道德危机的公共话语和认知,尽管它们是今天讲座的分析对象,但是它们背后总是或多或少地代表了某些客观的事实。这些客观事实的普遍性有多大,在每个个案中都不一样,但是绝不是空穴来风。反过来讲,它也绝不是百分之百的具体道德实践的现实,这是今天一开始就要反复澄清的一点。

一、开端:一些基本的观察

现在我们讲一些基本观察。

第一条最简单,就是在中国社会,道德评价在我们的日常生活中无时无处不在,甚至于它是我们众所皆知的所谓做人过程中的一个重要方面。我们很在乎别人怎么评价我们,而在这些评价中,道德评价占了很大的比重。同时,我们也有意无意地评价别人。整个的评价与被评价是做人的一个部分,通过接收这些信息,我们有可能调整自己的行为,有可能对别人做出这样那样的反应,而所有这些构成了我们做人的一个重要组成部分。

第二个观察,在中国文化或者中国社会中,道德领域建构的范围远远大于或者宽于其他许多领域。因为它的范围极其宽广,所以很容易使得我们不可避免地要做出道德判断。比方说,有个人过马路不等红灯,我们会认为这是一个道德问题、公德问题。但是,一些比较心理学家发现在很多工业化的发达国家,道德领域的范围与我们相比要窄得多。他们通过问卷调查提出一系列的问题,包括我说的过马路不等红灯的问题,在其他很多国家的回答都是"这跟道德没关系",但是在我们这里是很严重的道德问题,而且我们认为不仅仅是一般的道德问题,更是公德有无的问题。为什么会有这样大的差别呢?

在很早以前,梁漱溟先生就提出,中国是一个伦理本位的社会。伦理本位是我们自我评价社会文化的一个重要观念范畴。因为中国是一个伦理本位的社会,所以在整个生命过程中,我们不断地对别人、对别的事情做出道德评价的时候,我们中的很多人倾向于表现出一种非常强的"moralistic tendency"。"moralistic"如果翻成中文的话,比较贴切的就是"道学家式的"。因为它的核心含义是,这个人不光是评价他人时道德感特别强,而且他特别倾向于把自己的道德感和道德标准强加于被他评价的人和事身上。我们熟知的另外一个词叫"泛道德化"。"泛道德化"在这个意义上不仅是范围的宽广,而且还在于把我们认为的基于本位重要性层次上的伦理强加给被我们评价的人和事中。与此相对照,在前面讲的关于工业化社会、发达国家社会的研究中表明,在日常生活话语中不对别人做出道德评价,本身是一个重要的道德品质。"don't be judgmental"自身就是一个"moral disposition"。父母会如此教育孩子。比方说一个五岁的孩子在餐馆说,"妈妈你看隔壁的那个人那么脏,那个人是一个 bad person,不好",然后这个妈妈很快就会纠正,不要对别人做出这样的评价。这种道德化的评价涉及好与坏的评价,你说他脏,那是一种描述,一种关于卫生状况的描述,但是由此再延伸,那就变成不道德的现象。这种关于道德评价的伦理性规定,与伦理本位的社会构成了一种有趣的镜像,是一种相反位置,体现出这种权利本位社会的一个特点,这是第三个观察。

第四个观察就是,德治,在中国文化中道德话语更加重要的是它和政治紧密连在一起,因为我们根深蒂固地相信"德治"这样一个观念。"德治"包含了三个重要内容,即"君子"实行"仁政",体现的是"王道"。因为这样"三位一体"至上的德治观念,使得我们对于社会的任何现象的道德评价背后都有非常深刻的政治含义。反过来,在政治生活中,中国文化也倾向于将政治行为道德化,将政治人物的种种行为道德化。

第五,虽然道德话语如此重要,那些经常把道德评价特别是道德批评话语放在日常话语核心位置的人却总是针对他人。这个很吊诡,因为道德本身应该是一种自律的东西,应该拿来律己,但是道学家们在公共话语中从来都是讲别人。在他人导向的道德话语或者道德教诲、道德教化和这种自我导向的不道德行为之间有个很有意思的张力,就是那些越倾向于用道德教化他人的人,自己的道德行为一不小心就会有漏洞。

我最近看到一篇文章,讲的是 2000 年左右北京一所很重要的寺庙外面的群众自发集会。这些人的年纪上基本上四五十岁左右,他们在做完佛事之后经常聚集在寺庙外面,探讨的主要问题就是在那个时候讲的道德滑坡、道德危机以及关于他们年轻的时候经历过的道德比较好的时代等等,其中的一个领袖式的人物张老师拥有许多追随者,随着追随者的不断增加,张老师开始把那些他中意的追随者认作自己的私人学生,在家里为这些私人学生开单独的道德教育课。当我读到这里的时候,我的汗毛就竖起来了,我觉得有点不对劲。果然,有一次他召见一个女学生的时候,他的生殖器露了出来,对这个女学生说,他要用这个方式来检验女学生自己的道德是否足够牢固、足够坚定。这个细节是这个女学生后来作为这个学者的研究对象,在回忆她整个的追求道德自我革新的过程中所经历的事情时提到的。

像这种情况不断、不时地出现的话,就会导致道德虚伪的现象。一种虚伪的道学家,他们数量不需要很多,只要时不时地被人们发现就足够了,因为它的影响足够恶劣。它会导致一系列的后果,包括使得大家不再相信任何有关道德的教诲,导致人们看破红尘、犬儒主义等等。

上面这五个观察不是严格的学术性判断,任何其中的一点都值得深入开发下去,做单独的学术研究。我把它们笼统地提出来,只是想强调一点,就是我们对道德危机的公共话语和公共感知必须保持一定的距离。就像前面已经讲过的,它们是社会现实的反映,有真实性、客观性,但是其间的程度大小是在每个个案中都不一样的,这里讲的五点观察只不过是想从另外一个侧面来证明这一点而已。

二、道德危机话语的时间性

接下来仍然是一个比较具体化的观察。我们今天要讲关于道德危机的公共话语,那么道德危机本身实际上是一个不断移动的目标。如果把四十年以来关于道德危机或者道德滑坡的话语放在一起看的话,实际上有点像我们讲的现代性,在任何一个时间节点,它呈现一种形态,下一个时间节点就所不同了。所以我们应该有一个笼统但是不变的关于什么是道德危机的界定,这样我们才能把握有关道德危机的公共话语和认知。

我个人所采用的或者给它的界定就是,道德危机来自一系列不断积累起来的道德问题以及与此相关的道德恐慌所引起的关于某一个非常危险的转折点的公众认知。也就是说,这些问题早就存在,但可能在过去没这么多或者没这么普遍,但是一旦它们发展到如此普遍的程度,积累了如此多的个案,达到了一个临界点,这个临界点或者转化点是危险的,那么,我们就把这种危险的临界点叫做"道德危机"。

如果这样界定的话,接下来我们就要问:第一,在任何一个节点上,导致这个节点出现的那些道德问题具体是什么?第二,从谁的视角来看,这些具体的问题最终导致了一个危险的临界点,出现了道德危机的感知?这两个问题是相互连接的。

在这两个问题之外,或者在它的深层次上实际上还有一个时间性的问题。时间性的问题既内嵌于任何一个具体的道德危机的感知和话语中,同时又贯穿于我们要考察的四十年之间。前者讲的是,这个时间性体现在任何一个道德危机的认知都存在于一个具体的时间点,过了这个时间点,它的性质会有所改变。后者讲的是,放在一个更长的过程中来看,我们发现总体上来讲道德危机的话语像浪潮一样有不断的高峰低谷。在四十年的框架之内,有一个从低向高最后向下滑的曲线。这里,我们暂时先不做任何具体的区分,只是将关于道德危机的公共话语和公共认知作为一个笼统的现象。我认为,它开始于80年代初期,到了2010—2012年达到顶点。这个顶点在经验个案方面集中体现在2011年小悦悦个案所引起的广泛讨论。还有,在同一年,时任国务院总理温家宝不止一次在公开讲话中提到道德滑坡、道德危机的问题,由此引起了舆论的强大反弹。在那之后,如果作为关键词搜索的话,我们发现无论是大众媒体还是学者研究,使用"道德危机""道德滑坡"这些关键词的频率就开始呈现逐渐减少的趋向。

最后,尽管按前面所说,在具体的时间点所发生的关于道德危机的公共话语和公共认知不止一个,但是只有其中很少的一部分是为所有人所赞同的。而在任何一个时间点上,更多的都是某些人认为是道德危机,另外的人不以为然。所以,在这个角度上,再次证明我前面讲的,我们必须要对道德危机的公共感知和公共话语做具体的分析,分析是什么样的具体问题导致了这样的感知和话语。然后从谁的角度出现这样的话语和感知。下面关于五个道德危机浪潮或者道德感知类型的分析,实际上只不过是从具体的经验研究的角度来证明这一点。

三、五种类型的道德危机

1."三信危机"

我相信在今天这个场合,大家对这些背景应该都很熟悉,所以我就尽快地一带而过。第一种就是改革开放刚刚开始的时候所讲的"三信危机",背景是1978年关于真理标准的讨论直接触发了思想解放运动。我当时印象非常深刻的是1979年《读书》杂志有一篇文章叫《读书无禁区》,影响很大。从这个文章的题目,你可以想象到在那之前一定有很多禁区,以至于你在私下里读什么书还是有禁区的,有些书就不能读。所以,思想解放运动伊始,便有人呼吁,至少我们读书应该没有禁区。

在接下来的两三年中,思想解放运动激发了很多人从不同的角度吸取新知识,思考问题,包括1980年署名潘晓的两位作者寄了一份公开信给《中国青年》,由此引发了一场关于人生意义的大讨论。1988年还有一个"蛇口风波",也引起全国范围的关注和讨论。其实,这两个事件的核心点都是一个问题,就是在我们社会主义国家,个体的利益是否可以合理、合法、合乎伦理地去追求。比方说,潘晓的公开信所表达的困惑是,尽管我们受了这么多的社会主义、共产主义教育,我们现在私下里还是很想能够多得一点奖金。我觉得今天在场的绝大多数听众不会认为这个想法是错的,但是当时的潘晓认为这个想法是可耻的。可是同时他又说,我们就是这么想的,而且越来越这样想。那么生活的现实和我们坚持的理想之间的差距如此之大,以至让我们怀疑生活的意义在哪里,如何去追寻。"蛇口风波"中争论的依然是这个,只不过是"蛇口风波"进一步追问谁有权威来说个体利益是合理的还是不合理的,而不光是个体自身在内心的一种伦理性的挣扎。

很多事情发生在1980年到1988年之间,我这里无法细述。总的来讲,当时出现了一个在伦理意义上的转向,就是一种个体主义伦理观的兴起,它强调的是个体的权利和自我发展,而这与在此之前占主导位置的那种集体主义的、强调义务和自我牺牲的伦理观是相互冲突的。所以很多人觉得迷茫。

官方的道德话语把这个转向概括为"三信危机",即在信仰、信任、信心三个方面出现了危机。由此开始的是一系列的重建社会主义精神文明的道德改革运动,比方说最早的"五讲四美",1983 年的"清除精神污染运动",还有 80 年代初出现的"三热爱",现在我们大家都比较熟悉连在一起叫"五讲四美三热爱",1986 年的"反对资产阶级自由化"。这些努力也贯穿于整个 20 世纪 80 年代。

"三信危机"是第一次聚焦于道德危机的公众话语。在这背后,我们看到的是两种不同的伦理体系之间的张力。在张力后面,甚至于夹在中间的,是绝大多数个体处于一种彷徨、不知所措,无法决定更倾向于哪一面的转型过程。但是,不是所有人都这样。我再次强调,"三信危机"是从一部分人而且更主要的是从官方道德体系的角度来看。"三信危机"和官方主持的道德改革努力贯穿于整个四十年间,我在最后讲道德转型轨迹的时候还要重新回到这一点。

　　2. 市场社会背景下的道德滑坡与道德爬坡

第二个道德危机类型持续的时间比较长,大约二十多年。起因是我们面对的一个新的庞然大物,那就是市场社会。伴随着市场导向的经济改革,整个社会生活形态出现了巨大的变化。市场经济引进来一系列的观念,这些观念彻底冲击了我们从前奉行的很多观念。举个最简单的例子,我 1986 年到美国来读书,刚一上课就不断地听到"市场"一词,对此不光是非常陌生,而且有抵触情绪。特别是在学人类学亲属关系、家庭研究的时候要讲到婚姻市场,我当时就感慨我们以前学到的东西讲得一点都不错,在资本主义世界,人就是商品,婚姻就是买卖等等。由此可见,我原先所持有的一整套道德伦理观念和市场社会的很多相关的道德观念之间的张力有多大。

所以,当时有一派强调道德滑坡的人或者道德危机的学者,坚持认为从 20 世纪 80 年代以来出现的很多问题,都是由市场社会带来的。我这里列出一个不算太短的单子,排在最前面的问题是做兼职。在 1980 年代早期,如果你是体制内的工作人员,兼职本身不光是一个不道德的行为,而且是一个违法的行为,并且很多人为此受到了纪律处分甚至于法律惩罚。倒买倒卖可能是我们现在常见的直播带货的祖宗,但是在 1980 年代它是非法和不道德的行为,又名"投机倒把"。四十年后,兼职和投机倒把这两项市场社会带来的"罪名"都已不复存在了。这再次证明我前面讲的一个观念,关于道德观和道德危机的认知本身不是一成不变的,有些东西后来就变得无关紧要,甚至于完全转向了相反的方向。其他一些问题一直存在,包括伪劣产品的制造、腐败、欺诈等等之类。

但是,在批判市场社会带来的道德滑坡的种种现象的同时,持相反观点的一派人坚持认为:第一,如果有一些负面现象出现,这只不过是我们市场改革不得不付出的代价,也就是所谓的"代价论";第二,如果我们仔细观察的话,我们发现与此同时还有一些正面的东西涌现,比方说契约精神、职业伦理、公平、正义等等。

所以,这两派从 80 年代开始便争得不亦乐乎;直到 90 年代晚期,仍然不绝于耳。进入新世纪后争论就停止了,因为"社会主义市场经济"这个概念不但被确立,而且逐渐深入人心。它的戛然而止也说明,在"滑坡论"和"爬坡论"争论的背后,实际上有很强的政治含义,也就是倾向于市场改革和反对市场改革两派之间的一种政治上的争议。

个人的具体处境也决定了个人关于市场改革是导致道德滑坡还是道德爬坡的判断。比方说,在 20 世纪 80 年代,人们普遍认为个体户中的绝大多数有这样或那样的道德问题,其中很多人甚至是刑满释放分子。在那个年代,如果你是刑满释放分子,本身就被永远打上负面评价的标签,而不是像现在,我们学会就事论事。所以,那个时候社会对个体户的总体评价是倾向于负面的。但是,个体户对他们自己的评价不是这样的,他们认为自己是凭着自身的努力辛苦和冒险精神来挣钱的。

　　3. 孝道危机

第三个类型的危机更加贴近我们的生活。从 20 世纪 80 年代中期以后,开始出现了所谓的孝道危机和养老问题。孝道危机主要出现在农村地区。在城市,退休老年人会有退休金,有所保障,所以不存在老无所养的问题。但是在农村,家庭联产承包责任制执行之后,经过分田,老年人不会再有任何经济资源传给下一代,他们甚至连保证自己老年赡养的资源也在逐渐减弱。同时,他们要帮助子女结婚成家生子的道德义务又必须完成,这形成了他们一方面没有资源,一方面仍然要完成所有这些道德义务之间的道德困境,由此导致代际关系的紧张。再加上新一代年轻人(也就是"60后"、早期的"70后")在如何看待自我发展、如何看待家庭以及亲子关系上,都和他们的父母那一代有了比较明显的差异。年轻一代更多地接受了市场社会中的互惠观念,认为你如果不能够帮助我,我凭什么要尽我的赡养责任。

关于孝道危机这方面的研究汗牛充栋。但是,我这里想讲的是,实际生活中的孝道危机到20世纪90年代末期基本已经得到解决或者缓解,相关的公共话语也随之越来越弱。与此同时,代际亲密关系出现,以及我称之为"新家庭主义"出现。代际合作与团结成为一个新的趋向。除了我前面讲的私人生活领域的变化之外,制度变迁、制度改革起了相当大的作用,包括新农合、新农保、《中华人民共和国老年人权益保障法》、后来有些地区强制推行的家庭养老协议,以及在全国范围内不断推行的孝道文化等等。这些制度变迁加起来有助于大大克服孝道危机。

同时,新家庭主义的一个核心特点就是家庭生活的重心从祖先转移到第三代孩子的身上。与此相关的是,孝道本身也被重新定义。在这个基础上,代际关系得到的和解与传统相比是在一个新的不同层次上发生的,其伦理内涵也不同于传统家庭主义下的代际伦理。

所有这些东西加起来可以让我们看到,一个道德危机的公共话语和公共感知的出现及消失背后有相当复杂的原因,是由个体、家庭、社会、国家不同层面的不同因素的综合作用导致的。

4. 生活作风问题

再讲一个更加个人化的道德危机。我们现在很少听到"生活作风问题"这样的说法。但是,在20世纪80年代至90年代初期,或者再往前推至70年代甚至60年代,这是一个很严重的污名甚至罪名。如果某人被认为有生活作风问题,后果很严重。

在1980年代的早期,刚刚出现的社会流动、多元观念的输入以及思想解放运动背景下人们的生活方式、生活观念的多样化,导致了生活方式和行为方式的很多变化。其中一个重要的新现象就是有违于当时占主导位置的伦理道德规范的性观念和性行为。这些非主流行为在年轻人中比较多见。当时那些仍旧坚持传统道德规范的人,把这看作是一个严重的生活作风问题,更糟糕的是这种现象呈现年轻化的趋向。在这之前的中国社会,几乎从来没有经受过大规模的青少年犯罪问题。在20世纪80年代初期我们见识到了。见识到之后导致的是一种道德恐慌,觉得如果这些"乱搞"的事情越来越多的话,我们这个社会就会乱。刚刚经历过"文革"动荡十年的人们,对于乱的恐慌和畏惧可以理解。与此同时,社会流动性的增加导致了犯罪现象的流动性,甚至出现跨省境、跨市境犯罪等。所有这些现象加在一起,出现了第一次严打运动。1983年的严打运动很严厉,不到一年时间内24 000人被判了死刑,在整个严打运动中有160多万人被逮捕。

我们不谈其他的问题,就谈这个生活作风问题。因为生活作风问题被逮捕,受到法律惩罚的个体数量非常多,在当时有一个罪名叫做"流氓罪"。流氓罪是一个比较笼统的罪名,它1979年进入中国法律体系,1997年被废除,由新的更加具体的术语代替,比方说"性侵罪"。1983年正好是启用"流氓罪"开始不久的时候,所以很多人被他们的邻居、同事报告给政府部门说他们是流氓。在当时,被称为流氓罪的最普遍的行为是男女关系混乱或者随意,即交朋友谈恋爱不专一,不是只跟一个人谈,谈吹了又跟另外一个人谈。还有其他的原因,像盗窃或者是打架斗殴等等之类。但是在当时严打运动中影响最大、对人们震撼最大的,是对于生活作风问题的严厉惩罚。

1983年之后,生活作风问题的指控开始松动,特别是在性观念和性行为方面,因为它越来越变成个人的私事,我把它叫做性生活的私人化(这很吊诡,不是吗)。最终,社会中多数人对于性自由的恐慌被削减了。这里,我再举一个令所有人听后都会唏嘘不已的对照。1983年严打时,北京有一个20岁左右的大学生,姓名就不讲了,除了有多名男友之外,她还裸体在湖里游泳,被人看见,而且不以为意;这也是不可饶恕的罪名,所以最终她被判了死刑。在法庭判决的时候她讲了一番话,大意是"性自由是我追求的一种生活方式,我认为是我个人的权利。我现在走在了时代的前面,我坚信二十年以后很多人会像我这样"。结果二十年以后,正巧是二十年以后,出现了"木子美现象"。我不知道现在有多少人知道木子美。2003 年时,她是一位年轻的媒体从业者。她在网上开始登载一份日记,叫做《遗情书》,记载她和很多男性交往的过程,包括有比较具体的性爱过程的描写。结果是,她受到很多人的谴责,同时还有很多人喜欢她为她辩护。于是她成了中国第一代网红,如果我们现在讲网红现象的话,不得不追溯到木子美,她后来的事业发展也比较顺利。她做的事要比当年那位北京学生更加激进得多,但是二十年以后,她的命运完全不一样,而这背后是关于性规范、性生活的群体观念的改变,以及与此相关的道德恐慌的消失。

5. 陌生人的挑战

最后要分析的这个类型,我把它叫做陌生人对我们提出的挑战。实际上这是我真正做过经验研究的一个类型,我做过的研究包括三个课题。第一个叫做助人被讹,就是你在路上扶起了一个倒下的老人,然后老人起来之后就讹你,说是你把他撞倒的。这个现象从 20 世纪 80 年代晚期就有,90 年代特别多,新世纪之初也很多。我的一篇研究论文是在 2009 年发表的,做了很详尽的经验研究。第二个具体研究是关于食品安全问题。我聚焦于那些有毒食品的生产、流通和售卖,因为有关人员明明知道这些食品是有毒的,换句话说他们是明知故犯,知道这些东西会对别人有伤害,仍然这样做。我的第三个经验研究是医患关系的恶化和医闹现象。另外,在 20 世纪 90 年代以后,比较普遍的与陌生人有关的道德危机的一种公共话语,是在公共空间和公共生活中的各种各样的不文明行为,比如闯红灯、随地吐痰、不排队,这是比较轻微的,还有更严重的。

所有这些东西背后有一个主线,就是对于陌生人无感,觉得陌生人就是无关紧要的存在或者"非存在"。所以我们不需要考虑陌生人的感受,同时也对陌生人不信任。因为这种无感和不信任,伤害陌生人对个体带来的道德自咎就很轻,有的时候甚至可以用另外一种道德理性把它合理化。比方说,我发现那些讹人的老人为自己的行为正当化,会说这个人反正有钱,他开的车还不错,或者说他年轻力壮,挣的钱多,我正好需要人付医药费等等之类。

我觉得这涉及道德底线问题,而道德底线被冲破造成的影响是最为深远的。所以小悦悦个案出现造成的道德恐慌几乎是全国性的,而造成全国性恐慌的更深层原因,还不仅仅是这 18 个过路人没有伸出援手,而是更深层次的灵魂拷问:如果我是那 18 个路人,我会去帮忙吗? 很多人私下里的回答是,可能也不会。为什么? 因为帮助小悦悦可能的负面后果我承担不起。

这种助人被讹的现象,在最近十年的报道明显减少。我们分析有关的道德危机现象在减少,发现它也有很复杂的原因。比方说,类似不道德的现象真的减少了。这是可能的。另外,人们的自我保护意识增加了。我记得 2010 年左右,中央政府的某个部门发出一个公告说,你要帮人的话,最好找一个证人。或者后来手机普及了,拍录像来证明你不是撞倒他的人,所以自我保护意识增强,可能是个原因。还有,被撞倒的人实际上也不太期待别人来扶了。我有一个亲戚,今年早些时候在北京,他是因为自己有病,然后下公交车的时候跌倒了。据他后来回忆,这个时间大约有 10—15 分钟,没有人来扶他。这个亲戚 70 岁左右,事后他也没有太多的抱怨,他说"是啊,人家也不敢来扶啊,他们都怕我讹他"。后来他自己感觉好一点了,还在讲"谁来帮我把我扶起来,我不会讹你",但也没人信。由此可见,这个现象本身并没有完全杜绝。但是不管怎么样,有关的公共话语确实没有像前几十年那么强烈了。

第五类道德危机很可能贯穿于四个年代,一直到现在,如何善待陌生人仍然是我们面临的一个重要的挑战。因为我们在道德基础上,无论是儒家道德,还是我们信奉的其他很多的道德体系都有一个共同点,就是我们强调的是我们自己的圈子,换句话说是熟人社会的道德,所以无法很好地应对社会流动性的增加和开放的背景下,我们越来越多地和陌生人打交道这样一个新挑战。

四、横向与纵向维度的讨论

1. 横向维度的讨论

我希望前面对于五个类型的分析,能够在某种程度上说服大家,关于道德危机的公共话语和感知,一般来讲不是全社会所有人共同的话语和感知。这背后代表的是具体的道德问题,而道德问题本身又只发生在某些人身上,或者波及某些人,使某些人受害,以及不同群体呈现出不同的视角,所以道德危机本身是一个不断移动的目标。

现在换个角度看,也是同样的观点。如果我们在任何一个时间节点,把中国社会作为一个整体,在这整体上面有一个作为整体的道德景观。这个景观我认为包含三个区域:一个是传统的惯习道德(conventional morality),一个是不道德(immorality),第三个区域部分我称之为争议下的道德(contested morality),就是有些人认为这是道德的,有些人认为是不道德的。

这种争议地带在一个缓慢的、几乎没有剧烈变迁或者很少变迁的传统社会中,几乎是不存在,如果存在也是占很少的份额。相反,在一个剧烈变动、处于向现代性转型的社会中,这个区域很大。为什么?因为人们的观念在变,行为方式在变,人们接触的外部世界也在变。我们以前生于斯长于斯,不会和陌生人打交道,现在成天要和各种类型的陌生人打交道,接触各种各样的生活中的新问题等等,导致中间有争议的地带不断地扩大。而这个地带中的道德行为和道德观念,就像我前面讲的,有些人认为是道德的,有些人认为是不道德的,各执一端。大家都公认为是道德的那些东西,我们在公共话语中反而很少讲。为什么?因为道德本身就像空气一样,是我们须臾不可离开的东西。但是我们没有人成天讲空气,只有当空气稀薄了,我们需要氧气瓶了,我们才开始想到空气。所以只有出现了不道德的行为,我们才觉得道德是如此的可贵。可是中间有争议的地带就不一样了,大家因为视角不同,话语也不一样,感觉也不一样,所以从横断面这种结构性的、共识性的视角来分析的话,我们应该记住这三个不同的地带,而且这个有争议的地带很大。

在有争议的地带内部,那些有争议的行为一般会向两个方向发展。一种是其中有争议的现象最终变成被大家接受的道德现象。比方说现代社会的文明礼貌(civility),我们现在上街遵守红绿灯的规则、我们强调环境保护、我们要排队⋯⋯所有这些东西一开始是有争议的,或者说不是所有人都遵守的;现在越来越多的人开始接受,特别是随着习惯的养成,新一代的小孩子生下来就知道应该排队,至少绝大多数是这样的。所以最后争议就消失了,为什么?因为它变成了惯习道德。

第二个方向是,原先我们觉得是道德的,或者说至少是与道德无关的很多东西,经过中间地带的争议,最后变成了不道德的。比方说虐待小动物。我觉得"50后"或者更加年长的许多人都有类似的孩童记忆,将玩弄小动物作为童年生活中的一个有趣的活动。比方说逮住一只蚂蚱,把它的大腿拧起来,看着它苦苦挣扎。但现在这个游戏已经变成不道德的虐待现象。家暴现象也有类似的变化。我来自东北农村地区,在我们那里有一句老话叫做"打倒的老婆,揉倒的面"。做过面食的人都知道,面要不断地揉。那么,在婚姻中老婆要不断地打,才能和谐。这被认为至少是无关道德的私事,甚至于被美化为男性气质的表现。经过了中间地带的长期磨合,现在绝大部分人认为打老婆不是好事,很多人认为打老婆是不道德的,还有一部分人至少知道打老婆如果严重到一定程度要触犯法律。

所以,这个中间地带不光说是因人而异,不断争议,而且还不断地变动,向着惯习道德和不道德两个相反方向发展。最后结论就是,关于公众道德危机的公共话语和公共感知,来去匆匆,永远在变动之中,并且很少为这个社会中的所有人所共享。请注意,我说"很少"不是说"没有"。如何善待陌生人就是这样一个全社会共享的道德挑战。

2. 纵向维度的讨论

我将改革开放四十多年间有关道德变迁的话语看成道德转型过程的一个内在组成部分，这样我们就获得了一种纵向的、历时性的、过程性的视角。在这个过程性视角中，我们可以看到公共话语和行为的变迁是沿着不同的轨迹发展的。我个人认为有五条轨迹是清晰可辨的。

第一条轨迹是一种更加个体化的、强调权利和自我发展的伦理体系和道德行为方式的出现，从20世纪80年代早期出现，不断地发展。

第二，是伦理景观的多元化轨迹。因为不同观点的冲撞、不同观点指引下的行为方式的多元化，导致社会的总体道德景观也呈现多元化。举个简单的例子，2008年汶川地震之后有一个公共争议，就是那位范老师该不该跑，最后发展到一个电视节目上的激烈争论。有位姓郭的先生认为范的逃跑是极其可耻的不道德行为，在节目上不断跳起来辱骂范。民众便为他们取个绰号，分别叫做"范跑跑"和"郭跳跳"。后来新浪做的调查显示，听众对于二人观点的支持率是一半对一半，势均力敌。这个现象说明在范老师是否可以在地震时逃跑这个似乎很简单的问题上也出现了多元化的道德判断。当然，多元化本身又导致了人们认知上的混乱和恐慌，特别是对那些坚定地认为道德应该是一个非黑即白的存在的人而言。这些人往往坚信世界上只有一个道德罗盘，而且具有绝对的权威，容不得异议。那么，多元化会使这样的人们感到恐惧。

第三个清晰可见的轨迹是出现了很多新的公德（public morality），特别是在几代年轻人中间，比方说志愿活动、环境保护主义、动物权利、对于陌生人的共情心或者同理心、众筹、个体的慈善事业，等等。新出现的很多公共道德在某种程度实际上对冲了公共话语中所强调的道德危机、道德滑坡。不过道德危机论或者道德滑坡论能够直接地满足公众对于道德恐慌的解释需求，所以它更容易得到传播。

第四条轨迹是社会主义道德观的再确认。如前所述，社会主义道德观在20世纪80年代早期遭遇到直接的挑战，以至于官方话语中都承认有"三信危机"。如果我们仔细观看过去四十年的发展，从"三信危机"发展到近10年以来的"四个自信"，连在一起看这是一条轨迹。在这条轨迹上面，在每一个年代都有若干个官方指导下的、主动出击的道德改革运动。这些运动加在一起产生了很大的影响，包括现在社会主义道德体系中占主导位置的爱国主义现象，也是在这四十年中逐渐发展出来，所以这是一条很重要的轨迹。

部分传统道德的回归构成第五条轨迹。必须注意的是，回归的是传统道德中某些规范和观念，而不是整个体系的回归；同时，已经回归的传统道德观是与其他伦理观念同时出现在社会生活中但发挥着不同的功能。换言之，上述五条轨迹都在起作用。加在一起，呈现的是什么？我认为，如果我们把中国社会看作一个整体的话，在这四十多年中，沿着这五条轨迹，有一个从未中断的、不断寻求新的道德罗盘和新的大家共享的基础性道德的努力。而关于道德危机的公共话语和感知，应该被视为这一努力搜寻的过程中的一个重要组成部分，尽管更多的时候它是以批评的形式出现。而关于搜寻的结果，樊和平院长最近的几篇文章，特别是2019年发表在《中国社会科学》上的文章，做了非常详细、有说服力的阐释，我也从中受到了很多的启发。

由于时间关系，我就到此为止。这是我今天讲座的主要观点。谢谢大家！

与谈人 樊和平教授：

阎老师好，大家好！刚才听了阎老师的演讲非常有收获，同时也有很多的体悟和学术上、观点上、心灵上的默契。我觉得今天讲的主题主要围绕三个关键词，一个是"公共话语"，一个是"道德危机"，一个是"再思考"，三者连接出了一个主题。我感觉阎教授是在进行一场关于改革开放四十年中国精神发展的道德叙事和伦理还原。我非常强烈地感觉到阎教授做了我们长期以来想做，但是没有完成，也没有做好的一件事情。因为在十多年前,我们就启动了一个项目,叫做"重大伦理事件信息库",想做一个中国改革开放四十年来重大伦理事件的信息库。当时我提出来,也是从潘晓事件开始做起的。虽然立了好几次项,但是一直没有完成。今天终于见到了这个项目、这个主题研究方面的顶尖级的研究成果。同时,也在相当程度上填补了我们研究的一个很大的空白点,因为我们所做的中国伦理道德发展的国情研究主要是从 2005 年开始的,而阎教授在本世纪初之前的时间段也做得特别的翔实。

我想跟阎教授对话的有这样几个问题。一个是我们如何来理解公共话语?阎教授演讲的主题是关于道德危机的公共话语的再思考,我们在做的时候感觉到,公共话语有三大话语系统:一个是大众意识形态的话语,一个是国家意识形态的话语,一个是学术话语。这三种话语如何结合,如何对话?我们在 2010 年第一次全国调查基础之上发表了一个 100 多万字的报告,就叫《中国大众意识形态报告》,另外一本叫做《中国伦理道德报告》,加起来 200 多万字。当初我们选择了一个切口,是大众意识形态或者大众话语,而阎教授在演讲的时候是把大众话语跟国家的话语,还有学术话语三者结合起来了,比如说"滑坡爬坡之争"主要是学术界的,而涉及像"潘晓事件"主要还是一个大众话语,还有像"四个自信""三信危机"等等,这是国家意识形态的话语。也就是在三种话语之上,想寻找到一种大众话语,或者叫公共话语,公共话语到底怎么来确认?这一点我还想跟阎教授提出来进行讨论。

第二个是我们如何来发现或者说还原道德发展、道德危机的轨迹?可能的方法有多种,我们现在做的力度最大的是几个方面:一个是改革开放四十年中伦理道德发展的数据库,这个是用十多年的时间做了三轮全国调查、六轮江苏调查,建立了 1 000 多万字的数据库。这个数据库已经出版了,是对改革开放四十年中国社会大众伦理道德的发展状况、伦理道德的认知等等做的一个比较详细的、比较精确化的一个记录。第二个就是道德生活口述史,这个也完成了上千万字的文字记录,是王珏院长牵头在做的。第三个就是重大伦理事件信息库,第四个是伦理表情库。我们想通过这四个库的建设来做一个改革开放四十年,中国社会的伦理记忆平台或者伦理记忆库。现在听了阎教授的讲座以后,我感觉阎教授已经完成了,我们也做不到一个更好的程度了。我在思考我们如何来理解中国社会道德危机以及中国社会大众的道德危机感,包括道德恐慌,一开始阎教授讲到了,中国是一个伦理本位的文化,这是梁漱溟先生在《中国文化要义》当中提出的。按照人类学家本尼迪克特的理论,中国文化是一个伦理型的文化。梁漱溟先生所提的伦理本位,强调两个方面:一是伦理本位不是家族本位,不是家庭本位;二是伦理本位主要有两个表现:一个是以伦理来组织社会,二是以伦理代宗教。也就是说,在世俗生活的层面和精神生活的层面,伦理都是终极关怀。正因为如此,伦理道德对中国文化、对中国文明、对中国社会大众来说,一直以来都具有一种终极价值。因为具有终极价值,所以说中国文化和中国社会都对它保持一种高度的忧患,这就是孟子所讲的"人之有道也,饱食、暖衣、逸居而无教,则近于禽兽"。"近于禽兽"是伦理型文化、伦理本位社会的终极忧患。因此,在这样一种背景下,终极忧患根本上是因为伦理道德对中国社会、中国文明具有终极价值。正因为这样一个终极价值所诞生出来的终极忧患,所以说中国社会总是对伦理道德保持一个高度的警惕和高度的紧张,表现出一种终极性的批评。终极价值、终极忧患、终极批评这三个环节,是伦理本位社会、伦理型文化的一个精神面向。因此我们在分析把握,在调查过程当中,深切地感觉到中国社会当中的对于道德的恐慌,对道德的危机感。如果我们跟西方文化进行比较的话,可能还不能完全用一种单向度的文化标准来进行评价。宗教性文化最担心的问题是宗教出问题,因为宗教是其终极价值,它的终极忧患的方式用陀思妥耶夫斯基在《罪与罚》这部小说里借助主人公的口所表达的那句话来说就是"如果没有上帝,世界将会怎样"。而中国伦理本位的社会、伦理型文化的终极忧患就是"世风日下,人心不古",但是这并不意味着真的是世风日下、人心不古,因为中国社会恰恰就在世风日下、人心不古当中在前进,在发展。所以我感觉到阎教授的讲座实际上是一种以道德感知、道德危机所建立起来的改革开放四十年中国社会伦理道德发展的精神史,以一种否定性的、强烈表达出来的方式还原出的一部精神史。这是第二个问题。

　　第三个问题就是,共识生成的时间节点,我们如何来理解? 有不同的方法,阎教授是用重大伦理事件、重大文明事件、重大文化事件来还原一部精神史。我在研究古代道德史的时候,也曾经用过这个方法,从"苏格拉底之死""上帝之怒""尼采之疯"一直到"乔布斯之死",去还原一幅西方文明伦理道德的精神史。阎教授是用五大轨迹来还原这一部中国改革开放四十年的伦理道德的精神史,我们是用大数据的调查来还原这样一部精神史。因为大众意识形态、国家意识形态和学术研究三种话语同时并存,那么这三种话语的交汇处就变成了一个公共话语。所以我们调查的结果是,这四十年当中,中国社会大众所形成的伦理道德发展的文化共识是什么? 这些共识也许就是公共话语。我们的调查研究结果与阎教授的五大轨迹有相通之处,甚至有很多异曲同工之处。在 2007 年,我们最大的发现是中国社会大众关于伦理道德的发展,它既不是多元,也不是一元,而是二元。所以,我刚才听的时候,阎教授讲到了中国伦理道德发展的前两个轨迹,一个是个体权利义务,然后到伦理景观的多元化,我想这个伦理景观的多元化,就是我们所发现的在 2007 年之前这样一种状况,用官方话语来表达,就叫"多元""多样""多变"。但是我们 2005 年启动、2007 年开始调查的数据表明,当时中国社会大众所形成的共识已经不是多元,而是两种相反的判断,势均力敌。这是一种高度的共识,也是一种截然的对峙。所以,当时我们向全国发出了一个文化预警,叫"中国意识形态发展已经走到了一个十字路口"。中国伦理道德现在不是多元而是二元,这面临了一个文化发展、意识形态发展、伦理道德发展的敏感期,国家意识形态的最佳干预期,这个观点发表在 2009 年的《中国社会科学》上。到了 2013 年,因为这个时期国家提出了"社会主义核心价值观",在这之后还有一个很重要的节点,就是提出了"八荣八耻"。因为当时多元、多样、多变,所以才导致这样一种伦理景观的多元化,很多时候突破了伦理的底线,进行意识形态建构似乎已经难以完成,我的感觉是"八荣八耻"要划出某种道德的底线。因此到了 2013 年的时候,进入一个关键期。到了 2017 年的时候,我们调查的结果发现,已经形成了三大文化共识——认同共识、转型共识与发展共识。这个认同共识就是阎教授最后提出的第五个轨迹,传统回归的那样一个轨迹。根据 2017 年的调查我们发现社会大众已经回归传统,主流已经回归传统了,形成了对中国伦理道德传统的文化回归的共识。所以这个时间节点,阎教授用伦理事实发现的五个轨迹和我们通过大数据调查发现的这三大轨迹有相通之处,我觉得我们可以相互印证。在这个过程当中,在 2007 年到 2013 年左右,是一个非常重要的时间节点。这是第三个问题。

　　第四个问题,阎教授在谈再思考,那么这就涉及我们用什么样的理论、用什么样的方法来思考。阎教授是用人类学的、社会学的方法来思考,我们是用哲学的、伦理学的方法来进行思考。我们在研究的时候有几种理论是比较重要的,或者说除了我们大陆所采取的共同的方法,比如说历史唯物主义的方法等等,我们所采取的方法有这样几种:第一个是美国社会学家丹尼尔・贝尔在《资本主义文化矛盾》当中采取的方法,就是我们要把伦理道德发展还原到整个改革开放进程当中,反映到经济改革当中。丹尼尔・贝尔提出了资本主义的文化矛盾是经济冲动力和宗教冲动力的背离和分离。从本来是守恒的,后来产生了分离,到最后如何来结合,这就构成了一个精神史或者说文明史的课题。在传统社会中,自给自足的伦理精神形态和自给自足的自然经济形态,它是高度闭合和守护在一块的。然后到了改革开放时期,经济的冲动力和伦理的冲动力面临着矛盾。后期,我们传统回归,传统认同,又重新达成了和解,相互承认。第二是从精神史的角度来研究,这主要是用黑格尔的精神哲学的方法。第三是中国传统。中国传统最重要的就是这样一个国家文明的传统和伦理型文化的传统。因为阎教授也提到了或者是特别关注中国的个体化问题,我在拜读阎教授文章的时候发现,阎教授谈到中国式的个体主义,而个体主义并不是一种西方式的个体主义或者个人主义,它好像是一种非道德的个体主义。那么为什么变成了一种非道德的个体主义? 但是这种非道德的个体主义有时候在伦理上又得到了承认,这到底是为什么? 这是与中国的家庭传统紧密关联的。我们现代社会的伦理道德发展转型,在伦理上还是守望传统的。中国社会最基本、最重要的伦理关系,传统五伦当中只有一伦变化了,其他四伦没有发生认同上的根本变化。但在道德上已经发生了变化,道德已经达到了 60% 的嬗变率。这样就形成了伦理上守望传统、道德上走向现代的转型轨迹。因此,我们如何根据中国传统来理解公共话语、道德危机?比如说阎教授谈到的信任危机,这里面有扶了老人、做了好事,被讹诈,被误解。从 2006 年"彭宇扶老人案"开始,实际上中国社会的信任危机而不是信用危机从那个时候正式爆发。这是一个重大伦理事件,是一个重大的时间节点,一直到 2015 年到达高潮。我们 2015 年召开了一个伦理信任国际论坛,后来 2017 年在《中国社会科学》发表了一组关于走向伦理信任的笔谈,中国社会如何从信用危机走向信任危机?信任危机如何来化解?主流媒体参与公共话语和公共意识形态以后,如何来破解这样一个难题?它不仅仅是一个道德问题,更重要的是会引发为伦理问题。而这场伦理信任的危机恰恰是由道德信用危机所构成的,是伦理和信任一起的危机。因为在这个里面"到底撞没撞"是一个道德问题,"我没有撞,你却说撞了",到底信谁、信不信是个伦理问题。从信用危机、信任危机,到最后形成的是一个"老人跌倒了没有人扶"的伦理危机,这三大危机是并存的。这三大危机还原的是一个伦理型文化或者说伦理本位文化的发展轨迹,所以我认为要用中国的伦理研究方法来还原的话,中国的伦理研究方法和西方的分析哲学方法得出的结论可能有所不同。

听了讲座以后,我强烈的感受是,我们如何立体性地还原改革开放四十年中国社会伦理道德发展的精神史,对我们来说有很多的启发。我想我本人和我们团队在经历今天阎教授的演讲之后,会更多接触和拜读阎教授的相关成果,也期待着阎教授今后到我们这里来讲学指导,也使我们可以推进更深入的合作,形成更多的成果。

阎云翔教授:

谢谢王珏院长和樊和平院长!我的回复首先一个是感慨,樊院长的这一番评议实在是高人指点,我在这里不停地记笔记,收获很大。

如何理解公共话语?樊院长讲得很清楚,公共话语下面你可以去具体地分析大众的、国家的、学术的话语,具体做出比较和区分,这在他们的整个大型的研究中也有非常细致的区分。而在我今天的讲座中没有,我基本上把它们放在一起来讲,当然在具体分析某一个道德危机话语或者感知的类型的时候,是侧重于讲某一点,所以樊院长非常敏锐地看到了这一点。我为什么没做区分?背后有一点私下的考量。从 20 世纪 90 年代开始讲公共领域的时候,经过这么多年,我逐渐认识到,无论我们讲公共领域、公共话语,还是公共什么东西,都不可避免地要跟国家和学者连在一起,我们没有一个清晰可辨的界限。在很多情况下,我们把学者的话语当作公共话语代表性的论述,或者说学者们占据了话语权。在很多情况下,我们认为国家话语代表的是最大公共利益,我们觉得它就是公共话语。因为这些原因,所以在我今天的演讲中,我没有做具体的区分,是有意为之,因为它体现了一种中国的特色,就是"公共"下面这三个部分,确实是有一种紧密相连、难以区分的共存的形态。

实际上,我觉得这个不仅仅是一个方法论的问题,而且是一个理论范式的问题,就是我们怎么看待中国的国家与社会的关系,在这个框架之下到哪里去寻找"公共"。当然,我今天的这种比较粗糙的处理方式也不一定就会带来更多的好处,或者说带来更多的学术上的收益,但至少我试图这样做一个尝试,也许过一段时间会有别的改变。

如何理解道德危机感?我非常感谢樊院长把它提升到一个更高的层次,就是说在中国,伦理道德作为一种终极的追求、终极的批评和终极的忧患,总而言之,构成了中国人的精神生活世界,这个是从梁漱溟先生那里一脉相承而来的。我觉得在我们的前辈学者中,梁漱溟是一个被严重低估的学者,很可能因为他的主要著作都没有用我们所熟知的那种看起来字字千钧的方式写出来,还有很多都是一种生活的直感,用一种比较轻松的方式,但是处理的是极为宏大的问题,所以我们往往被误导,或者是我们没有能力去理解这种表达方式后面的非常厚重深刻的含义,总而言之很容易使人低估。我非常赞成樊院长对于自梁漱溟以来,关于伦理道德在中国社会中的极为重要位置之论述,包括这个位置是在哪个层次哪个方向。

但是,我也有一点保留意见,更多地是对于梁漱溟先生理论的保留。他的伦理本位理论是建立在熟人社会基础上的,这些人很少流动,这些人永远对对方有种种的道德义务,所以才有"以对方为重"这样一个最为基本的道德原则。具体到我自己的研究,比方说我们传统的礼物馈赠文化、随礼文化,你肯定跑不掉,因为你人就在这,那么今年的礼,五年后还,十年后还,总而言之你会还。而且,如果不是以具体的随礼的方式还,你会用其他的方式来还礼。这是建立在一个低流动性、小社区、小社群的基础上,这个特别符合传统社会的特征。问题是,在多大程度上梁先生的这个伦理本位的理论框架必须做出改变才能对于当代社会有解释力?当我们进入现代的、开放的、流动的大社会中,当我们身处主要与陌生人打交道的社会,当人们不是依靠内在的伦理性或者精神性的特质,而是要靠表演、包装给对方留的印象来确认和确立在这种社会互动中的地位和资源的话,那么伦理本位框架中的很多东西可能要遇到各种各样的挑战。我注意到在樊院长他们的具体研究中,特别是关于"道德走向现代"这一个大的方向的具体研究中,已经做了非常多的有意义的尝试。我今天提到这一点,主要是说樊院长他们已经取得的这些成就,实际上可以拿来反观梁先生伦理本位社会理论框架自身存在的问题。这个问题实际上是一个历史条件形成的问题,可能不是他的考虑不周或者说是理论上不够精致造成的问题。如果梁先生生活在当代中国,可能会有不同的阐述。

樊院长说我的这种个案研究能够探讨改革开放以来四十年的精神史,我觉得受之有愧,但是对我有很大的启发,所以在将来我会努力沿着这个方向进行。

还有就是再思考,看起来这个再思考永远没有尽头,今天是一个非常好的新开端。我就讲这么多,再次感谢樊院长的评议!

提问环节:

问题 1:

阎老师好!您提到的基于熟人社会形成的道德体系在陌生人社会中面临困境,而陌生人社会又是我们不能回避的一个事实,您能否从比较人类学的角度给些描述和解释,比如美国社会如何处理来自陌生人的求助?

阎云翔教授:

我觉得中国社会已经开始在应对这个挑战了,其中的重要举措是在法律层面上的努力。很多西方国家都有一个保护助人者的法律,英文名字叫做"Good Samaritan laws"。它起到的保障的作用是,如果你帮助人,你不应该也不会为此而承担负面的责任。其实,在美国这个负面责任指的不是被你帮助的人来讹你,而是在帮助人的过程中发生的意外伤害。比方说这个人倒了,你去扶他,这一扶的过程中,你把人家一根肋骨弄断了,那怎么办?不是那个人要讹你,说你当初把他推倒了,而是那个人说你在救助过程中把我的肋骨弄断了,这你要负责。那么很多"Good Samaritan laws"是保护助人者的这方面的利益。此外,有的国家也有"Bad Samaritan laws",如果你不帮,法律可以追究。这样就从法律层面进一步强化了助人的责任。"Good Samaritan"这个词出自《圣经》里的故事,你可以想到《圣经》的寓言故事可以追溯到多少年前,这个帮助陌生人的伦理在基督教传统里一直存在,那么这是西方的文化根源。我觉得从文化上、法律上两个方面我们都可以努力。

国内的另外一个特殊情况也值得注意。我在 2009 年的一篇论文中有所涉及,就是国内的法律至少到目前为止,对于老年人倾向于网开一面。当然,这个有人情文化的影响。在中国文化中,人情、天理、王法三个因素同等重要,以至于王法也不得不考虑其他两个方面,不像西方的法律体系不需要考虑其他因素,它只是沿着它自身的逻辑推演。中国的法律对于老年人倾向于网开一面,老年人做了不道德甚至违法的事,往往不必承担责任,或者大事化小,小事化了。从具体的办案人员来看,是担心后面的麻烦,如果我把一个老年人逮起来了,然后这个老人出现什么病症,我承担不起责任。法律程序走下去,法院怎么判,这也难办。所以,导致的结果是老年人往往享有某些法外的特权。比方说,在公共交通工具上,老年人看到年轻人不让座,就给年轻人两个耳光,至少老年人知道打年轻人不必承担严重的法律责任,但是反过来,这个年轻人会吃不了兜着走。所以,道德很重要,法律同等重要。但是关键是道德归道德,法律归法律,这个也重要。

问题2:

阎老师,您好! 您刚才提出中国私人生活个体化趋势,您当时经验调查对象是东北地区,可能与南方农村不同,早期华南学派提出家族主义,后来又有所谓核心家庭本位等,以及家户制度等,有一种回归家庭的趋势,政府也在倡导家风建设以及对于家庭法人的讨论,那么在个体化背景下,您认为家庭在当前农民私人或公共生活中的地位与作用是什么? 谢谢!

阎云翔教授:

第一层,我当年在东北做的个案研究在多大程度上契合中国其他地区的具体情况,我深表怀疑。因为东北是个移民社会,整个北方是一个宗族势力比较薄弱的大的区域,再加上具体的经济社会发展状况不一样等,所以在比较具体的经验层次上不相符合,完全在我预料之中。但是,我认为东北的个案研究所表现出来的某些趋向性的东西,对于更大范围内的区域是有一定的关联或者启示作用的,比方说个体化。个体化的一个完整的理解包括两个方面:一个方面是从社会结构的角度看,导致个体承担越来越多的责任这个个体化的过程,可能是市场推动的,可能是国家的制度改革推动的,也可能是外来文化影响推动的,更可能是这几种因素加在一起混合作用导致的。不管怎么样,甭管你是处在南方还是处在北方,你有没有觉得个体要承担的责任越来越多? 今年比较流行的关于内卷、关于躺平的话题,这实际上是个体化的一个新的发展,对不对? 那就是无论你遇到什么事情,最终你都应该承担下来。当然你实在承担不了,你可以去找心理医生。而个人问题的心理化,本身又是个体化结构变迁的一个重要组成部分。所以,从结构角度分析个体化,跟你的那个地方是核心家庭为主还是宗族势力为主,差别并没那么大,只不过是结构变迁产生的作用在大与小、快与慢之间的区别。更何况人口流动是一个最重要的变迁,即使你处在一个非常完整的宗族势力强大的地区,最大的可能性是年轻人本身不在或者有若干年后不在该地区,你要处理的是社会中的种种问题,要作为一个个体单独应对,这是更细层次的问题。

个体化的另外一个方面是作为观念方面的变化,个体的主体层面的变化。这个有可能是向个体主义方向的转型,有可能是向其他某种价值观体系的方向转型,都有可能;而且,现实中多种可能性都已经得到了某种程度的实现。但其中有一个共同的取向,就是个体的欲望和权利越来越得到更多的承认和某种程度的合法化。我刚才讲座中讲到,潘晓在公开信中提到他们想想奖金都觉得脸红,你联想到现在的内卷和躺平话语,这之间有多大的发展? 因为那些基本的个体的欲望绝对应该满足,对不对? 但是满足要通过什么方式满足? 要我付出多大的努力? 付出这么多大的努力,仍然得不到满足之后,我怎么办? 这是现在的个体考虑的问题,这本身就是个体化发展的结果。

在另外一个层次,这也是为什么我近几年研究的重点集中在新家庭主义的原因。因为我看到了家庭是当代中国社会语境下,个体从传统的束缚中脱嵌出来之后,再入嵌,寻找一个新的保护伞,最可靠甚至于是唯一的一个机制。所以家庭的重要性上升,是个体化发展的一个新的阶段。但是,家庭本身并不能给你带来家庭之外的生活意义。如果我们谈公共的话,你在公共生活领域中的意义不可能通过新家庭主义实现。所以新家庭主义仍然局限在私人生活领域,为当代的已经个体化或多或少甚至于很大程度上个体化的个体(个体化过程中有很多个体之间的差异),提供了一个看似可能的再入嵌机制。但是在公共生活领域还要找到其他的方式,这也就是为什么民族主义、爱国主义在这些年得到长足的发展,受到了越来越多的人的拥护和内化,特别是年轻一代的人。所以形成了一个很有意思的现象,就是对国家、民族、社会以及对于中国在世界上的以肉眼可见的速度逐渐上升的重要性,我们感到自豪,我们感觉很好。但是也有很多个体看到自己的前途,觉得我永远不会做到父母那么好,或者我永远没有实现阶层上升的机会等,换句话说,感觉不好。这个感觉好与不好之间,恰恰解释了再入嵌机制在公共生活和私人生活的不同表现形式。而这个又超越了你是东北的核心家庭基础的社会,还是东南沿海一带,比方说广东、福建、江西这些地方宗族势力比较强的地区,这之间的区域差异。因此我的研究更主要看的是,超越区域差异之上的全国性的趋向性变化。

问题3:

请问阎老师"伦理景观的多元化"中"多元"的含义是什么? 是生活领域的多元、道德事实的多元(指生活更复杂了)? 还是道德评价标准的多元(指多元价值观)? 还是将事实和标准相联系的方式多元(指中国人道德反思的能力增强了)? 就是关于"道德景观中的多元",这个"多元"的内涵是什么?

阎云翔教授:

这是一个非常好的问题,做了很深刻的梳理,看到了不同的层次、不同的角度。我觉得至少在今天讲座中,凡是我提到"道德景观的多元化"这种说法的时候,它包括了这位同学提到的所有这些方面。当然,我今天讲座的主要内容、分析的对象是公共话语和公共感知,所以很少涉及具体的道德行为多元化。但是,我假设有一个前提,即这些话语和感知的多元化不是空穴来风。具体的经验研究中,我们需要像这位同学所提出的那样,通过梳理来确认自己的分析对象到底是什么。

主持人 王珏教授:

因为时间关系,我们今天的讲座就要结束了。阎云翔教授用了一个多小时的时间,首先给我们讲述了道德公共话语的变迁,在这个基础上又和樊和平教授进行了学术对话。讲座非常精彩,同学们也领略了一位国际知名的文化人类学者的研究方法、学术视野和精彩见解。东南大学人文学院和道德发展研究院也相信这一次的讲座和对话只是一个开始,期待后面阎教授能够更多地来给我们开讲座,并且能够到东大来进行学术指导。谢谢阎教授!

"伦理"文明的话语体系及其中国文化密码[*]

樊　浩^{**}

（东南大学 人文学院，江苏 南京 210096）

绪论

1."伦理"＝"ethic"？

中国文化中的"伦理"概念是否等同于西方文化、西方哲学当中的"ethic"？我们现在从博士生写论文，到学者诠释伦理的概念，讲到什么是伦理，一般都认为伦理就是"ethic"，什么是道德，道德就是伦理学。但我总觉得这种诠释方法存在一个很大的问题，因为中国的"伦理""道德"概念，大概要早于西方一千多年。不谈这两个概念之间的文化差异，就谈在时间先后上，我们用一个诞生晚了一千多年的概念，来诠释中国早已有之的"伦理"概念，是不是就能真正理解中国的"伦理"、理解中国文化？

人文社会科学跟自然科学最大的不同，就是它不必是一致的，它没有一个放之四海而皆准的概念和理论。当我们说到物理、说到数学的时候，那么"2＋3"一定是等于 5 的，没有一个中国数学跟美国数学之分。但是讲到伦理、讲到道德、讲到哲学的时候，一定是中国的哲学、中国的伦理，没有一个所谓的普世的哲学概念。哲学在西方叫做"爱智慧"，在中国叫"知人曰哲"，实际上中国的哲学形态和西方的哲学形态是非常不一样的。因此，当我们简单地用"ethic"来诠释伦理，说伦理就是"ethic"的时候，实际上从一开始我们可能就走偏了路。

2."伦理"是一种意识形态，还是一种文化形态和文明形态？

"伦理"到底仅仅是一种意识形态，还是一种文化形态和文明形态？如果说我们把"伦理"仅仅当成是一个意识形态，这个意识形态不是一般意义上的意识形态，而是黑格尔《精神现象学》中所讲的那样一个意义上的意识形态，我们可能会严重低估了"伦理"在中国文化、中国文明体系当中的地位。因此，我觉得需要倾听这个来自中国文化深处、中国文明深处，来自中国人深处、生命深处的"伦理"文化，它本身具有一种理念和方法的意义。

这次演讲我和大家交流主要想谈两个方面的问题，一个方面就是"伦理"的话语体系及其所蕴含的中国密码，第二个就是"伦理"话语的文明史意义。

上篇　"伦理"话语体系及其中国密码

我的总的看法、总的观点就是我们理解"伦理"这个概念要把它当成一个话语体系，或者把它当成一个概念体系来对待，而不是简单地说"伦理"是什么。就像我们现在一般的伦理学教科书上讲的"伦理是研究道德问题的学问"，我觉得这个概念彻底地错了。因为"伦理"既然是研究道德问题的学问，为什么不叫"道德学"而叫"伦理学"呢？因此就必须要把"伦理"当成一个话语体系来对待，在这个过程当中，我

———————————

　＊　本文为樊和平教授在华东师范大学 70 周年校庆"名家讲坛"上的演讲实录，由李越洋、赵浩整理。

　＊＊　作者简介：樊和平（1959—），笔名樊浩，东南大学人文社会科学学部主任、资深教授，教育部长江学者特聘教授，江苏省道德发展高端智库、江苏省公民道德与社会风尚协同创新中心负责人兼首席专家，研究方向：道德哲学。

们试图解开"伦理"概念所隐藏的中国基因和中国密码。

总的看来,我认为"伦理"这个概念的逻辑体系是由四个结构构成的。一个是"伦",一个是"理",一个是"伦"和"理"的关系,最后是"伦"和"理"结合所生成的"伦理"的概念。它的历史体系就是"伦"和"理"本身的那样一种义理。伦理关系就是居"伦"由"理",到最后形成的是一个"伦理的世界"。伦理关系的要义是一个"安"字,伦理世界的要义是一个"和"字,"伦—理—安—和"便成了这样一个话语体系的精神气质,我们一个一个来讨论。

一、"伦":"国家"文明伦理实体的中国话语

1. "伦"与伦理实体:"本性上普遍的东西"——"精神"

"伦"如果用一句话来概括的话,我认为就是"国家文明体系当中伦理实体的中国话语"。伦理是国家文明,而不是"country"文明,也不是"united states"文明,不是在这样一个背景底下的哲学话语。伦理概念和西方文明如果说存在某种相似的地方或者相通的地方,就是它是一个伦理的实体。

在这一点上,中国文化当中的"伦"和西方文化、西方哲学里面对这个概念的理解当中,最接近的就是黑格尔的概念。黑格尔在《精神现象学》里面一开头就讲,伦理是"本性上普遍的东西"。伦理是一个普遍的东西,它不是讲的一般的关系,它所追求的、所指向的是一个"普遍物",这个普遍物叫做"伦理的实体"。但是这个伦理的实体它作为一个实体并不仅仅是一个关系的实体,而是通过精神所建构并且通过精神所实现出来的那个东西。所以在《精神现象学》的下卷一开头黑格尔就讲"理性"和"精神"的区别,他说实体是人的公共本质,当人不仅仅意识到自己的公共本质,而且把它实现出来、创造出一个"伦理的世界"的时候,这个时候"理性"就变成了"精神"。因此"伦理"是"本性上普遍的东西",伦理只有作为精神的时候,这个普遍的东西只有作为精神的时候,才是伦理的。"伦理"和"精神"是不可分离的,一旦离开了精神,伦理就不是伦理。我们所说的经济实体、政治实体等等,最大的区别就是这个"精神"。

因此,"伦"的概念和西方共通的地方,一个就是它是一个普遍物,是"本性上普遍的东西";第二个它必须有"精神"才能实现,才是现实的。

2. 具有世俗终极关怀意义、入世而超越的伦理实体

中国文化当中的"伦"和西方文化当中的"ethic",不同的地方在于,"伦"是一个"具有世俗终极关怀意义,入世而超越的伦理的实体",和西方意义上的伦理实体是不一样的。

首先它是一个"合"和"分"。伦理的要义就是它既是"合"又是"分",是"合"与"分"的实体。潘光旦先生曾经对"伦"字做了一个解释,他把伦的繁体字"倫"进行了知识考古,他说这个"倫"讲的是"理"。上面的这个部位(人)讲的是"理"之"合",下面的这个"册"讲的是"理"之"分","合"和"分"就构成了"倫"的要义、伦理本意。

如果用道家的话来讲,"伦"是什么?伦就是一个"惟齐非齐"的伦理实体。这样一个"惟齐非齐"的伦理实体,儒家用一个字来表达,就是"理"。"理"就是一个在中国文化当中、在儒家伦理当中的一个伦理实体的概念。把这样的意义引申到整个的伦理道德当中,所以中国人讲仁义。"仁义"用朱熹的话讲就是"仁以合同,义以别异","仁"和"义"的区别就是"仁"是用来合同的,"义"是用来别异的,所以说"仁义"就成了伦理道德的代名词。

这个问题也许一下子就把它引申是非常复杂的。伦理的文化标本在现实当中最具有典型意义的存在,就是中国人的姓名。姓名是全世界的人都有的,都具有伦理标本的意义,但是中国人的姓名,伦理标本的意义可能更加明显,或者我们更容易理解。我们讲伦理的概念的时候,总说"伦者,辈也","辈"是什么?"辈分",讲的就是一个人在生命共同体当中所处的地位。生命共同体就是一个血缘大动脉,也是一个时间之流。在这个血缘大动脉跟时间之流当中,单个人的生命处于一个什么样的生命截面和时间节点上,这就是一个人的"辈",是我们讲的所谓的"辈分"。

中国人的姓名过去一般都是三个字,为什么是三个字?姓就是一个血缘大动脉中共同的符号,名是在这个血缘大动脉当中个体的符号,中国人过去名字中间的那一个字就是辈分符号。在这个血缘大动脉当中,通过姓名能看出这个人到底处于生命的哪一个时间节点上,在生命共同体当中、在生命的时间之流当中处于什么样的地位。因此中国人过去的习惯就是论"字"排"辈"。毛泽东是泽字辈,与毛泽民是兄弟两个,一看就知道。到现在孔夫子的第七十六代孙是孔令贻,凡是令字辈的都是他的第七十六代孙。所以伦理的观念在中国人的姓名当中体现得清清楚楚。

事实上在西方,像英国的皇室有生命书,这个生命书实际上也是一个伦理书。最重要的区别仅仅只是谁是"first name",谁是"second name"。在西方,名是"first name",姓是"second name",这可能是代表了个体跟共同体的关系的不同取向。这是伦的第一个要义。

"伦"的第二个要义就是"无上帝的终极关怀,有温度的'逻各斯'"。"伦"和西方文化相通的地方是它们都具有终极关怀的意义。但是中国文化的"伦"是世俗的一种终极关怀,"伦"与"帝"的区别在于一个是此岸的,一个是彼岸的终极关怀。

我们现在对很多问题,尤其很多伦理道德问题的理解,我觉得缺少文化含量,没有从文化与文明的深处去理解。比如说"孝",我们为什么要讲"孝"?我们今天讲的"孝"都把它形式化了。学校里面教育小孩要"行孝",好像就是回家给父母洗脚,那就是孝,所以就出现了很多吊诡的现象。在广场上,小学组织了很多给父母洗脚的活动,小朋友们非常虔诚地给父母洗脚,而年轻的父母在那儿漫不经心地玩手机。

黑格尔说为什么要讲"孝",还是从文明对话这个意义上来谈,他说,"子女的生命是在父母生命的枯萎当中成长起来的",因此这个"孝道"本身就是对生命的一种尊重,对生命根源的一个回归和尊重。而在中国文化当中"孝"的本质是什么?"孝"的本质是对生命永恒与不朽的文化承认与文化承诺,它具有终极关怀意义。不仅仅是我们说的养儿防老,那只是一个自然安全,是子女对于父母具有一种行孝的义务。养儿要防老,这还是世俗的,还不是一个文化的终极意义。孟子说,"不孝有三,无后为大",那么什么叫"不孝有三,无后为大"?在西方、在宗教文化当中要达到永恒、达到不朽,最简单的办法就是回到上帝,回到佛祖,然后就得到了终极关怀,就可以永恒不朽了。而中国人没有上帝这个概念,如何达到不朽?当然说古有所谓的三不朽,"立德、立功、立言",但是对一般的老百姓来说怎么立德、立功、立言呢?如果不能解决芸芸众生的问题,那么这种文化的解释力和合理性就不是有效的。于是在中国文化当中就有一个最简单的让所有人都能不朽的路径,就是生儿育女。在生命的延传当中,在生命的生生不息当中,生命也就不朽了。孔夫子虽然去世两千多年了,他即使不是孔夫子,但是他的血液也在孔令贻等子孙后代的身上流淌着,他已经是不朽了。

这种"伦"在中国文化当中,实际上是一种此岸的"上帝",是一个此岸的终极关怀。它和"道"的区别、它和"逻各斯"的区别是它带着生命的体温,带着生活的温度。这个"伦"和"逻各斯"、"伦"和"道"都是一种必然性的力量,但是"道"是一个本体性,而"伦"是一种总体性,是一个实体性。"道"和"伦"是一种形而上的本体性和伦理实体的总体性之间的区别。

有人曾经用"漪"来解释这个"伦"。说"伦"不是一个人际关系,"伦"是什么呢?"伦"最简单的一个现象学的图景,就是一个石子扔到水里以后,卷起了一个又一个的涟漪。实际上讲的是涟漪上的每一个基点、每一滴水珠都是一个生命实体、生命共同体当中的存在,它和生命根源之间的关系,它这样生生不息,这个延传就构成了涟漪本身。"伦"既不是这个涟漪当中的任何一个水滴,也不是任何一个涟漪,而是整个涟漪本身,这就叫做实体。因此在这样一个意义上,梁漱溟先生说"伦理有宗教之用","以伦理代宗教"。咱们中国人不需要宗教,中国人不是说没有宗教能力,也不是说没有宗教,而是中国人不需要宗教。不需要宗教是什么原因呢?因为中国人有一个文化替代,这个文化替代最重要的就是一个"伦"。

谈到这个问题就涉及另外一个问题,就是我们今天讲的"人伦"和"人际"的区别。伦理学是研究什么呢？伦理学是研究人际关系的。潘光旦先生曾经讲过，"伦理学"这个概念很可惜，它是要表达一个社会学意义的概念。因为"伦理学"的概念是从日本引进来的，就像"哲学"是从日本引进来的一样。他说，事实上西方的"社会学"这个概念最恰当的中文翻译应该叫做"伦学"，很可惜"伦理学"这个概念被研究道德的人抢过去了，所以社会学就只能叫"社会学"，不能叫"伦学"了，他说社会学应当叫"伦理学"。但是我觉得这个判断还是忽视了一个区别，就是伦理学跟社会学之间实际上是有区别的，最大的区别就是"伦"和"际"的区别。"伦"是强调实体，强调一种通过精神所达到的那样一种不可分的一个实体，而社会学的人际关系是强调区分的。所以现在西方社会学也好，哲学也好，都强调一个叫做人与人之间关系的疆界，这个疆界实际上就是"际"。

如果要用一句话来概括人伦关系和人际关系、伦理学和社会学之间的区分，我觉得就是三个字，叫做"'伦'无'际'"。如果保持这个"际"，有这样一个"际"，个体也是分离的，总是跟别人之间乃至跟自己的生命本质之间存在着一个难以愈合的鸿沟。因为"伦"就是和自己的公共本质的统一，"伦"讲的是一种普遍物。跟其他人的关系之间也存在一个"际"，即使是在恋人之间也存在一个"际"。所以我们现在的所谓的契约婚姻、理性婚姻等等，本质上也就是人际关系的、社会学的那样一种思维方式，而不是伦理学的思维方式。

从伦理学的思维方式看，婚姻就是一个伦理学的概念，因为婚姻特别强调一个"婚"字。这个婚是什么？婚就是一种缘。人类是从实体当中走来的，中西方文化在原初的时候总是表现了某种相似性、相通性。中国人强调婚姻，婚姻又是在黄昏的时候，一个女人走到一个男人家里去。人们只讲缘分对不对？为什么？在西方，在古希腊神话当中，什么是婚姻？婚姻就是丘比特的一支箭，那么丘比特的这支箭是什么？射中了一男一女，那这支箭就是一个必然性的力量。我常常开玩笑，要理解这支箭，最简单的办法就是到我们南京的夫子庙来看一下糖葫芦。一个棍棒把几个糖葫芦串到一块，这几个糖葫芦再也不能分离了，这就叫做缘，这就叫做婚姻。那这个穿糖葫芦的人、射这支箭的人本身可能是理性的，也可能是非理性的。于是在古希腊神话当中丘比特必须要有一个条件，丘比特必须是瞎子，如果丘比特不瞎的话，那么他的这只箭可能就不那么神圣、就不那么公正了。这讲的是什么？讲的都是"伦"，我觉得婚姻是比较能够诠释"伦"这个概念的。

3. "国—家"文明的独特话语和独特传统

"伦"是中国文化的密码，它存在于国家文明中，它是只有中国这样一个"国—家"文明才会诞生出"伦理"这样一个概念。确实"伦理"和"ethic"之间存在某种相似之处，但是它们之间的关系如果用朱熹的话来讲，是"同行而异情"。就像天理和人欲之间的关系一样，伦理和"ethic"之间可能差异更大。

在伦理当中存在着"国—家"文明的文化基因，"国—家"文明是什么？有人把"国—家"文明理解为"家—国"文明。我觉得理解为"家—国"文明可能会产生一个误读。既然叫"国家"，它就已经超越了这个所谓的"家国"，它的整个文明的规律、文明的路径是由家及国，最后是天下一家。所以我们在理解中西方文化关系和差异的时候，不能简单地把"国家"等同于"country"，也不能简单地把"国家"等同于"united states"。它们最大的区别是什么？在"country"里面，在"united states"里面，家的地位是没有那么高的，甚至没有那么高的神圣的地位。乃至在"country"里面，在"united states"里面，我们很难发现在中国文化当中那样一种所谓的"天下一家"的理念和价值理想。美国、英国，它们最大的区别就是所谓的各个"state"，"state"是过去的城邦，通过某种契约也好、通过某种认同也好，把它"united"，建构起来的一个邦联或者是联邦。它们跟中国所建构起来的那样一个实体的"国家"很不相同。

所以，中国文化跟西方文化最大的区别就在于由原始社会向文明社会过渡的时候，选择了一条和西方完全不同的路径。我觉得我们现在在研究中西方文化的时候忽略了一个非常重要的差异，就是中西方是如何走向文明的。到目前为止，人类经历的最漫长的时代是原始文明。我们现在往往排斥原始文明，一方面原始文明似乎是已经没有记忆了，另外一方面就是原始文明好像已经被超越、已经毫无价值了。但事实上恰恰在这个漫长的、历史演化当中所形成的那个文明,对人类来说具有非常重要的基因意义。

中西方文化在由原始社会向文明社会转化的时候,在选择的路径上我觉得最大的不同就在于西方选择了一个家国相分的道路。古希腊的几大重要的改革,梭伦改革、克里斯提尼改革等等,做的最重要的工作就是以地域来划分公民,将城邦和家庭区分开来。中国恰恰选择了另外一条道路,就是"由家及国",在家的基础之上建立国。所以在这个意义上,中国文化比较有优势的地方是什么?就是成功地利用、创造性地转化了人类最为漫长的原始时代所形成的那样一种文明的积淀,让它变成了后来文明的资源和它的原动力。

儒家最重要的贡献,就是对家国一体、由家及国的"国—家"文明进行了文化建构,而这个文化建构的核心就是伦理建构。西周维新只是在体制意义上建立了国家文明,而儒家是在文化上成功地完成了这样一个重大的改进。跟学生讲课的时候我会开玩笑,"在中国学术史上最重要的、做得最成功的一个中华民族的重大招标项目,就是由儒家完成的"。

家国一体、由家及国的文明路径,如何在人的精神世界当中、如何在文化当中得到实现?从这个意义上梁漱溟说中国是"以伦理组织社会",也像上面讲到的伦理是一个入世而超越的、拥有终极关怀意义的伦理实体。正因为这样,梁漱溟认为"以伦理代宗教",因为它是"国—家"文明的独到的话语,所以伦理性文化的第二个特征就叫做"以伦理组织社会"。正是由此,"伦"就成了中国的一个极为重要的话语,这样一个话语形态和西方文化有很大的不同,中国人把它区分为"人伦"和"天伦"。

我们在学习西方文化,读西方哲学著作的时候,也常常读到这样一个类似的概念。比如说黑格尔在《精神现象学》里面所讲的"人的规律"和"神的规律"。这种"人的规律""神的规律"和中国的"天伦""人伦"非常具有对应意义,但是事实上这种"天伦"和"人伦"还不能等同于"人的规律"和"神的规律"。因为黑格尔比较贬低"神的规律"。他把"神的规律"都当成是黑夜的规律,而把"人的规律"当成白日的规律。他所渲染的是"人的规律"和"神的规律"之间的紧张关系,一种规律要克服、消灭另外一种规律,压制另外一种规律,而另外一种规律不停地反抗,强调的是这样一种紧张关系。所以它不能完全地来对应、来理解中国的"伦"。

中国的"伦",存在着杜维明先生所讲的那样一种"乐观的紧张"。伦的体系的典范就是孟子所讲的五伦。五伦当中最根本的伦的规律、伦的原理,就是"人伦本于天伦"。所以五伦当中,"父子、兄弟是天伦,君臣、朋友是人伦,而夫妇则介于天人之间",于是就建构起了一个天人之间的立体性的伦理坐标或者说伦理体系。在这里面不仅仅存在着紧张,更重要的是存在着一种亲和,在人伦和天伦之间可以相互过渡。因此,中西方的"伦"不仅仅是两种传统,而且也是两种话语。

二、"伦"之"理"

1. "伦"与"理"的主谓关系

关于"理"的理解,最重要的首先不仅仅是对伦理当中的这个"理",更是对中国人的"理"的理解,必须要和伦理结合。中国一开始是没有"物理"这个概念的,只有"伦理"这个概念。伦理之"理"是"伦之理",甚至只是"伦之理",它不是其他的理。《周易》上讲,"有天地然后有万物,有万物然后有男女,有男女然后有夫妇,有夫妇然后有父子,有父子然后有君臣",这就是一个伦理生成之路。所以说在中国文化当中,伦和理的关系是一个主谓关系,伦理和天理是相通的。为什么到了宋明理学发现了"天理"概念,中国传统伦理就完成了它的最终建构?从精神哲学的意义上说,伦理和天理一旦形成,中国传统伦理作为中国文化之终极根据的历史性格就完成了。

2. 以"治玉"释"理"的文化信息

"理"是什么,理就是治玉,"玉"字旁加一个"里"字,形成一个"理"字。用"治玉"来表达和解释"理",

我们所有的伦理学课堂上都是这样讲的。我这里要特别强调的是，这是一种文化大智慧。为什么是一种大智慧，以玉乃至"治玉"来讲伦理之"理"，必然的结论就是"人之初，性本善"，是性善论。

为什么中国文化中性善论是主流？ 人性当中性善、性恶都有，人因为不是天使所以需要道德，人不是魔鬼所以可能有道德。于是一个完整的人性论必须既要肯定性善，又要承认有性恶。但是中国文化的主流一直是性善论，实际上荀子的性恶论可能比孟子的性善论更有解释力，但是为什么是孟子的性善论而不是荀子的性恶论成为中国文化的主流？ 实际上性善论本身是一把双刃剑，一方面它表达了对人性的信任，对人性的信心，对人性的尊重，但是在这同时，也把所有伦理的责任、道德的责任都交给了个体。所以中国文化最重要的一个信念就是道德伦理这些东西讲到最后能够天人合一，让所有人都能明白、都找到了伦。老子传道的时候，老虎猛兽都能"和道相通"，都能被驯服。

我们忽视了性善论背后隐藏着的一个悖论，一方面是对人性的尊重，是对人性的信任和信心；另一方面又把全部的责任交给个体。以中西方教育为例，中国教育和西方教育很大的不同是什么？ 比如我常常举的例子，美国人到我们西安幼儿园里来考察，一个幼儿园的老师在教学生画画，学生不会画，画得不好，老师就把他找过去谈，说你是能够把画画好的，没有画好因为不用功，你如果用功一定都能把它画好。但是在西方教育中，如果他画不好，首先要考虑他有没有画画的"天赋"，或者考虑他对画画有没有兴趣。但是中国文化就不一样了，肯定每个人都有这样的能力。所以信任和责任是同时存在的。

现在我们用心理学的方法、用理性主义的方法乃至用科学的方法来研究人性，但是有时候把伦理学的方法给忽视了。性善在中国文化和中国伦理当中不是"认识"而是"认同"，不是"知识"而是"信念"。当我们用科学的方法、用心理学的方法来研究人性的时候，很有可能一开始就走偏了路。

3. 理＝良知≠理性

在中国文化当中，在中国的话语体系当中，伦理是什么？ 伦理之理就是一种"良知"，不是西方的理性之理，这个"理性"完全是一个西方文化的概念。陈独秀先生曾经讲过，西方人讲理性，中国人讲的是性理。我认为这句话很有道理。性理讲的是什么，"唯天下至诚，为能尽其性。能尽其性，则能尽人之性；能尽人之性，则能尽物之性；能尽物之性，则可以赞天地之化育；可以赞天地之化育，则可以与天地参矣"。这就叫做性理，由性而理，而西方人是由理而性。中国人的伦理之理是根源于恻隐之心的那样一种"自然"。孟子在讲恻隐之心时，见孺子入井的时候，就把所有的理性主义的因素都排除在外。我们为什么看到小孩掉到井里的时候会产生恻隐之心，最重要的是理性的排除，"非所以内交于孺子之父母也，非所以要誉于乡党朋友也"，就是一种性理，就是一种良知。

在这样一个意义上，杜维明先生提出了"良知理性"的概念。这么多年我在参与北大世界伦理中心的工作时，就是采用了杜先生这个良知理性的概念。因为他们这一代的新儒家、这一代海外的学术大师，他们的抱负是要把中国文化现代化、世界化、进行文明对话。但是在这个过程当中，我认为像良知理性这个概念的提出，包含了一种文化隐忍和文化妥协，就是我们要把一个概念讲得让西方人能够听得懂，让他能够接受，就必须要借助于他们的话语。同时你要把中国文化的信息、把中国文化的价值传播出去，所以他就叫做"良知理性"。我的感觉是他们这一代新儒家，作为新儒学者所做的工作，不仅仅是令人敬重的，而且是令人感动的。

4. 情理主义

"理"是一种良知，它实际上也是一种"伦之知"。我们总是用西方文化的方式、西方道德哲学的方式来理解，中国伦理到底是情感主义还是理性主义，我们总是在这个问题里面打转。西方有理性主义、情感主义，我觉得中国伦理既不是理性主义的，也不是情感主义的，而是"情理主义"的。李泽厚先生提出过一个情本体，我当年在做学生的时候，就曾经阅读过他这篇文章，其中就提了一个情理结构的问题，我自己的博士生也不断地在这个问题上做选题，研究情理主义下中国伦理的精神哲学形态。

中国文明跟西方文明最大的不同之一，是在文明的童年就选择了一条情感的道路，而拒绝向纯粹理性方向发展。不光是拒绝向纯粹理性的方向发展,我们还不仅仅是伦理地论证,而且是对所有东西的论证都有一种情感化、伦理化的倾向。比如说对水的论证,西方人对水一开始把它当成一个哲学问题,西方哲学的第一个发现就是泰勒斯的"水是最好的""水是万物之源"。当然中国文化当中也有类似的判断,但是从老子到芸芸众生的社会大众,对水的理解往往都是情感化和伦理化的。老子讲"天下莫柔弱于水,而攻坚强者莫之能胜""上善若水"。这不仅仅是哲学,而且是一种伦理。所以中国人讲的水,都是情感化的,都是伦理化的。孔子对"三年之丧"的论证,不像苏格拉底说的那样用知识,而是通过一种生活的情理。"子生三年,然后免于父母之怀",所以到最后建立的是"三年之丧",是"天下之通丧也"。那么关于这样一个情理结构,论证的比较学术化的就是孟子的四心。孟子说人有四个本源之心,叫"恻隐之心、羞恶之心、辞让之心、是非之心"。这四心当中前面那三心,恻隐、羞恶、辞让,都是情,只有最后一个是非之心勉强可以说成是理性。但是这个理性实际上不是西方所说的"认知理性",而是一种"良知理性",是杜维明先生讲的那种"良知理性"。

要特别强调的是,这个"情理结构"和"知行合一"是一脉相承的。为什么西方道德哲学都要强调意志、强调意志自由,比如康德哲学要研究意志,黑格尔的伦理学就是他的法哲学,法哲学讲的就是人的意志是如何获得自由的。为什么要研究意志?因为要把理性实现出来,就必须要借助于意志。虽然黑格尔特别强调思维和意志之间的区分,但这"并不是说人身上有两个口袋,一个口袋里面装着思维、一个口袋里面装着意志;而是说人的精神有两个方面,一个是思维,一个是意志,意志只是一种冲动形态的思维",这是他在《法哲学原理》里面讲的一段话,他用"精神"这样的概念来统摄思维和意志或者理性和意志。但是在中国文化当中,情理结构是不需要意志这个结构的。因为情感和意志最大的区别是什么?情感是一个主观形态的意志,中国人常常讲"生不由己","见父自然知孝,见兄自然知悌,见孺子入井自然知恻隐"。知和行之间是不能用一个"与"字的,知和行一旦用了一个"与"字,"知与行"就是两个东西了。所以"情理主义"就是中国伦理的一种哲学形态。

三、伦—理规律:居"伦"由"理"

1. 哲学形态:居伦由理

伦是国家文明的一个话语形态。"理"是"伦之理",伦理的规律是什么?伦理的规律用一句话或一个命题来表达,就叫做"居伦由理"。"伦"是实体,是家园,是人的公共本质。用黑格尔的话讲,"伦理是人的公共本质"。"理"就是规律,理就是一种由家园出发,然后再回归家园的规律,也是人从家园出发所获得的那样一种良知。中国文化用一个概念来表达伦和理之间的关系,叫做"居伦由理"。

我们今天引进了很多西方理论,因为当现在生活当中的伦理关系出现了很多问题时,就试图用西方理论来解决。但是西方理论没有伦理这个概念,它只有"ethic"这个概念。而"ethic"这个概念一开始就被亚里士多德给界定了,他说有两种德性:一种是伦理的德性,一种是理智的德性,而理智的德性是高于伦理的德性的。亚里士多德本身是瞧不起伦理的德性的,在亚里士多德的《尼各马可伦理学》里面,已经隐藏了走向康德的道德哲学的必然性。所以西方人到后来为什么有伦理和道德的分离,到了康德就完全没有伦理的概念,实际上在亚里士多德的《尼各马可伦理学》里面就埋下了种子。罗尔斯的《正义论》为什么成了一个没有结果的思想的自由市场,因为他经不起麦金太尔的追问——"谁之正义?何种合理性?"

其实中国人是不讲正义的,中国文化的话语叫做公正,公正和正义最大的区别是它有"伦理"。"公"是一个伦理,"正"是道德,伦理之"公"与道德之"正"的结合才形成了"公正"这个概念。只有在一个伦理共同体当中、在公的共同体当中才能判断正的问题、正义的问题,这就叫"谁之正义?何种合理性?"。很多概念都是这样,比如说"公民"这个概念,我认为公民是"伦理之公"与"道德之民",达到"伦理之公"才能做一个"道德之民",它本身就隐含了伦理和道德的双重性。

2. 伦理形态：安伦尽分

伦理形态就叫"安伦尽分"。这个"伦"是不是道德的、是不是符合伦理，完全要在这个"伦"的关系当中、在伦理实体当中才能体现出来。

这一个问题实际上在西方哲学当中也有。黑格尔就讲什么是"德"，这个真正的德，他说只有在伦理的共同体当中才能讲出来，只要按照伦理的共同体的要求去做就行了。所以他得出的结论是"德"本质上是一种伦理上的造诣。德是一种伦理造诣，一旦离开了伦理，就没办法判断是不是德。黑格尔特别强调个体和个人的区别，他说把一个人称之为"个人"，实际上是一种轻蔑的表示，是对人的蔑视。因为"个体"是有"体"的，而个人是没有"体"的。因而西方哲学、道德哲学就必然遭遇"伦理认同"和"道德自由"之间的矛盾。

从这样一个概念的诠释当中，我们就能理解孔子的"正名"。关于孔子的"正名"理论，现在大家已经基本上达成共识了，我们什么都不缺乏，缺乏的就是怎么从哲学上来理解。孔子讲的正名叫"君君、臣臣、父父、子子"。"君君、臣臣、父父、子子"只是一个具体化了的、伦理性的表达，它实际上讲的是"安伦尽分"。今天我们如果一定要使用一种西方语言表达的话，"正名"也就是马斯洛的自我实现，因为马斯洛的自我实现就是"是什么人就去做什么事"。那"正名"本质就是"在什么样的伦理地位上，就履行什么样的道德义务"。当然一旦要落实到某一个具体的伦理情境当中、伦理关系当中、社会生活当中，就会遇到很多的问题。但是从哲学上来说，它是一个非常中国化，也是非常具有合理性的概念。

3. 道德形态：修己安人

道德形态就叫做"修己安人"。中国人"己人关系"的原理就是孔子讲的那样，是一种"修"与"安"的关系。在《论语》当中说君子有三重境界，"修己以敬，修己以安人，修己以安百姓"。"安"是什么？"安"就是一个终极关怀。因为时间关系，这里我不做具体阐述，如果讨论环节提到这个问题我们再来讨论。

这样伦理规律共有三种形态：哲学形态就是"居伦由理"，伦理形态就是"安伦尽分"，道德形态就是"修己安人"。

4. "角色伦理"

现在有一个比较流行的，或者是有很多人在讨论的，就是安乐哲提出的"角色伦理"。安乐哲从西方文化出发来对中国文化进行倾听理解，做了非常了不起的贡献。但是我觉得他的"角色伦理"并没有真正把中国的"伦"的传统、伦理的传统理解得那么有生气。因为他只是把人分解为各种不同的角色，而中国人的伦是各种角色所构成的那样一种实体、那样一个主体，它跟马克思讲的"人是社会关系的总和"还不一样，它是各种角色所造就的道德主体和伦理实体。

因而在中国的伦理传统当中，作为一个"伦"，中国伦理必须有一个最后的、最高境界的哲学设定，这就是"中庸"。孔子所建立的儒家的道德哲学的体系、伦理学的体系，为什么需要四个要素？我在中国伦理的现代建构当中发现，儒家伦理体系的四个结构：第一个是"礼的伦理实体"，第二个是"仁的道德主体"，第三个就是伦理和道德面临矛盾冲突关系时的"修养"，最后一个就是"中庸"。这就是伦理和道德的"中庸"、各种"伦"的"中庸"达成的最高境界。

四、"伦理"世界

作为伦理的话语体系的最后一个结构，是由"居伦由理"所建构的"伦理"世界。伦理的终极目标是要建立一个"伦理"世界。

1. 两种伦理世界

关于伦理世界这个概念，黑格尔在《法哲学原理》当中也曾讨论过。在黑格尔的《精神现象学》和《法哲学原理》里面讨论得最精彩的我认为就是伦理世界。但是黑格尔对伦理世界的理解，今天是把它作为客观精神或者精神现实化自身的最初阶段。黑格尔无法解决的一个问题就是为什么家庭和民族是伦理世界的两个结构。因此他就作了一个思辨,说世界是怎么构成的? 是由一个男人和一个女人构成的,但男人和女人,男人是天生面向社会的,而女人是家庭的守护神,于是在家庭当中,一个男人和一个女人就蕴藏着走向民族的可能性。但是家庭和民族也有两大规律,一个是白日的规律,一个是黑夜的规律,于是伦理世界最后的宿命就是走向法权状态。对抽象的个体,这个世界的主宰是什么? 我读了黑格尔的著作后发现,它是"country"文明的伦理宿命。在西方科学文明当中、在西方的"united states"文明当中,伦理世界最后的宿命就是把它还原为原子式的个体,进入所谓的市民社会。

黑格尔一生当中写了四本书:《精神现象学》《法哲学原理》《逻辑学》以及《哲学科学全书纲要》。最重要的两本书《精神现象学》和《法哲学原理》恰恰有矛盾。为什么有矛盾? 在《精神现象学》中,认为人的精神发展是由伦理世界走向生活世界,到最后的道德世界,这叫实体即主体。而在《法哲学原理》当中,恰恰是由抽象法到道德再到伦理,在伦理中达到了真正的自由。两者会形成一个矛盾,这个矛盾就是"country"文明和黑格尔对于精神的守望、对精神的追求,和他的绝对精神理念形成了矛盾。

但在中国文化中伦理世界恰恰是一体贯通的,是"身—家—国—天下"一体贯通,"修身、齐家、治国、平天下",变成了中国人的伦理世界,这就叫国家文明。所以伦理是"国—家"文明的一个概念。

家庭、民族、社会、国家、天下,都是伦理实体,在伦理当中都具有独到的意义。现在关于家的问题的讨论也比较热烈。中国学界曾经在做一项工作,试图把中国文化当中最重要的一个元素"家庭"这个概念讲到让西方人听得懂。但是我也很担心,当用西方人的概念来诠释中国人的"家"的时候,是不是有可能让中国人的"家"不成为"家"? 我们要让西方人听得懂,但是绝对不能迎合西方。

2."家"的伦理本位意义

这两三年曾经争论过一个问题,说中国文化不是家庭本位。很多人说,"家国一体、'家—国'文明本身就是家庭本位",实际上中国文化不是家庭本位,而是伦理本位。我们说伦理本位,伦理从家庭出发,只能这样说,而不是家庭本位,家庭本位是宗法社会的特点。

黑格尔也说,伦理有两大策源地,一个策源地就是家庭,一个策源地就是乡村。家庭和乡村是伦理的两个家园,对我们现在的中国来说都面临挑战。家庭被解构了,乡村也城市化了,那么我们的伦理到底路在何方? 现在面临新的挑战,因此就会重新来讨论这个问题。孔子说:"父为子隐,子为父隐,直在其中也。"关于亲亲相隐问题的讨论,也争论了很多年。我没有卷进这个争论中,因为我喜欢独立地去思考,我理想的原则是标新不立异,我做自己的思考,然后去得出一些结论。

关于"亲亲相隐"的问题,孔子到底"直"了什么? 孔子直面的是家庭在整个文明体系当中、在整个伦理当中的地位。为什么要"亲亲相隐"? 实际上在世界文明体系当中,不仅仅是伦理,在法律当中也有关于亲亲相隐的规定和保护。所以对亲亲相隐的文化意义的理解,必须要理解中国文化当中伦理的概念,要在国家文明这样一个大的背景下理解伦理,然后再来理解中国的伦理关系、道德生活,再来理解中国人、中国文化当中的伦理道德理论。

中国的家庭概念实际上涵盖了西方的"family""house"和"home"三个词,在西方这三个词合起来才是中国人的家庭概念。"家"是什么? "家"就是屋檐底下养了一群猪,那为什么屋檐底下养了一群猪,就是中国人最初家庭、家的概念? 因为家就是"共财""共治"。大家在一起吃饭,共有共同的财产。如果财产不共享,家庭关系就变成了什么? 变成了市民社会。家庭结构与市民社会最大的区别是什么? 市民社会每一个人都有了独立的财产,而家庭成员是一种实体性的关系。"庭"是什么? 庭就是父母所在的地方。有一句话叫"父母在哪里,家就在哪里",它引申出去就是生命的根源。

由此也可以理解我们现在中国所面临的重大的挑战,伦理危机是什么? 是独生子女与家庭的伦理承载力的危机。家庭是不是还能承载得起作为伦理的策源地,作为自然伦理实体的文明功能。在中国文明当中,"国—家"文明最基本的矛盾是什么? 最基本的难题是什么? 就是家庭与国家的矛盾。虽然西方也遇到这一问题,但是西方从一开始就用国家、用社会来压制家庭。黑格尔在《精神现象学》里面讲到,"人的规律、神的规律是相互压制",相互压制的结果是它的胜利就是它的失败。国家、民族要把整个社会变成一个人,因此要压制家庭,而家庭要联合起来进行反抗,于是就会面临国家和民族的危机,最后的结果只能"united"。黑格尔在《精神现象学》里面,描绘了西方的"country"文明的精神现象学图景。在中国,在国家文明体系当中遇到的伦理难题,就是家庭既是伦理的策源地,也是伦理的难题所在。

3. 民族伦理实体的"中华气息"

中国文化中的中华民族和西方的"民族"概念有很大的不同,它洋溢着一种非常深邃的、非常浓郁的伦理气息。黑格尔《精神现象学》里讲"民族是伦理的实体,伦理是民族的精神",在理论上民族和伦理的关系、伦理和精神的关系似乎是解决了,但事实上民族和伦理是分离的,因为中国文化的信念是"人是万物之灵",西方文化的信念从古希腊时代开始就是"人是万物的尺度"。人要给万物立标尺,人和世界万物之间总是存在着某种紧张关系。

因为时间关系在这里不再做过多地讨论。我只想讨论一个问题,中国人为什么叫龙的传人?我觉得"龙"这个概念可能它的伦理学意义先于且高于生物学的意义。也许中国人在发现龙这个生物之前已经有了龙的概念,我没进行认真考证。因为龙完全是按照万物之灵的哲学理念,作了一个伦理学和现象学的创造。龙是什么?龙有狮子的头,狮子是百兽之王;龙有蛇的身,蛇没有脚但是能日行百里;龙有老鹰的爪子,老鹰能够在高空中轻而易举地捕捉到猎物;龙有鱼的鳞,鱼因为有鳞,在冬天和夏天,在水里都能够自由自在地生活。龙是什么,龙就是一个万物之灵。中华民族五十六个民族是一家,为什么是一家?如果我们仅仅是炎黄子孙,它不彻底,为什么?炎帝和黄帝在历史上打得天昏地黑,逐鹿中原。我们今天认祖归宗,如果把现在的中国人都分成炎帝的后裔与黄帝的后裔,一旦回归到传统就会发现两个民族好像在历史上就一直有一些矛盾。一旦归到龙,我们都是龙的传人,一下子就进入了一个神圣性的实体,所以我觉得龙是一个伦理精神的创造,而后来所谓的"龙"这样一个生物,可能是按照龙的伦理理念给它命名甚至是创造出来的。

4. "天下"伦理实体的中国境界

在中国伦理实体、伦理世界当中最重要的、最有特色的一个结构就是"天下"。在中国文明当中家是一个阴极,不是阳极,而天下就是处于阴极、阳极之上的太极。中国文化的"天下"是一个伦理概念,是一个文化概念,不是一个政治概念。"天下兴亡,匹夫有责",不是说天下事每个人都有责任,实际上每个人不可能对天下事都负责任。顾炎武讲的是"国之安危,肉食者谋之;天下兴亡,匹夫有责"。国家治理得好不好是政治家的事情,而天下兴亡关系伦理道德,那每个人都有责任。所以对于顾炎武,天下作为一个伦理的实体,作为一个文化的概念是高于国家的。顾炎武认为民族灭亡,最重要的根源就是"亡天下",他把"亡国"和"亡天下"相区分,"亡天下"是伦理道德沦丧,而"亡国"不过是易姓改号。

5. 个体在伦理世界中的命运

在伦的世界中最后一个问题就是个体在伦理世界当中的命运。在黑格尔那里,在伦理世界当中个体的命运是什么?就是死亡,是一个悲怆情愫,死亡是个体最后的完成。这是西方文化的理解,看起来是不可思议的概念,所以说西方人特别重视个体,如果个体加入实体的话,那么个体就要死亡,伦理世界的完成就是个体的死亡。

但是如果把它追溯到伦的源头,它在古神话当中就已经具有了这样的基因。中国文化的特点是"崇德不崇力",而西方神话的特点是崇尚"力"。奥林匹斯山就是一个力的世界,从宙斯到雅典娜,再到丘比特,他们不仅是没有人格乃至于没有神格,实际上只是力的那样一种存在方式。阿波罗神庙上的"know yourself",并不是说要每一个人意识到自己的独立性、自己的主体性,而是意识到个体在神面前是被主宰的,意识到人的神性。

在中国和西方文明的童年就演绎了不同的伦理剧。在希腊文明和希伯来文明当中,我曾经有一段时间集中精力来进行文明史的伦理叙事研究,我觉得对文明源头的重大事件、文化事件进行分析,可能对文明史更有解释力。在西方文明史当中,在古希腊最早发生的事件是"苏格拉底之死",而在希伯来文明当中发生的重大文明事件是"上帝之怒",人类的祖先亚当与夏娃被逐出伊甸园。而在中国的春秋时代发生了两个重要的文明事件,就是"孔子周游"和"老子出关"。西方是"一死一怒",中国是"一游一出",在西方上演的是伦理的悲剧,在中国上演的是伦理的喜剧。

为什么会上演不同的文化剧?悲剧与喜剧都是文明的正剧,关键就在于它们标志着中西方文化走向普遍和超越的、走向永恒与不朽的两条不同的伦理之路。中国文化强调"修身养性",身是小体,性是大体,从养身的个别性达到养性的普遍性,由此完成了对世俗的超越。在个别性与普遍性之间存在着一种乐观的紧张,所以在中国文化中伦理理念所建构的伦理世界和西方文化是非常不同的。这样一个伦理的概念、伦理的话语,就是"伦""伦理""居伦由理""伦理世界",成为一个独特的话语体系。在这个话语体系当中隐藏着非常深邃的、非常深沉的中国文化基因和中国文化密码。如果我们简单地把它和"ethic"相对应,就把文化基因丢了,文化密码也难以解得开。

我们今天对中国伦理的一些概念并没有真正地理解。因为没有真正地理解,所以就用一种简单的方法处理,就说这个概念本身没有意义。20世纪90年代我曾经在《复旦大学学报》发表了一篇文章,当时我就有一个感觉,中国文化就好像是一个包袱,在这个包袱上铸就了一把中国古代的大铜锁,我们就用一把现代的钥匙去打开这个铜锁,结果打不开,打不开怎么办?最简单的办法有两个:一个是把这个锁给砸了,于是概念就被搞得支离破碎;另一个就是宣告这个仓库是一堆废墟完全没有价值,因此就产生了过犹不及的文化批判,种种的历史虚无主义、文明虚无主义。对这样一些基本概念准确的把握和理解,我觉得是非常重要的。于是就延伸到第二个主题——"伦理"话语的文明史意义。

下篇:"伦理"话语的文明史意义

一开始我已经讲到了中国文化当中伦理的概念,不仅仅是"道",而且是"伦"。20世纪以来,人类最重要的觉悟不是道德觉悟,而是伦理觉悟。为什么呢?20世纪之初,陈独秀先生宣告说"伦理之觉悟,为吾人最后觉悟之最后觉悟"。我总是引证这段话,我觉得伦理问题才是今天中国乃至世界最重要的问题。罗素也曾讲"人类种族的绵延开始取决于人类能够学到的为伦理思考所支配的程度",这是20世纪50年代罗素在"幸福之路"上讲的一段话,他考证了第一次世界大战、第二次世界大战,他认为这个世界上最大的灾难就是有组织的激情的破坏,这破坏性的力量非常大,根本的原因就是不会伦理地思考。20世纪初梁漱溟先生曾经问过一个问题,"这个世界会好吗"?,有人说是他的父亲自杀之前问他的,不管怎么说,这个问题被提出来了。20世纪70年代图海纳出版了一本书,这本书的题目是"我们能否共同生存"。我们能否共同生存?这是一个值得思考的大问题,我们能不能共同生存,图海纳的这个问题问得非常尖锐。

中国的"伦理"概念具有非常重要的文明史意义。它的文明史意义有五个方面:第一,它建构了一种文化形态,是入世而超越的伦理性文化的话语表达,所以中国人不需要宗教;第二,它是一种文明形态,是国家文明的话语演绎;第三,它提供了一种精神哲学形态,最近这十来年我一直在探讨精神问题、精神哲学形态的问题,直到2018年左右才告一段落;第四,它提供了一种世界观,叫伦理世界观,这种世界观的特点是"以伦理看待世界";第五,它化作了一种民族精神,这种民族精神的特点不仅仅是自强不息,而且是厚德载物。中华民族最重要的特点是"自强不息"和"厚德载物"之间的辩证互动,构成了民族精神的有机的生态。

五、一种文明形态与文化形态

1. "国—家"文明的伦理演绎

我主要讲其中的三个方面,第一个方面是创造了一种文明形态和文化形态,它是"国—家"文明的伦理演绎。"国—家"文明和伦理的关系是什么呢? 一方面它有非常旺盛的伦理需求,因为"家国一体""由家及国"必须要有旺盛的伦理需求。唯有有"伦理","国—家"才不称为"国家"。黑格尔一直说"伦理国家",中国的"天下一家"就是这样一个伦理国家的文化图景。同时它有一种充沛的伦理供给,在家庭当中,我们常常看到父亲给爷爷洗脚,孩子给父亲捶背的场面。我们要把整个"国"变成一个"家",要把"天下"变成一个"家",有着旺盛的伦理需求,这是"国—家"文明。中国的这个"国—家"文明,跟世界上所有其他的国家,所有的"state"和所有的"country"都非常不同。

这个问题好像提得非常突兀,但是要进行文明史的解码,这个问题就是为什么中国历史上儒家被独尊? 在春秋时代百家争鸣当中,儒家并不是最有学问的,孔子在老子面前,学问相差好大一截,不谈其他,他们的出身就不同。当孔子在跟人家放牛的时候,老子已经是西周图书馆的馆长,那个时候一个图书馆的馆长就是学问的代名词。老子有学问到这个程度,乃至于孔子要向老子问"礼",而礼在当时是最大的最高的学问,"孔子问礼"就成了历史之问、千古之问,奠定了儒家在道家面前的师生关系。道家的学问远远高于儒家,老子高于孔了,庄了高于孟子。但是问题是为什么是儒家被独尊而不是道家? 更大的问题是从 20 世纪以来,孔子被批判了那么多次,但是他总是打而不倒,到底为什么? 他的文明史的密码到底是什么?

儒家建构了一个跟中国的"家国一体""由家及国"相匹配的,具有解释力和解决力的理论体系。所以我才开玩笑说孔子及儒家是最会做国家重大招标项目的,他完成了中国文明史上最重要的、最大的一个国家重大招标项目,就是在伦理上解决了"家国一体""由家及国"的问题。

因此在今天我觉得特别需要黑格尔和马克思的对话。因为马克思的历史唯物主义强调社会存在决定社会意识,我们研究伦理学相当长一段时间,特别写到伦理史的时候,都是把一个伦理学的理论提出来,孔子的理论是什么? 孟子的理论是什么? 然后在当时的物质生活条件当中找到解释,似乎这样对理论的解释就完成了。黑格尔强调一种"绝对精神",文明史和民族精神的发育史和发展史,和人的生命的发展史是一致的,他有一种信念,"凡是合理的都是现实的,凡是现实的都是合理的",所以今天任何时候我们都需要黑格尔和马克思思想的对话,将马克思的物质和黑格尔的精神进行对话。今天谁能完成这一种对话,谁就可能为中国学术作出重大的贡献。但是这个问题非常难做,我也有博士生从事这个方面的研究,一直在非常痛苦地钻研和思考,其中包括要研究国家的伦理性跟政治性的问题。

有人说马克思是一个社会批判家,他完成了一场社会批判,又完成了一个新世界建构的理论奠基。黑格尔希望建构的是一个伦理性的国家,在他那里是一个伦理的王国,因而受到了马克思的批评,马克思认为这个伦理的王国实际上是不存在的。

概言之,伦理这个概念实际上是"国—家"文明的伦理原理及其所建构的伦理世界,这是中国"伦理"话语的第一个意义,就是"国—家"文明的伦理原理。

2. "伦理型"文化气象与文化规律

伦理这个概念也是"伦理型"文化气象和文化规律。中国文化的气象是礼义之邦,"礼"是实体,强调"合"也强调"分",它的文化气派是"有伦理,不宗教"。现在西方人诘责中国说"没有宗教信仰,这是非常可怕的",实际上这是对中国文化的无知。如果说宗教是一个文化当中必要的结构,那么中国文化当中又没有这样一个结构,只能说明一个问题,就是中国文化当中有一种文化替代,这个文化替代是什么? 就是伦理。事实上中国文明一开始就有宗教选项,有祖先崇拜,也有本土的道教,后来又主动引进了外来的佛教。中国文化独到的气派,就是"有伦理,不宗教",它不是"没宗教",而是"不宗教",在有宗教选项的背景底下拒绝走向宗教的道路。因为它有一个更好的选择,这就是伦理。所以中国文化的气质是入世而超越,中国文化的规律是"以伦理组织社会"。这许许多多的特点都是由伦理本位所造就的。

但是这也带来一个问题,就是"黑格尔难题",叫"伦理公正"的问题,即家庭和民族之间关系的公正。中国是"国—家"文明,"国家"表现得比西方文化更加重要,也更加突出。古代处理这个问题有所谓的精忠报国,家庭和国家不是矛盾的,平时二者应该是统一和重合的。但是二者遇到矛盾冲突的时候怎么办?孔子所讲的"父为子隐,子为父隐,直在其中",岳飞的精忠报国,都是在处理中国文化中的"伦理公正"难题。

中国的家国伦理关系,就是一部现代的精神史。我去年写过一篇文章,是对新中国成立 70 多年来进行的一个伦理精神的历史叙事。伦理精神的发展是如何从土地革命到解放战争,动员力量是什么?把土地还给家庭、把土地还给农民、把家庭从其他力量的压制下解放出来,释放出了巨大的伦理能量。抗日战争、抗美援朝所依赖的原初的动力,也是家庭的伦理能量。抗日战争的时候,像那首歌唱的,要"保卫黄河,保卫家乡,保卫新中国",抗美援朝的时候,我们才刚刚安定下来,那么如何来动员大家?毛泽东就说"抗美援朝,保家卫国",尤其是先"保家",然后是"卫国","保家"和"卫国"是一体的。因此动员的力量都是一种家庭的、家与国统一的那种伦理能量。后来在新中国成立以后发生了家国关系的伦理重构,因为家庭和国家之间的伦理矛盾还是存在的,从合作化到人民公社化,到后来的一大二公,实际上都是国家的伦理力量在某种程度上压制了家庭的伦理力量。这两种力量发生了伦理冲突,所以出现了问题,那这些问题的最大表征是什么?就是效率问题。一大二公,越来越"公",到最后出现了效率难题。改革开放为什么从家庭开始,家庭联产承包,还是着力于重新释放家庭的伦理活力。

大家请注意,韦伯《新教伦理与资本主义精神》里面讲的加尔文宗新教的改革,是从"肯定人的谋利的合法性和谋利的合理性"开始的,而中国的改革开放是从"肯定家庭的伦理合理性与伦理合法性"开始的,它不是肯定个体。但是这个过程当中又会发生另外一种可能,就是家庭的伦理轻视国家伦理,这就会遇到两大难题,分配公正与官员腐败问题。所以我们今天关于分配公正、腐败治理,本质上是一场伦理保卫战,就是保卫生活世界当中的伦理正义。

3. 伦理与中国人

伦理与中国人到底是什么关系?伦理到最后造就的是一个"中国人",我想到在写作《中国伦理精神的历史建构》的时候,就有一个感觉,历史建构要通过中国伦理精神的发展,到最后要听到中国人、中华民族的心跳,而不是一个个人在讲,孔子讲了以后孟子讲,或者是其他人怎么讲,伦理史和民族精神史是同一的。

在中国历史上,儒道佛最后形成了一个文化的三维基本结构,为什么会成为一个基本结构?不仅仅是知识分子,而且还有不识字的农民,如果民族精神仅仅是士大夫精神,文明文化仅仅是士大夫的文化、知识分子的文化,那还不能叫做一种民族文化或者民族精神。从精英阶层到村夫村妇都有的,才能叫做民族的。

中国文化到最后形成了一个三维结构,儒家、道家、佛家合一。中国人在得意的时候是儒家,失意的时候是道家,绝望的时候是佛家。得意的时候,"春风得意马蹄疾",得意读孔;那失意了以后就读庄;到了绝望的时候就皈依佛门。这都是中国人的文化本能,都是中国人的文化基因,它到最后形成的是什么?自给自足的伦理精神结构。我们往往谈中国的经济形态是自给自足的,实际上与自然经济相对应的,是自给自足的伦理精神形态。

中国人在任何境遇下,在得意、失意、绝望的时候,都不会丧失安身立命的基地,这就叫伦理精神上的自给自足。把伦理精神上的自给自足和经济上的自给自足联系起来,才能真正理解中国文明。

4. 结论

中国的伦理的理念和话语创造了、提供了一个独到的文明风情,也缔造了、建构了一座延绵五千年的文化长城。以伦理建构文明,中华民族是以伦理建构文明,以伦理屹立于世界文明之林。

六、一种精神哲学形态

1."伦—理—道—德"的话语体系

第二个方面是缔造了、提供了一种精神哲学形态。精神哲学形态可能是一个比较个性化的概念,我在这方面研究的可能比较多一点,伦理学界现在也研究得不是很多,为什么? 我认为过去我们强调伦理和道德不分,后来大家慢慢分了,分了以后又不知道怎么把它合起来,这需要在学理上来解决这个问题。

伦理和道德的统一,到最后的统一体是什么? 统一体就是精神哲学。中国的伦理形态、道德形态到最后建构的是一个民族精神形态,这个民族精神形态的理论表达就是精神哲学形态。中国的伦理学特别期待一种精神哲学。

我们今天的伦理学最大的问题是什么? 伦理学无伦理,道德哲学没哲学。打开伦理学都是谈道德,在现实生活中都是谈道德建设,于是当只谈道德建设不谈伦理的时候,就遇到了很多的悖论。比如说,我们现在树立道德楷模、中国好人,其中有的被树立成了诚信典范。有个例子是这样的:有户人家的儿子去世了,媳妇也去世了,剩下了一大堆的债务,于是一个 60 多岁的老人,每天就去拾荒,来还儿子的债务,就被树立为道德好人。但是我们从中发现一个问题,在道德高地上投下了一个非常巨大的伦理阴影,有道德的高度而没有伦理的温度。当一个家庭遭遇这样的灭顶之灾的时候,我们的社会到哪里去了? 我们的政府到哪里去了? 我们的关怀到哪里去了? 不是没有,而是我们因为没有伦理,缺乏伦理的视角,"道德建设"这个概念本身我觉得是值得推敲的。

而我们研究道德哲学的时候也没有哲学,让政府去制定道德规范,世界上最容易的事情就是制定道德规范,而事实上我们是没有权力制定道德规范的。我们进行全国伦理道德大调查就是要来调查一个问题,即社会大众到底接受哪些道德规范,而不是我们伦理学家们宣布什么是道德规范。我觉得往往宣布道德规范的不应是伦理学家,这件事太容易做了。我们也需要提供一种哲学,这个哲学就是精神哲学。

精神哲学的话语系统是什么? 就是"伦—理—道—德—得"。这个"得"就是社会生活。这最后一个"得"是获得。这五个环节构成了一个话语体系、一个精神形态和一个精神哲学的体系。

2. 伦理学故乡

我现在给东南大学一年级本科生开了一门"伦理"的课程,这个伦理课 36 个课时就是讲"伦—理—道—德—得"五个字。更重要的是,中国不仅仅是礼义之邦,而且是伦理学故乡,最早的伦理学诞生在中国。我给博士生讲三门课,黑格尔的《精神现象学》、黑格尔的《法哲学原理》还有"中国伦理","中国伦理"我从 1988 年讲到现在,讲到最后我得出的结论是什么? 中国是伦理学故乡。西方哲学只有到黑格尔的时候,才可以跟中国的伦理学对话,特别是和宋明理学对话。而我们一讲伦理学就讲苏格拉底、柏拉图、亚里士多德,现在讲罗尔斯,我觉得我们似乎出了问题,我们似乎没有真正地倾听中国哲学、中国伦理、中国文化,有人说中国没有哲学、中国没有伦理,为什么? 因为用西方哲学的话语方式在理解,中国没有的是"ethic",中国有的是"伦理"。中国哲学当中的话语方式不是哲理句,而是伦理句。

"仁者人也",就是一个伦理句。孔子讲"克己复礼为仁","克己复礼为仁"这几个字讲的是什么? 讲的就是一个精神哲学体系,就是中国的精神哲学体系的原初的方式。礼是伦理的实体,仁是道德的主体。伦理实体和道德主体之间的关系是什么? 如何扬弃二者之间的对立、达到统一? 就是"克己"。"克己"是什么? 是"胜己"。"胜己"是什么? 是超越人的个体性。而这样一种精神哲学体系到了孟子那里就表达为《孟子·滕文公》上的一段话,"人之有道也,饱食、暖衣、逸居而无教,则近于禽兽。圣人有忧之,使契为司徒,教以人伦"。"人之有道"是终极价值,终极追求,"逸居而无教,则近于禽兽"是终极忧患,终极价值、终极追求中诞生了终极忧患。那么如何来走出终极忧患? 文化战略就是"教以人伦","人伦"是一场终极拯救。

中国文化、中国伦理道德的精神哲学形态是伦理道德一体、伦理优先。这与西方非常不同,西方人就在亚里士多德那里有伦理,到了古罗马就变成了道德,到了康德那里就变成了完全没有伦理,只有道德哲学。康德的《实践理性批判》到最后有那么两段话,"有两样东西,人们越是经常持久地对之凝神思索,它们就越是使内心充满常新而日增的惊奇和敬畏:我头上的星空和我心中的道德律",我一开始读的时候还蛮感动的,后来一想又觉得不对劲,发现康德到最后只能仰望星空,因为他的《实践理性批判》实际上是一只真空中飞翔的鸽子,剩下的只能是仰望星空。我一开始研究康德,后来把康德丢下来了,我觉得沿着康德的路走不下去,我不能陪着他仰望星空。再转过来研究黑格尔,黑格尔是主张伦理道德一体的。

必须要有这样一个认知,也要有这样一个信念,伦理学的故乡在中国,伦理学应当是为中国学术作出最大文化贡献的一个学科。很可惜的是我们伦理学家到现在的知识状况还不尽如人意。当代的青年伦理学者知识状况已经有了很大的改善。

3. 伦理道德一体、伦理优先的精神哲学形态

在精神哲学形态里为什么要伦理优先?我就讲一个问题,也是一个文化疑案,道家老庄在学问上要高于儒家、高于孔孟,为什么是儒家、是孔孟成为正宗,而不是道家?我们再看一个问题,孔子讲"克己复礼为仁",孟子讲"人之有道","教以人伦",于是形成了"孔孟之道"。那道家的智慧是什么?庄子在《大宗师》里面讲了一个故事,他说"泉涸,鱼相与处于陆,相呴以湿,相濡以沫,不如相忘于江湖",在这段话当中庄子嘲讽的是"相濡以沫",而提倡的是"相忘于江湖"。如果我们要进行现代翻译的话,"相濡以沫"就是一个伦理认同,而"相忘于江湖"是一个个体自由。

道家的命运、庄子的命运是什么?千百年来,中国人可歌可泣的、津津乐道的是"相濡以沫",是被庄子所批判的那个"相濡以沫"。而他所提倡的那样一种"相忘于江湖",从一开始就被中国人"相忘"了。"相忘于江湖"却被"相忘",这样一个文化疑案和历史事实非常值得我们去反思。

七、一种伦理世界观

1. 伦理世界观

中国"伦理文明"的文化密码是提供了一个伦理世界观。伦理世界观有两个要义:第一,以伦理看待世界,"治国平天下","平天下"就是以伦理来看待世界;第二,以"伦理世界"为文化信念和终极理想,最后建构的是一个伦理的世界。中国文化所提倡的大同境界,一种"人与天地万物一体"的境界,就是一个伦理世界。

2. "精神"与"精神家园"

这样一个伦理的世界是人类最终的、最后的家园,人们要有一种精神,要通过精神回归到精神家园。在这样的意义上,"伦理"这个理念具有精神救赎的意义,因为伦理必须要有精神,没有精神就没有伦理。而"伦理精神"不是"伦理与精神",也不是"伦理的精神",而是两个概念形成的一个整体性的概念,它是精神家园的中国话语和中国形态。中国人的精神家园是一种伦理的家园,是伦理精神的家园。

黑格尔在《法哲学原理》中曾经讲过一段话,"在考察伦理时永远只有两种观点可能",他讲得非常绝对,"永远只有两种观点可能","或者从实体性出发,或者原子式地进行探讨,即以单个的人为基础而逐渐提高。后一种观点是没有精神的,因为它只能做到集合并列,但是精神不是单一的东西,而是单一物和普遍物的统一"。我要求学生把这段话都背下来,不要等到要查文献的时候才去理解它,需要去查阅才能理解的话语,可能永远不能理解,因为它不可能进入你的生命,不可能进入你的血液。而牛之所以吃的是草,挤出的是奶,就是因为它会反刍。如果我们把这些话语、这些重要的命题都记下来了,然后我们散步的时候、我们游玩的时候、我们接小孩的时候、我们洗衣服洗碗的时候慢慢地回味,它就和我们的

生命和我们的生活融为一体了。

伦理必须要以精神为条件为前提，而在这个意义上正好和中国是相通的。王阳明以良知为宇宙本体，那良知是什么？良知就是精神。"以其妙用而言谓之神，以其流行而言谓之气，以其凝聚而言谓之精"，良知就是精气神。所以有了伦理才有精神，伦理期待精神，伦理创造精神。

但是问题在于市场经济当中，我们中国人，我们现代人过度地开发、发展了两个能力，一个是理性的能力，一个是点石成金的能力。对我们学生来说要发展这样一种能力，就是"点石成精"，这个金不是黄金的"金"，而是精神的"精"。我提倡大家去重读西游记，把它当成一个哲学著作来读，为什么呢？因为其中的"精"都是打不死的。

3. "伦理社会"与"市民社会"

最后这个伦理世界观遇到的问题是伦理社会与市民社会的关系。全球化背景下中国伦理传统面临三大文化挑战，其中一个挑战就是宗教问题。前面我已经讲过，中国文化、中国文明不是"无宗教"，而是"不宗教"，是在有宗教选项的背景下拒绝走向宗教道路。第二个是家庭的伦理命运，我们今天很多人研究市民社会，我读黑格尔的著作才发现，市民社会是黑格尔思辨出来的一个结构，但是在黑格尔的叙述当中，市民社会并不具有伦理上的合法性。市民社会是"个人利益的战场"，是"个人利益与集体利益冲突的舞台"，是"人与人之间冲突的舞台"。所以丹尼尔·贝尔在《资本主义文化矛盾》中提出一个"公共家庭"的概念。现在面临的问题是，中国独生子女难题，中西方都面临老龄化难题，有好多学者提出了一种"新家庭主义"主张。但是无论如何在理论上我们必须要警惕市民社会的乌托邦，以及它所造就"歹托邦"。乌托邦是没有现实性的，但它可能会造成一个"歹托邦"。精致的利己主义，就是市民社会、理性主义所造就的"歹托邦"之一。通过传统的伦理培育的积淀，其所创造的伦理社会还应该是我们的一个理想。

但是今天这样一个理想的实现，面临的一个难题和第三个挑战是权力和财富的伦理本性问题。政府公正与腐败治理，围绕这两个工程来进行一场伦理保卫战。我们十多年来投资一千多万进行的伦理道德大调查，紧紧围绕着这两个问题不断地跟踪。这个伦理社会就是我们的大学之道所追求的理想，一个作为信念和信仰的伦理社会。

结论："伦理"理念与人类命运共同体

总的来说，最后的结论是要通过伦理理念来建立人类命运的共同体。滕尼斯曾经有一本书叫《共同体与社会》。他辨别了两个概念：什么是共同体，什么是社会。总的来说社会是进步发展而来的，是理性化的；而共同体是神圣的，它不能被建构。我们讲中国的伦理理念，一个很重要的问题是我们如何建构一个真正有精神的共同体。这样的有精神的共同体必须具备三个条件，一个条件就是学会伦理地思考，面对新冠疫情的挑战，我们学会伦理地思考，真正已经到了可能决定人类种族绵延的地步，那么如何学会伦理地思考？第二个，我们"在一起"而"成为人"。人类文明的终极难题是什么？是苏格拉底所提出的人应当如何生活。但是有人说苏格拉底从来没有说过这句话。我论证了这个问题，写了很多文章，人类文明的终极问题不是"人应当如何生活"，而是"我们如何在一起"。不是"人应当如何生活"的道德问题，而是"我们如何在一起"的伦理问题。第三个是不仅仅要有家园，伦理为我们提供了一个家园，而最重要的是"守家园""守望家园"。

这三个伦理理念提供了一种特殊的文化气质，到最后以这样一种伦理世界观来建构人类命运共同体，真正的人类命运共同体。人类命运共同体的建构，期待着一场伦理觉悟，"伦理觉悟，为吾人最后觉悟之最后觉悟"。

谢谢大家！

主持人：

谢谢樊老师。非常感谢樊老师给我们带来的讲演。校庆七十周年的名家讲演本来是仪式性非常强的一个讲演，因为疫情的原因，没有办法请樊老师来到校园里给大家做讲座。樊老师的演讲内容非常丰富，他一开始就讲了，讲座是以十万字的文稿为基础的。所以这两个小时的讲演其实已经是非常地概括，涵盖的内容非常丰富。他的这项研究是建立在以往大量的著述的基础之上，触及的问题也很多。

今天来的同学也很多，我们伦理学专业的学生，硕士、博士都来了，这是一个非常好的向樊老师请教的机会。因为时间关系我们提两个问题，请抓住宝贵的机会向樊老师请教。

提问环节：

提问1：

樊老师您好，我自己有一个小小的问题，是个局部性的问题。刚才樊老师讲到"天下兴亡，匹夫有责"，您讲它是个政治命题还是伦理命题，我当时没有听得太清楚，因为我们过去都把"天下兴亡，匹夫有责"看作我们每一个人对于文明的发展都是有责任的。您今天讲的"以伦理来构建人类命运共同体"的观点，可能是一个非常好的切入口，因为您提到中国是伦理的故乡。我的问题是"天下兴亡，匹夫有责"这个命题，如果我们把它当作一个伦理命题的话，我不知道您是怎么来强调它的伦理性，是否会忽略它的政治性？

回答1：

从学理上来说，"天下"概念不仅仅是中国文化独有的，而且是中国文化当中伦理世界观中比较集中的体现。中国这样一个国家文明，在国的阳极和家的阴极之上还有一个太极，这个太极就是"修身齐家治国平天下"中的"平天下"。当然每一个人可能对社会、对国家都会有一种责任，但是中西方对这个问题的理解非常不同。比如说在西方文化当中，我比较喜欢把中国伦理和黑格尔的哲学进行对话，黑格尔假设了有一个伦理状态，如果这个伦理状态潜伏的时间比较长的话，就只会让人意识到自己的个体性，而意识不到实体性。所以黑格尔提出了一个非常奇特的命题，他说政府总是通过定期发动战争来唤起人的伦理性。为什么？他认为在战争当中，人们才能意识到人不仅仅属于个体，也不仅仅属于家庭，而是属于整个民族。因此他说战争是一个伦理的环节，不断地论证在战争当中，每一个人都有义务放弃自己，转而去为民族、为国家而努力，这些为民族和国家努力的人，我们称之为英雄。

在中国文化当中，按照"天下"的理念，顾炎武在《日知录》里面就把"亡国"和"亡天下"做了区分。如果说"天下兴亡，匹夫有责"只是一个正命题，就可能会产生另外一个负效果，政治家们治理国家不是那么尽心尽力，有了重大失误，引起了严重的后果，这个时候通过这个命题可以把责任非常轻巧地推到了"匹夫"身上，而政治家们自己不承担责任。所以我讲"匹夫"最大的责任是对伦理道德，面向着中国文化最重要的忧患，终极忧患是伦理的忧患。伦理的忧患就是孟子讲的"率兽而食人"，就是伦理道德沦丧。

因此理解顾炎武这个命题，我觉得需要进行一个转换，乃至于我们对"天下"这个概念要进行一个伦理化的转换。但是这个工作我还没有去做，我也是很谨慎地去做，因为它也涉及政治问题。但是我想首先提醒大家，关注"天下兴亡，匹夫有责"当中伦理的本意，这是一种伦理世界观，是很重要的。

提问2：

樊老师您在演讲的过程中也提到，中国传统社会用"孝"来延续和传承祖辈血脉，是一个永恒不朽的观念，但是在现代社会当中，当西方的权利与自由观念深入人心之后，比如最近有一个很火的关于三胎的讨论，网上很多人表达了这样一个观点"儿孙自有儿孙福，不生儿孙我享福"，我们传统的孝道在今天已经与现代人的观念产生了巨大的张力，传统的"孝"似乎受到了巨大的挑战。我想请问您怎么看待这个现象，以及对我们的伦理将来要何去何从有怎样的期许？谢谢。

回答 2 :

这个问题是一个很重要的问题,也是一个很大的问题。我已经写了一篇文章,这篇文章的中心论点就是关于"孝道"的问题。我们今天不能仅仅把它当成一个道德品质,它涉及国家的文化安全。因为"孝"是中国文化的终极关怀,它不仅仅是一种品质,"孝"是中国伦理、中国文化的一个源观念。

在中国启蒙时代,有几个观念讲得比较早,"理"的观念,"德"的观念,还有"孝"的观念,我把它们叫做三大源观念。"孝"着重解决了不朽的问题。如何获得不朽,在子孙的延绵当中、在生命的延绵当中,祖先的生命、祖先的血脉,在下一代身上继续流淌着。但现在我们不愿意结婚,或者结婚了以后不愿意生孩子,就是你刚才提到的问题,不仅仅是对父母不孝,实际上对父母的孝的问题在孔子那个时代就提出来了。当然孔子讲"孝"不仅仅是"能养","孝"最重要的是"色难"。一般认为这是一个态度,我觉得不是态度,孔子不会讲得这么表面,"色难"还是一种信念的表达方式,要意识到"孝"是一种承载着终极关怀意义的观念。

不仅仅是中国文化,在西方也是这样。黑格尔讲"慈"是一种本能。"慈"是什么,就是父母对子女的慈爱,实际上是对两个人生命的伦理共同体的自爱。对子女的爱不是父亲对子女的爱,也不是母亲对子女的爱,当一个男人和一个女人结婚,有了孩子之后,他们才有了共同人格,婚姻的结果是要创造一种共同人格,所以"慈爱"本质上是婚姻的共同人格的自爱,因此它是一种本能。

"孝"的观念恰恰是需要启蒙的,它是一种伦理觉悟,觉悟到自己的生命是在父母生命的枯萎当中成长起来的,觉悟到自己担当着一种遗传生命、延续生命、使得生命走向永恒走向不朽的文化使命。"孝"的本质、"孝"的精神哲学意义就在这里。我们今天不仅仅是"孝"由传统形态向现代形态转变,我觉得可能转变的只是它的形式,而不能说它已经发生了根本的哲学改变。如果发生了根本的哲学改变的话,可能"孝"就不成为"孝"了。所以说,我们做人文科学研究可能更多地关心的是一种"变当中的不变","多当中的一"。我们在理解"孝"的时候,要从永恒不朽的意义上来理解。今天社会当然也提倡孝道,我为什么说给父母洗脚的宣传可能把一个非常具有人文精神、人文含量的东西变得庸俗化、世俗化?我们今天面临着怎样提倡伦理,怎么培养伦理的挑战。不是说孝道发生了根本性的改变,而是我们的伦理能力,包括我们伦理学家的能力,没有把孝道的精神哲学本质讲清楚。

这个问题要真正得以解决不是那么简单,有人讲不生孩子是我个人的权利,不结婚也是我个人的权利,是的,是个人权利,但是如果不生孩子不结婚,成为这个世界的主流,那么人类就面临着断子绝孙的危险。实际上这一部分人是把自己应当完成的使命,交给了另外一部分人,本质就是这样,当然我不一定能讲得很清楚,但是我们要提出如何解决这个问题的思路。

决策论的后果主义与最亲密者反驳

弗兰克·杰克逊[*]

我们珍视的东西,即我们特别关注的那些人和致力实现的那些终生计划,赋予了我们的人生以样态、意义和价值。这意味着,当我们行动时,我们必须给予那些人(一般来说,是我们的家人和朋友)和计划一个特殊的位置。但是,根据经典的后果主义,行动的正确或者错误不偏不倚地取决于这一行动的后果,而与行动主体无关,尽管行动是行动主体的后果。重要的是任何特定结果的性质,而不是应对结果负责的主体的性质。因此,后果主义似乎与那些使生活有价值的东西存在冲突。我将其归入伯纳德·威廉斯(Bernard Williams)对于后果主义的著名批评的一部分。[①]

对此回应的一个方式是打破道德行动和过有价值的生活二者之间的内在联系。做道德上正确或是道德上允许的事是一回事,做使人生有意义的事则是另一回事。因此,回应认为,这并不是对一种道德理论的反驳,即按其命令行动将会使人生失去其样态和意义。

这是一个令人恐惧的回应,对此我将不再多说。我的回应是,得到恰当理解的后果主义与人正确的行动是完美一致的。在很多情况下,这些行动以行动主体所珍视的那些人和计划取得好结果为目的。我认为,后果主义可以让道德主体在行动中为家人、朋友、同事和精选计划等等提供一个特殊的位置,并在行动中将之表达出来。

首先,我将解释应如何理解后果主义。这一解释能够帮助我们解决某些潜在的疑惑,也能够为我们对最亲密者反驳进行回应提供跳板。

应强调的是,我并不声称自己对于后果主义的论述具有伟大的独创性。我认为,这是一个譬如斯马特(J. J. C. Smart)等人一直以来所思所想的自然延伸(被剥去了对后果的功利主义解释),尽管他没有像我这样说。[②]我希望我的论述方式能够让某些问题更加清晰。

一、理解后果主义

后果主义,通过比较一项行动及其每个可用的替代方案的可能后果,探讨一项行动是对是错这一问

---

   * 作者简介:弗兰克·杰克逊(Frank Jackson),澳大利亚国立大学社会科学研究院名誉教授,研究方向为心灵和语言哲学、伦理学。本文由刘天语译,刘天语,清华大学人文学院硕士研究生,研究方向为马克思主义哲学、科技伦理。

   注:我要感谢来自许多读者的讨论,同时也要感谢来自迈克尔·史密斯(Michael Smith)、彼得·辛格(Peter Singer)、菲利普·佩蒂特(Philip Pettit)以及一位审阅人的评论(我的论文题目应归功于他们)。

   ① 例如 Bernard Williams, A Critique of Utilitarianism, J. J. C. Smart, Bernard Williams, *Utilitarianism: For and Against*, Cambridge: Cambridge University Press, 1973.

   ② J. J. C. Smart, An Outline of a System of Utilitarian Ethics, J. J. C. Smart, Bernard Williams, *Utilitarianism: For and Against*, Cambridge: Cambridge University Press, 1973. 类似的说明在一些经典论述中也能找到。例如 Jeremy Bentham, *An Introduction to the Principles of Morals and Legislation*, London: Athlone, 1970, and Henry Sidgwick, *The Methods of Ethics*, 7th ed., Chicago: University of Chicago Press, 1907. 尽管其他的解释也是非常可能的,而且正如我们下文将看到的,有一段对西季威克(Henry Sidgwick)观点的引用指向了一个非常不同的方向。

题。行动的可能后果这一概念被解释为包括这项行动本身,不同结果的对比通过一个后果主义的价值函数来加以实现。到底是什么使一个价值函数被描述为后果主义的? 我们这里先将这个有趣的问题放在一边。我们不会特别关心价值函数的细节。任何对通常状态下中立主体的结果的合理排序都按接下来的方式为我们的目的服务。同样,行动的可用替代方案具体怎样确定,可能是模糊不清的。然而,我们关心的是分配给结果的价值如何影响"应当做什么"的决定。我们将预设该问题是以通常的最大化的方式来处理的(经典的后果主义是我们讨论的主题,它并不能满足后果主义的多样性①),但它本身就留下了一个悬而未决的重要问题,而这一问题对于本文的观点将是至关重要的。我们可以通过一个简单案例来轻松理解这一重要问题。

(一) 药物案例(1)

吉尔是一名内科医生,她必须为她的病人约翰决定恰当的治疗方法,约翰患有轻微但并非微不足道的皮肤疾病。她有三种药物可供选择:药物 A、药物 B 和药物 C。对文献资料的仔细思考使她得出下述观点。药物 A 很有可能缓解病情,但不能完全治愈。药物 B 和药物 C 中的一种能够彻底治愈这一皮肤病,但另一种会杀死患者,而且她无法分辨这两种药物中哪一种是彻底的疗法,哪一种是致死药物。吉尔应当怎么做?

我们需要考虑的可能结果是:彻底治愈、部分治愈和死亡。如何将其排序是很明显的:彻底治愈是最好的,部分治愈次之,最差是约翰的死亡。将其排序正是吉尔所做的,也是她应当做的。但我们要怎样将排序转化为吉尔应当做什么的决定呢? 显而易见的答案是借鉴决策论著作,将每个预期行动的每个可能结果的价值乘以在吉尔看来行动执行后每个结果的概率,将其相加,然后选取总和值最大的行动作为应当做的行动。在我们的案例中,将有三个值需要考虑,即:

$$Pr(部分治愈/采用药物\ A)\times V(部分治愈)$$
$$+Pr(没有变化/采用药物\ A)$$
$$\times V(没有变化)$$

$$Pr(彻底治愈/采用药物\ B)\times V(彻底治愈)$$
$$+Pr(死亡/采用药物\ B)$$
$$\times V(死亡);以及$$

$$Pr(彻底治愈/采用药物\ C)\times V(彻底治愈)$$
$$+Pr(死亡/采用药物\ C)$$
$$\times V(死亡)。$$

显然,在现在描述的情况下,第一个将是价值最高的一项,因此我们得到答案,吉尔应当为患者开药物 A。一直以来,这都是显而易见的答案。我们可以这么说,就细微的皮肤疾病而言,彻底治愈和部分治愈的差别并不能补偿死亡的重大风险。

概括说来,这一建议是从后果主义的价值函数出发,复原一个主体在一段时间内根据后果主义应当做的事情。这是一种价值分配,这种分配遵照总体上的结果幸福、平均的结果偏好满意度或是其他特定版本的后果主义。这一建议也是从当时主体的主观概率函数出发,以决策论所熟悉的方式(不同之处在于:决策论中的主体偏好函数为后果主义的价值函数所取代)来复原一个主体根据后果主义应当做的事情。也就是说,行动的规则就是将 $\sum_i Pr(Oi/Aj)xV(Oi)$ 最大化,其中,Pr 是当时主体的概率函数,V 是后果主义的价值函数,Oi 是可能的结果,Aj 则是可能的行动。我们可以用英语表达这一观点,即决

---

① Michael Slote, *Commonsense Morality and Consequentialism*, London: Routledge & Kegan Paul, 1985. 这本书阐述了一种满足论的解释,值得严肃对待。这一讨论建立在对决策理论的满足论(而非优化论或最大化论)方法的辩护之上。

策论要求预期效用的最大化,而后果主义要求预期道德效用的最大化。①

根据后果主义,想要复原一个人从后果主义价值函数出发应当做什么,还有什么别的方法?决策论进路的两个替代方案呼唤着人们的讨论。

我们可以将后果主义的价值函数看成是告诉我们:根据后果主义,我们应当欲求什么。因为,一个人的欲求能够通过一个偏好函数来表达,当然,这是相当理想化的。这一偏好函数根据一个人所希望的事态发展情况来对事态进行排序。我们可以把后果主义理解为:一个人应当具有的欲求是那些可以由与后果主义价值函数相一致的偏好函数所表达的欲求。在决策论对后果主义认为人应当做什么的解释中,另一个组成部分(即主体的主观概率函数)是主体信念的理想化。因此,决策论解释的依据是:一个人应当欲求什么和实际相信什么。但除了将一个人实际欲求什么与应当欲求什么区别开来以外,我们还要将一个人实际相信什么和应当相信什么区别开来。并且,是在具有道德维度的"应当"的意义上。例如,存在一种应受谴责的无知。因此,我们很可能建议,我们应当通过一个人应当相信而非实际相信的东西,从价值函数出发,复原"一个人应当做什么"的后果主义的答案。②

然而,明显是出于无知的应受责备的情况可以按照一个人实际相信的东西来进行处理。医生在考虑是否开某种药物时所面临的决策问题,不是简单地在开和不开之间进行选择,尽管我们为了得出一些不受复杂因素影响的观点,可能会假装它是如此简单。更精确地,它可以被描述为下述选项中的选择:现在决定开药、现在决定不开药和推迟决定直到获取更多信息,并且在当时所知的基础上,决定开药还是不开药。现在,正如开药和不开药都有其预期的道德效用那样,获取更多信息后再做那些预期有着最大道德效用的事情也是如此。我们可以研究在何种条件下,获取更多信息后再做那些预期有着最大道德效用的事情,其自身预期的道德效用比开药或不开药都要更大。我们很容易证明下述结论:获取更多信息后再做那些预期有着最佳道德效用的事情本身就具有最大的道德效用,前提在于,在权衡获取新信息概率的时候,效用可能发生的变化远远足以补偿获取新信息所需的努力和成本。③ 因此,仅仅根据一个人的主观概率函数和实际相信的东西,我们就能合理地区分应当获取更多信息的情况和也许应当依靠现有信息的情况。所以在我看来,我们至少可以论证这一点,即在我们对一个人根据后果主义应当做什么的探讨中,我们不需要用"应当相信什么"来替代"实际相信什么"。④ 然而,我所要论述的是有关后果主义的最亲密者反驳,其中大部分内容与这一问题无关。

如何从后果主义的价值函数中复原"一个人应当做什么"。对于这一问题,我们需要考虑的另一个可能解释是:一个人的信念,不管是理性的还是非理性的,都不被纳入讨论。关键点仅仅在于哪种行动实际上有最好的结果,或是将会带来最好的结果。⑤ 很多后果主义者在写作时,似乎就持有这一观点。在一篇著名的文章中,西季威克(Henry Sidgwick)指出:"普遍幸福是最为根本的标准,这不是说普遍行善是唯一正确的事……就行动的动机而言……我们没有必要让给出正确性标准的目标总是成为我们所

① 决策论分为很多种。例如,某些情况下 $Pr(Oi/Aj)$ 被 $Pr(Aj\to Oi)$ 取代。我想在本文中提出的观点与决定论的具体种类无关。(尽管我实际赞同后者,如果"a"得到恰当理解的话,这的确是表达后果主义进路最容易理解的方式。)有关决策论种类的近期讨论,see to Ellery Eells, *Rational Decision and Causality*, Cambridge: Cambridge University Press, 1982. 顺便提一句,决策论中的偏好函数经常被称为价值函数,但我将保留后一个术语来指涉主体在道德意义上应当偏好什么。

② 斯玛特似乎支持这种说法。See to Philip Pettit, Geoffrey Brennan, "Restrictive Consequentialism", *Australasian Journal of Philosophy*, 1986, 64, pp. 438-455.

③ 相关证明的清晰呈现,see to Paul Horwich, *Probability and Evidence*, Cambridge: Cambridge University Press, 1982, pp. 125-126.

④ 有关这一论证的更为详细的情况,see to Frank Jackson, A Probabilistic Approach to Moral Responsibility, *Proceedings of the 7th International Congress of Logic, Methodology, and Philosophy of Science*, ed. R. Barcan Marcus et al., Amsterdam: Elsevier, 1986, pp. 351-366.

⑤ 另一种不考虑主体信念的进路在于,重要的是各种可能结果的客观、一元的概率(chance),而不是认知上理解的概率(probability)。但我认为下文的批判性讨论的要点同样适用于这一进路。

有意达成的目标。"①在这里,他似乎很清楚地认为,使一个行动正确的因素(即正确性的标准)就是实际上达成某个目标的程度。② 同样,彼得·雷顿(Peter Railton)区分了主观后果主义和客观后果主义并在进一步论述中支持后者,其中,主观后果主义认为,"当一个人在面临行动的选择时,应当尝试去确定可供选择的行动中哪种最能够增进善,然后试着采取相应的行动",客观后果主义则认为,"一个行动或一个行动方案的正确性的标准在于:这一行动是不是最能增进善的那一个"③。

这一观点存在两个问题。第一个问题是,在药物的案例中,这一观点给出了直觉上错误的答案。在药物的案例中,要么开药物 B 是事实上结果最好的行动方案,要么开药物 C 是事实上结果最好的行动方案。吉尔知道这一点,尽管她不知道到底哪一种是结果最好的行动方案。然而,对吉尔来说,不管是开药物 B 还是药物 C 都不是正确的行动方案。正如我们此前观察到的,对吉尔来说开药物 A 才是直觉上正确的行动方案,尽管她知道这并不能带来最好的结果。如果她开药物 B 或者药物 C,我们会很害怕的。

第二个问题源于这样一个事实,即当我们在讨论后果主义(一个有关行动和"做什么"的理论)时,我们是在讨论一个伦理学的理论。因此,我们必须认为后果主义理论包含着作为其构成部分的行动建议。现在,某个行动有着实际的最好结果这一事实对主体来说也许是一个模糊的事情。(同样,客观概率对主体来说也是模糊的。)在药物案例中,对于哪种行动方案将带来最好的结果,吉尔有自己的观点,但她的观点并不足够清晰。在其他案例中,几乎不知道哪种行动方案会带来最好的结果。直到近期艾滋病的治疗也是如此。因此,某个行动方案将带来最好的结果,这一事实本身并不是一个行动指南,因为行动指南必须在某种适当的意义上呈现在主体的脑海中。换句话说,我们需要一个从内部出发的论述,其中,主体是该伦理学理论的一部分,而"带来最好的结果"则是从外部出发的论述。一个物理学理论可以告诉我们核心概念,但这种方式模糊了如何实现从那些概念向行动的转移,因为这一途径被留给了物理学之外的东西。而这一通向行动的途径正是伦理学要做的事情。

雷顿清楚地意识到,我们有必要对通向行动的途径进行说明,因为他指出,"(对客观后果主义)进一步反驳在于:客观后果主义没有与某种特定决策模式之间建立起直接联系,这使得客观后果主义的观点太过模糊,以至于不能在实践中提供足够的指导"。对此,他的回应是:"相反,客观后果主义为行动正确性设定了一个明确而独具特色的标准,由此,应选择哪种行动模式以及何时行动,都成为一个经验主义的问题。"④简而言之,在我看来雷顿的观点是,道德决策问题的解决应当通过给自己设定目标(做客观上正确的事,即执行实际产生最好结果的行动)并执行经验证据表明最有可能具有这一性质的行动。⑤然而,这样解决决策问题是错误的。我将通过对药物案例的修改来说明我的观点。

---

① Sidgwick, p. 413.

② 这就是这段话通常的解读方式,see to David O. Brink, *Moral Realism and the Foundations of Ethics*, Cambridge:Cambridge University Press,1989, p. 257. 而且布林克(David O. Brink)明确支持这样一种观点,即根据后果主义,使一项行动正确的东西应当从已发生或即将发生的事实中复原出来。See to Fred Feldman, *Doing the Best We Can*, Dordrecht:Reidel, 1986.

③ Peter Railton, "Alienation, Consequentialism, and the Demands of Morality", *Philosophy and Public Affairs*, 1984, 13, reprinted in *Consequentialism and Its Critics*, ed. S. Scheffler, Oxford:Oxford University Press, 1988, pp. 93 – 133, p. 113, my emphasis. 所有对雷顿的引用都像 Scheffler, ed. Railton, p. 113, n. 24 那样顺带提及了决策论进路,但从纸面文字来看,在一个人根据后果主义应当做什么这一问题上,我们之间有多少实质性的分歧尚不明确。然而,我与雷顿在 1990 年 2 月的一场非常有益的讨论使我明白,我们存在实质性的分歧。在任何情况下,单单从纸面文字就能看出,我们对于如何回应最亲密者反驳存在实质性的分歧。因为他在脚注中认为,他的论证与是否接受决策论进路无关,而我们对于最亲密者反驳的处理很大程度地取决于对决策论进路的接受,这在下文中将会非常清楚。而决策论进路在评价行动和规则,或是功利主义的一般化版本的相对优势时被赋予了关键性的地位,see to Bart Gruzalski, "The Defeat of Utilitarian Generalization", *Ethics*, 1982, 93, pp. 22-38.

④ 两个段落都出自 Railton, p. 117, my emphasis.

⑤ 参见他此前评述客观后果主义"不模糊伦理理论的真理条件(truth-conditions)与其接受条件(acceptance-conditions)之间的区别"(ibid., p. 116)。费尔德曼明确地采用这种方法来处理道德决策问题。

（二）药物案例（2）

和之前一样，吉尔是医生，约翰是皮肤病患者。但这一次吉尔只有两种药物可供使用——药物 X 和药物 Y，这两种药物都有治愈患者的可能性。药物 X 有 90% 的概率治愈病人，但有 10% 的概率杀死患者。药物 Y 有 50% 的概率治愈患者，但没有不良副作用。吉尔需要在开药物 X 和开药物 Y 之间进行选择。很明显，她应该选择开药物 Y，然而这一行动方案并不是最有可能取得最好结果的行动方案，因为它不是最可能在客观上正确的行动方案。它在客观上正确的概率只有 50%，而药物 X 的概率则是 90%。

该案例只是众多案例中的一个。例如，请考虑是否在赛马中下赌注的问题。很明显，不下赌注往往才是正确的做法，很可能博彩公司并没有提供足够好赔率的马匹。然而，当你拒绝下赌注时，你就知道你所追求的行动方案肯定不会产生最好的结果。当然，你的问题是：尽管你知道有一个行动方案能产生更好的结果，但你不知道是哪一个。

总而言之，在我看来，将后果主义说成是给道德主体一个目标去做能产生最好结果的事情，这可能具有误导性。如果这意味着主体应当做那些有着最高预期价值或是最大道德效用的事情，其中价值由后果决定，那当然没有问题。但我们很容易陷入这样的想法，即后果主义的观点就是人们应当以最好的结果为目标，尽可能选择能够带来最好结果的选项。但事实上，我们在大多数时候都应当选择一个我们确信不会带来最好结果的选项。在大多数时候，我们都处在拒绝下赌注的那个人的位置。正确的选项是"避免冒险"，我们知道这一选择不会带来最好的结果，但我们也不知道哪个选项会带来最好的结果。

正如我说的，后果主义必须从内部出发论述如何复原出主体按照后果主义价值函数应当做什么，即论述要与主体行动时的思维过程有关。因此，我赞成托马斯·内格尔（Thomas Nagel）的说法，即"道德不仅要求我们执行某些特定的行动，还要求我们具有行动的动机"①。原因是：我从决策论中借用的观点满足了这一限制条件，这是因为它基于的是主体的概率函数，即主体在行动时的信念状态。事实上，我从决策论中借用的观点可以被视为一种对主体应当做什么的说明，由此产生对主体动机应当是什么的说明，以及对直到行动开端的主体动机应当是怎样的说明。因为，正如我们此前所说，我们可以将后果主义价值函数视为一种对主体偏好函数或是主体欲求应当是怎样的说明，这里的偏好函数应当像价值函数那样，为事情的各种状态赋予相同的值。因此，当这一观点复原出一个主体从主体概率函数和后果主义价值函数出发时应当做什么的时候，我们可以将这一观点描述为一种复原出一个主体从主体信念和主体应当具有的欲求出发时应当做什么，并由此产生正确动机的理论。

尽管本文所描述的"决策论类型的后果主义"（后文称为"后果主义"）已经建立在对正确行动的说明之上，这是一种有关正确动机的学说，但它并不致力于任何有关主体决策时应当经历的心理过程的特定观点。事实上，至少有的时候，人不应当去经历任何被理所当然描述为思考过程的事情，这与后果主义是相一致的。例如，主体在行动以前，应当经历有关独特的义务论的思考过程，这就与后果主义相一致。例如，主体可能在计算后果方面有糟糕的记录，他可能会在痛苦的经历中发现遵循简单的规则是更好的，或是他可能知道了世界是由恶魔控制的，恶魔会奖励那些进行康德式思考的人。②但如果一个行动是通过遵循规则达到的（或者是一个康德式的行动），那么在主体概率函数中，行动带来好结果的概率将是一个很高的值。并且，将其输入到预期的价值方程后，满足规则的行动（或是康德式的行动）将会被赋

---

① Thomas Nagel, *The View from Nowhere*, Oxford: Oxford University Press, 1986, p. 191, and see to Williams, A Critique of Utilitarianism, p. 128. 尽管后一篇的关注点是功利主义而非总体上的伦理学。

② 案例来自 Railton, Alienation, Consequentialism, and the Demands of Morality, p. 116.

予最大的预期道德效用。

同样,我们可以承认这个经常被提到的观点,即有时候后果主义思想是不支持进行后果主义的深思熟虑的。[①]众所周知的一点或许是,在迫在眉睫的情况下,自发地行动往往会带来最好的结果。例如,闪避、转弯、微笑、投篮这一类的行动通常最好是在思维想到之后就立刻完成,不要再费神思考。但在此类案例中,一个人行动不经思考就取得好结果的概率将会很高,或是至少高于深思熟虑后再行动的概率。因此,后果主义会认为在此类案例中,人应当自发地行动才是正确的结果。在此类案例中,后果主义者应该认为,人应受到后果主义的驱动,尽管他不应有意识地进行后果主义的推理。

可能有人会这样反对我们对于后果主义的说明,说后果主义者不可能采取上述的立场。概率函数如何能为自发行动下的好结果赋予较高的值呢? 因为,这里"概率"的意思是主体的主观概率,即量化后的主体信念,而这些自发行动案例的关键点就在于:主体不经思考就行动。因此,有人可能会建议,主体不要有任何必要的信念。例如,不要相信闪避攻击会有好结果,没有足够时间去思考,时间只够去本能地闪避。然而,请考虑观念论哲学中的一个熟悉的案例,案例中的你驾车路过一个广告牌,但你并未有意识地记下广告牌上的内容。之后,当被问及广告牌上的广告是什么时,你很惊讶自己竟然能够回答出来。这表明,你已经看见了广告牌及其上面的内容,尽管你没有意识到这一事实。同理,闪避的人相信,不闪避将会带来不好的结果,尽管这一想法没有被意识到。自发的行动不是没有信念的行动,而是没有对信念进行有意识考量的行动。

这里问题的核心是对行动的直接源泉与导致这些源泉的过程进行区分。否则,后果主义似乎会陷入进退两难的境地。假定后果主义根本不涉及主体的思维,它只能说,正确的行动是带有性质 Φ 的行动,因为一些后果主义者对 Φ 的处理只涉及实际上将发生的事情,而根本不涉及主体思考的内容。在那种情况下,正如威廉斯(Williams)所说,后果主义"必须消失,不要在世界上留下任何特有的痕迹"。我认为,他至少部分地提出了我们此前的观点,即后果主义必须涉及正确决策。[②]另一方面,假定后果主义被表达为关于如何做出道德上正确的决定的学说,就像雷顿所说的各种主观后果主义,尤其还要假定它要按照 Φ 的思路思考。如果人们发现某些情况下,沿着 Φ 的路线将带来坏结果,那该怎么办?[③]我们对后果主义的决策论的说明认为在此类情况下,主体不应当沿着 Φ 的路线思考,由此来解决这个两难境地的第二个方面,因为主体的信念将包括,在此类情况下按照 Φ 的思路思考有着较小的预期道德效用。

值得关注的是,在我们的论述中,后果主义并不支持这样的观点,即预期最大化的道德效用是行动的正确动机。不少作家都认为,做某事是因为你认为你应当去做,而不是因为你想要去做,一般来说,这无法表明你是一个让人感觉舒服的人。你善待他人仅仅是因为这是你的责任,这是一种我们都可以不需要的善待。[④]迈克尔·斯托克(Michael Stocker)将这一问题称为"标准观点"("the standard view")。正如他所说,"标准观点认为,道德上的好意图是道德上的好行动的必不可少的构成部分。这似乎足够

---

　　① 其中的三个案例分别见于 Railton;Smart, p. 43;Pettit and Brennan. 其中在佩蒂特和布伦南(Geoffrey Brennan)的文章中,许多对不同案例的详细描述对我们很有帮助。

　　② Williams, A Critique of Utilitarianism, p. 135. 此外,他在 134-135 页还有关于功利主义的出局或是"先验立场的全面评价"等等的相当悲观的评论,这可能是在表达这样一种观点,即在某种程度上功利主义必须成为一种决策论。在这里,我要感谢 1988 年与托马斯·斯坎隆(Thomas Scanlon)的讨论。

　　③ 当然,义务论也可以产生类似的观点。"遵守承诺"("Keep your promises")本身不是一条决策规则,而"将你所说的作为你的承诺"("Keep what you take to be your promises")则是决策规则。但如果你知道你很难记住你承诺做过的事情,那怎么办?

　　④ 更多令人信服的详细案例说明了这一点,see to Michael Stocker, "The Schizophrenia of Modern Ethical Theories", *Journal of Philosophy*, 1976, 73, pp. 455-466, and Railton.

正确。在这一观点中,道德上的好意图指的是为了善或正当性而行动的意图"①。这也许适用于一些被恰当地称作"标准"的伦理学观点,但并不适用于本文所描述的后果主义。在后果主义看来,行动的正确动机就是主体信念与符合后果主义价值函数的欲求相结合,而后果主义价值函数并不为预期效用最大化赋予任何值。我们先看药物案例(1)。开药物 A 是正确的,因为当开药物 A 时,$\sum_i Pr(Oi/Aj) xV(Oi)$能取最大值。但这并不会给开药物 A 带来额外值,不然就是重复计算了。根据后果主义,应当促使一个人去行动的是欲求,它能够按照后果主义的方式表达为对事态的排序,但最大化的预期效用不是其中的排序要素。

在转向对后果主义的说明如何帮助我们论述最亲密者反驳以前,我需要提出一个令人烦恼的复杂问题。我一直主张的是这样一种对后果主义的阐释,它认为主体应当执行的行动既有着最大的预期道德效用,又是由后果主义价值函数和主体概率函数组成的函数。但是主体在行动时的概率函数或许会与自己在其他时候的概率函数不同,也会与其他人在同一时间或是不同时间的概率函数不同。如果我们用其他函数中的一种来替代这一主体的概率函数,会发生什么? 答案是,我们得到了大量令人烦恼的"应当"。请考虑药物案例(1)。我此前说,在直觉上,吉尔应当做什么的正确答案是开药物 A,事实的确如此。但是,我们假定吉尔此后又进行了一项研究,该研究决定性地证实了对约翰血型的患者来说,药物 B 完全不可能导致死亡,事实上,药物 B 对于这类患者肯定能够起到完全治愈的效果,并且不会有任何不良副作用。那么,她会如何评价她过去对约翰的治疗,是正确的治疗还是错误的治疗呢? 理所当然地,她可能会这样说:"根据我现在知道的,我本应开药物 B,但在当时如果这么做是错误的。"但如果当时这么做是错误的,怎么会当时她又应当这么做呢?

我认为,我们只能通过行动时的信念来认识她应当做什么,通过她之后建立的信念(即一种溯及以往的应当,有时会被提到)来认识她应当做什么,通过对此掌握不同信息的旁观者们来认识她应当做什么,以及通过上帝视角(即一个知道行动的每一步将会发生什么的人)来认识她应当做什么。② 最后一种将是一种客观性的应当,其特点在雷顿(以及布林克)对客观后果主义的说明中有所呈现。我在此明确规定,我现在和以前所说的"应当",以及我在讨论案例时希望并期待您已默默理解的"应当",都是与行动最直接相关的"应当",我十分主张这一"应当"成为伦理学理论的首要任务。当我们行动时,我们必须使用当时可供使用的东西,而不是未来也许可供我们使用的东西,或是可供他人使用的东西,尤其不是可供上帝视角的人(这种人是知道过去、现在、未来的一切的)使用的东西。

或许很容易能得出下述结论:我承认存在多种不同的"应当",这意味着我并不是真的不同意这样一种观点,即一个人根据后果主义应当做的事情是实际带来最好结果的事情。我与这种观点似乎是互不理睬的。然而,实质性的问题仍然在于:我们需要一种道德理论去阐明与行动最直接相关的应当,以及应如何做到这一点。而这与我们的目标概念是否被"应当"一词明确表述没有关系。

二、对最亲密者反驳的回应

理解后果主义的决策论方法赋予了主体的主观概率函数以重要地位。这一事实是我们回应最亲密者反驳的关键。我认为,通过下面两个案例,即药物案例(3)和人群管理案例,我的回应可以很容易被读者理解。

---

① Stocker, p. 462. 顺便提一句,我认为后果主义并不意味着道德上的好意图对道德上的好行动是至关重要的(至少道德上的好行动意味着主体应当做的事情的时候是这样的)。我们有可能出于错误的原因去做正确的事情。因为,一个最大化预期道德效用的行动也可能会是最大化预期的不道德效用,而这可能促使主体去行动。事实上,一项行动出于正确的理由是该行动应当被执行(我们坚持认为这是伦理的核心)的充分条件而非必要条件。

② 也存在很多与道德无关的应当,比如谨慎等等,但这是另一层面的变化,在这里是不相关的。

（一）药物案例（3）

在药物案例（1）中，吉尔有三种药物 A、B 和 C，以及一位患者。这次吉尔有三位患者 A、B 和 C，以及一种药物，并且这种药物只够用于一位患者。案例（1）中她要在药物之间选择，这次她要在患者之间选择，但她面临的依然是一个与之前类似的选择情境。因为，她知道患者 A 将从该药物中得到相当大的好处，但不会完全治愈，她也知道患者 B 和 C 中的一位将会被该药物完全治愈。然而，她同样知道患者 B 和 C 中的一位将会被该药物杀死。她无法判断患者 B 和 C 中哪位会被完全治愈、哪位会被杀死。吉尔应当做什么？

答案显然是将药物用于患者 A，这当然是我们的决策论进路给出的答案。① 将药物用于患者 A 的预期道德价值高于将药物用于患者 B 和 C 的道德价值，因为在这两种情况下，尽管有带来更好结果的概率，但也有很大概率出现更差的结果。当然，吉尔知道有一个更好的行动方案也在向她开放，这一方案能带来比将药物用于 A 更好的结果，但问题在于：她不知道将药物用于 B 和将药物用于 C 二者中的哪一个才是更好的行动方案。

从这个案例中，我们能够学到什么来帮助我们解决最亲密者反驳呢？当吉尔将药物给患者 A 而非他人时，指责她偏向 A 显然是错误的。吉尔的行动是为了保障患者 A 的健康，所以说她偏向 A，但对于这一事实的解释并不是说她的偏好函数给了 A 而非 B 或 C 的利益权重更大。对这一事实的解释在于她的概率函数。后果主义要求我们具有公正的偏好函数，因为其价值函数给予了每个人的幸福、偏好满足、快乐或是理想善的分享等等以相同的权重。然而，这个案例告诉我们这样一个事实：即我们的行动是为了一个小群体（我们的家人、朋友等）的幸福、偏好满足或是其他什么，它本身并不表明按照后果主义的标准我们具有不合理的偏好函数。对我们行为中这一类偏向性的解释可能在于我们的概率函数。

那么，对后果主义者来说，问题如下。我们对于一个相对非常小的群体的特殊关心（不超过道德允许的程度）是否可以按照最亲密的人对我们特殊的认识论地位来进行概率解释，而不按照主体相关的偏好函数来进行解释？药物案例（3）并没有表明这一问题的答案是肯定的。它表明的是，这就是我们需要追问的关键性问题。

我没有决定性的证据能够表明这一关键问题的答案是肯定的。但我有两个思考，或许能够表明它是肯定的。首先我将介绍人群管理案例。

（二）人群管理案例

想象一下，你是一名警务督察，你分到的任务是在即将到来的足球比赛中管理一大群人。你必须在两个方案中进行选择：分散方案和区域方案。分散方案是：人群中的每个人都具有同等的价值，任何想将警队成员的注意力放在特定人或人群的方案都是不道德的。因此，每位警队成员必须在人群中游荡，在尽可能广泛的观赛人群中做好事。区域方案是：每位警队成员应被分配到人群的相应区域去完成他们的专门职责。这样一来，警队成员不会互相妨碍，并且能够了解他们所在区域的情况以及潜在的麻烦制造者，这将帮助他们在遇到麻烦时决定最佳的行动方案。此外，我们也将避免分散方案的一个主要问题，即可能在某些情况下，有一部分人群会无人覆盖。当然，我们应当灵活地执行区域方案。尽管作为普遍规则，每位警队成员都应当将自己的注意力集中在他们被分到的区域，但在另一个区域情况格外糟糕并且额外的帮助显然能产生很大效果的时候，警队成员转移注意力也可能是合理的。

我们在日常生活中遵循的方案当然是区域方案。我们关注一个特定的群体，即我们的家人、朋友和最接近的圈子，同时也允许在有机会为别处带来巨大改善的时候，可以适当忽略他们。有时候，会有一种看法这样说：尽管为了别处福利的小幅增进而忽视家人朋友是错误的，但为了中东和平而忽略他们则是很正确的。借着追问区域方案何种情况下会成为警务督察（假设他的思维是后果主义的）接受的正确

---

① 当然，假设获得更多信息再行动是不可行的选项。

方案,我们还可以从后果主义视角来探讨概率的有关思考是否能够为我们关注家人、朋友提供辩护。

在以下的情况中,区域方案是极有必要的。(a)当了解到特定个体对取得好结果非常重要的时候。分散方案将警队成员的注意力分散得非常广泛,导致难以对特定个体的心理进行详细了解。如果好结果恰恰取决于这样的了解,那么警队成员就应该把自己限制在一个更小的人群中,就像区域方案里的那样。(b)当取得好结果需要对一系列行动进行协调的时候。有的时候,一个孤立的行动本身几乎没有效果。我们需要的是一个长期的行动方案,根据前期行动结果的积极和消极反馈,在此基础上选择后续的行动。请思考一次性药物治疗和长期疗程的区别,后者会根据前期治疗的效果来选择后续的药物和剂量。(c)当取得好结果取决于个体之间建立相互信任、尊重和理解的时候。传统的警察巡逻作为一种特殊的区域方案,依靠的正是这一点。(d)当不同队员针对同一些人的行动很可能相互抵消的时候。当我们处在"厨师太多烧坏汤"的情况下,区域方案显然优于分散方案。(e)当有明显的方法能够将警察按照符合自然倾向和工作热情的方式分配到各个区域的时候,特别是在这一事实众所周知的时候。这避免了谁负责哪一区域的艰难讨论,进而降低了区域计划的制定成本,并且这种降低是众所周知的。它也增加了警队成员因没有管理所在区域而受到的惩罚,因为该警队成员的行为增加了这样一种情况的概率,即尽管其他警察假定该区域有人管理,但该区域实际上无人管理。

很明显,这里还有很多要说的,其中很大一部分与直接的经验事实有关。[①] 但我希望我所说的已经足以确证这一点,即在适用于我们与他人及周遭世界日常交往的那种情况下,区域方案是有必要的。我们很难知道什么行动会产生好的效果,而在这一问题上,对于我们所熟知的人的情况,我们的观点更有根据,因为我们熟知他们。取得好结果往往是一个协调一系列行动的问题,而不是分别慷慨解囊的问题。彼此间互相的信任和感情对于好结果非常重要。当涉及与他人进行有益的互动时,就会出现"厨师太多烧坏汤"的情况。很明显,有这么一群人,我们自然而然地倾向于关心他们的福利,他们对我们而言就是最亲密的人。而且对于后果主义的决策论进路而言,最重要的是这样一个事实,即类似于刚刚所概述的那些事实大多是常识。

那么,我的建议是:后果主义者可以论证我们对于珍视的人的那种关注(这是值得过的生活的特征),能够在不归因于有偏见的价值函数的情况下得到解释,进而对最亲密者反驳进行回应。相反,它反映出我们的概率函数的性质,特别是反映出了我们一直以来对取得好结果的认识论的那一类事实。这一建议当然不是说,我们实际上对珍视的人展现出的那种关注能够在不归因于有偏见的价值函数的情况下得到解释。对于后果主义,没有异议的一点就是:根据后果主义,我们应当为我们几乎不认识的人做更多的事情。现在的我们太过部落化了,我们应当为我们几乎不认识的人做更多的事情。我的建议是,我们对家人和朋友相当程度的关注就足以满足使生活有意义的需求,而这与后果主义中过道德上可辩护的生活是一致的。

(三)论三种反驳

1. 威廉斯认为:"它(后果主义)本质上包括了消极责任的概念:如果我对任何事情负责,那么我必须为我允许发生或是没能阻止的事情负责,就像对我自己造成的事情负责一样。作为一个负责任的道德主体,我必须在同样的基础上考虑那些事情。(根据后果主义)就一个给定的行动而言,重要的是行动发生后将会发生什么,以及行动不发生时又会发生什么。这些问题本质上不受因果性质的影响,特别是不受其中一部分结果是否由其他主体产生的影响。"[②]

如果威廉斯是对的,那我们就遇到麻烦了。潜藏在我们对最亲密者反驳的回应背后的关键思想在

---

① 例如,see to Philip Pettit and Robert Goodin, "The Possibility of Special Duties", *Canadian Journal of Philosophy*, 1986,16, pp. 651-676. 这篇文章中有关于责任分配的讨论。

② Bernard Williams, Consequentialism and Integrity, *Consequentialism and Its Critics*, ed. S. Scheffler, Oxford: Oxford University Press, 1988, p. 31. 当然,威廉斯认为基于主体身份的影响已经被纳入结果之中。

于：我们在区域方案部分中的思考证实了这样一个观点，即后果主义者应当为其能力范围以内的事情承担专门的责任，在很多情况下这显然使让谁来做某事成为非常重要的问题。而这与威廉斯的主张（即谁做某件事对后果主义者来说是无关紧要的）完全相反。然而，这里至关重要的一点是牢记价值与预期价值之间的差别。后果主义价值函数本身不考虑谁来做某事，在这一点上威廉斯是对的（无疑这是他内心的想法），尽管如此，谁来做某事对于一个行动方案的预期价值来说是非常重要的。根据我们对后果主义的说明，这是至关重要的，并且，这也解释了谁来做某事这一问题是如何"进入我的思考"（"enter my deliberation"）的。特别是史密斯可能认为，大体而言获得 A 比获得 B 要好，但这并不意味着作为后果主义者，史密斯应当寻求 A 而不是 B。因为史密斯可能还认为，另一个人琼斯比他自己更加了解这件事情，琼斯具有良好的价值观。在这样的情况下，史密斯面临的决定就是他自己做 A 而不是 B，或是将是否做 A 而不是 B 的决定权留给琼斯，我们很容易证明对史密斯来说后者有着更大的预期道德效用。至关重要的一点在于：对史密斯来说，尽管他做 B 之后得到好结果的概率很低，但在琼斯做 B 之后得到好结果的概率有可能是很高的，因为史密斯认为琼斯是最适合做出这一决定的人。总的来说，在我们认为最好将 A 和 B 之间的决定权留给专家的情况下，尽管我们自己可能对做 A 还是 B 有着最高的预期价值持有自己的观点，但将这一问题留给专家可能才会有最高的预期价值。因此，根据后果主义，谁来做某事是至关重要的。

我们或许可以代表威廉斯回答道，他没有考虑到预期价值，而我们刚刚的观点只适用于预期价值。然而，这将使威廉斯坚持认为的观点（即后果主义应当成为一个伦理学的决策理论，这一观点是正确的）变得毫无意义，也将使上文有关这件事如何"进入我的思考"的引述（这是我的重点）变得毫无意义。

2. 雷顿通过下述案例提出了后果主义的最亲密者困境（作为初步的回应）。"胡安和琳达的婚姻是一段通勤婚姻。他们通常每隔一周聚一次，但有一周女方似乎有些悲伤和烦恼，因此男方为了与她待在一起，决定多跑一趟。如果他不跑这一趟，他将省下一大笔钱，他可以将钱给乐施会在一个遭受旱灾的村庄中打一口井。即便考虑到琳达持续不断的不适、胡安的内疚以及对他们关系的负面影响，对胡安而言，将钱捐给乐施会还是可能会产生比这次计划外的旅程更好的后果。"① 可能有反对者会说我目前为止所说的完全不符合这一案例提出的反驳。但从决策论的视角来看，关键的不是"对胡安而言，将钱捐给乐施会可能会产生比这次计划外的旅程更好的结果"，而是产生更好结果的可能性有多大。当然，孤立的慈善行为对第三世界的影响是一个争议相当大的问题，但胡安至少可以对这次计划外旅程的一些影响是相当肯定的。这里重要的是去记住：要弄清寄 500 美元的相关后果，不应该去追问 500 美元在第三世界会买到什么，而应该去弄清乐施会在没有胡安的 500 美元和有胡安的 500 美元两种情况下获得的金额之间的可能差异。②

显而易见的是，如果我们这些西方发达社会中的人将精力投入一个将多余财富转移到第三世界的系统性、明智的计划中，那么我们中的很多人就能做更多的善事。我不是说要单独地捐赠机票，也不是说仅仅去寄更多的钱直到我们真的遇到困难。我的意思是，积极参与并通晓第三世界发生的事情：了解援助机构如何工作、哪些做了好事、哪些知情或不知情地做了坏事，查明村庄到底如何使用送给它们的资金，以及外部的资金和服务通常对当地的社会和经济结构造成的影响等等。但是这种观察何以可能构成对后果主义的最亲密者反驳呢？一个像我刚刚描述的那样的人会将她的注意力转移到她最亲密的人身上。因为她会特别关心世界人口中相对较少的一个部分，她也会给自己的计划留一个特殊的位置，其中的一个正好就是帮助第三世界的某些人。对她来说，她特别关心的是一部分人的福利，这些人是那

---

① Railton, p. 120.

② 受到某些案例的影响（see to Derek Parfit, *Reasons and Persons*, Oxford: Oxford University Press, 1984, chap. 3），你或许不喜欢以这种方式处理向乐施会捐赠 500 美元的后果。但在我看来，这种反对有所不同，是一个诱人但错误的反对（see to Frank Jackson, *Group Morality*, Philip Pettit et al., *Metaphysics and Morality*, Oxford: Blackwell, 1987, pp. 91-110.）。

些居住在第三世界村庄中的她曾研究、了解和理解的人们,而不是那些和她生活在同一座房子或是同一个社区的人。

3. 可能有人会反驳,说我们能够区分两种不同的最亲密者反驳,而我只回应了其中的一种。有一种反驳是:"既然后果主义价值函数有着主体中立(agent-neutral)的性质,那么后果主义者如何理解这一事实,即存在一个相对较小的群体,他们的福利在我们的生活中扮演着特殊角色?"我们的回应是,后果主义应当被视为理论意义上的决策。正确的价值转化为正确的行动方式是通过主体的信念,当这一点得到理解后,有关我们认知能力和状况的经验事实便证实了我们的行动在大部分时间里都应当高度专注。另一个反驳是:"后果主义者怎么能理解它主要是一个特殊的小群体?"也许后果主义能够理解存在一个小群体,但为什么这个小群体经常由家人、朋友和同胞等等构成呢?

一个可能的回应是:后果主义并不理解,但这并不构成对后果主义的反驳。在日常道德中,我们是极端的部落主义者,因此后果主义更好地阐明了这一点。对此我不敢置信,我承认我们是过分地部落化了,但我们并不极端。我认为,我们可以根据人类性格和心理的经验事实,给出一个后果主义的解释,即解释为什么对我们大多数人来说,这个特殊群体就是我们的家人和朋友。从有关人性的经验事实中,你可以提取出的一个结论是:有一些特定行动以违背后果主义原则的方式优先考虑家人、朋友,这些行动是错误的,但在某种意义上是可以原谅的,因为这体现了一种后果主义看来的好的性格。这是威廉·古德温(William Godwin)的主张。他的一个著名案例是:你必须在从燃烧的房子中营救著名作家、大主教费内隆(Fenelon)或是一名恰巧是你父亲的男仆之间做出选择。营救你的父亲是错误的行动,但同时这一行动也源自正确的性格。① 我的观点是,尽管理论上或许有一个更好的性格能够带来后果主义评判下的最佳行动,但在实践中,我们(至少是我们中的大多数)无法获得这样一种性格。

我认为,这一回应未免有些"躲避问题"。如果有利于家人和朋友的行动是正确的,而后果主义说它是错误的,那么后果主义就是错的,这一问题也就有了结局。另一方面,如果主张有利于家人和朋友的行动是错误的,那么需要确定的就是行动,而不是有关好性格的事实。或者,这里的后果主义可能是后果主义的一种变体,据此进行后果主义评判时,行动不是被直接评判,而是通过产生这一行动的性格的状况而受到评判。但我们似乎带有一种可疑的妥协,这让人联想到规则功利主义。② 如果后果是问题的关键,为什么不全面地考虑后果?

在这里,我无意否认这样一个正确而重要的观点,即某些特定行动在后果主义看来是错误的,这些行动却来自后果主义看来正确的性格。③ 我否认的是,这一观点有助于从本质上解决最亲密者反驳。因为,有这样一种性格,这种性格给了最亲密的人特殊的喜爱和关心,这种性格的后果(主要是这种性格表现出来的后果)就是,行动会尤其以最亲密的人的需要为目的。因此,对这种性格的后果主义辩护预设了对行动的后果主义辩护,这使我们回到了最亲密者反驳所引发的那一问题。当然,不是每一种性格特征都是这样的情况,即拥有它的后果主要是表现它的后果。拥有某个性格特征的主要后果可能是人们知道你拥有它,这一认识可能转而对他们的行为产生重要影响,而无须表现出来。受到攻击时倾向用无意义的暴力回应就是一个案例,一个国家倾向于对重大核攻击作出核反应是另一个可能的案例,这在核威慑相关文献中是很常见的。然而,我们的观点是,这种性格特征(尤其关心最亲密的人的福利的性格特征)与大多数倾向一样,很大程度上通过其表现而被了解,并且主要通过那些表现而产生影响。我知道你特别关心你家人的福利,因为你的行动表现出你的关心。因此,对那种性格特征的后果主义辩护

---

① William Godwin, *Enquiry concerning Political Justice*, Oxford: Oxford University Press, 1971. 这一案例在第 71 页。有关性格的观点差不多是一种事后想法,这一观点源于他的答案(即你应当舍弃你的父亲,参见第 325 页)所引发的反响。对于我们之前引用的通勤婚姻的案例,雷顿持相似的立场。

② 雷顿明确表示他没有提供这样一种变体,我不太确定佩蒂特和布伦南有没有。

③ 例如,see to Railton; Sidgwick; and Parfit, sec. 14

等待着对行动的后果主义辩护。①

　　尽管如此,我认为有关性格和人性的观点能够在此更加直接地发挥作用。一个人的性格可以成为决定可能发生什么结果的主要因素,也可以成为决定在后果主义看来什么行动是正确的主要因素。

　　有一些行动只有在以正确方式跟进之后才能带来好结果。如:只有在正确的时间服用剩余的抗生素,服用疗程的第一粒胶囊才能带来好结果;只有及时撰写书评,同意写书评才能带来好结果;只有你避免严重晒伤,去海滩度假才能带来好结果,等等。在所有这些情况下,如果你不去以适当方式跟进,那最好不要开始。从后果主义的角度,是否应当做行动 A,这部分地取决于在做完 A 之后主体实际上会做什么。②

　　这意味着,主体在决定此时此刻做什么的时候,必须考虑到未来会做什么,并且这需要非常严肃地对待性格问题。我是否能够像需要的那样坚持不懈? 我会对计划保持足够热情并投入所需时间吗? 我能够保有足够公正的观点吗? 我能够避免将会出现的种种诱惑吗? 等等。对我们中的一些人来说,在某些情况下这些考虑对确保家人和朋友的利益是不利的。有时候,我们和并不那么亲密的人相处得更好。有一些男人绝对不应该和妻子搭档进行网球双打。但一般来说,我们在涉及家人和朋友而非陌生人的计划上做得更好,这是由于性格的缘故(这无疑可以用进化来解释)。这只是因为当一项计划使我们特别喜爱的人受益时,我们便不太可能失去计划成功所需的热情。也许有一个寻常的案例能够解释得更明白:按道理说,对于组织来年的历史研讨会或是哲学研讨会,琼斯能够做得同样好。在这两个领域,她都具有所需的知识和人脉。然而,相比历史,她对哲学更有兴趣。在这种情况下,即便不考虑她本人的兴趣,她也很有可能应当承担组织哲学研讨会的任务。因为,尽管她知道两者她都能做得同样好,但她也知道如果她承担哲学项目,她很可能做得更好。她对这一事实的认识应该会促使她同意承担哲学项目,而非历史项目。

　　我们已经看到,优秀的后果主义者应当将注意力放在确保相对少数人(包括自己)的福利上,这不是因为对他们福利的评价高于对其他人福利的评价,而是因为具有更好的条件来确保他们的福利。通常地,这将需要去决定一个相对长期的行动计划,这一计划需要性格中有一定的决心和力量才能成功推进。在开始之前,如果这个人和我们中的大多数人一样,将家人、朋友(而不是几乎不认识的人)视为那个相对小的群体,那么成功的可能性会远远更大。这种对人类心理的概括也存在例外,也许特蕾莎修女(Mother Teresa)就是一例,拉尔夫•纳德(Ralph Nader)是另一例。从报道来看,他们似乎有能力去推进这样一项行动计划,该计划会使一群人获益,尽管这群人的数量和全人类比起来很小,但和我们大多数人行动所重点关注的家人、朋友和同事的数量比起来,数量便显得非常大了。他们似乎不依赖于这一类亲密的个人关系,而这种关系对于防止我们大多数人走向极端自私是至关重要的。

三、结论

　　后果主义解决了主体应当做什么的问题,它以结果的价值为根据,并以无关主体的方式对这些结果的价值进行确定。然而,我们所认为值得过的生活却赋予了我们身边的某些人以一个相当中心的位置。

---

　　① 我不否认行动评价和性格评价二者的差异在解释我们对一名父亲的复杂情感中的相关性,这位父亲营救了陌生人而不是他的女儿,因为他碰巧知道,从主体中立的视角来看这名陌生人更值得营救。这种差异使后果主义者能够将这种复杂情感解释为目睹了正确行动中的错误性格的反应。我认为,这是古德温想要提出这种差异的部分目的。

　　② Frank Jackson, Robert Pargetter, "Oughts, Options, and Actualism", *Philosophical Review*, 1986, 95, pp. 233-255, and Frank Jackson, "Understanding the Logic of Obligation", *Proceedings of the Aristotelian Society*, 1988, 62 suppl., pp. 255-270. 在第一篇论文中,我们认为,不仅对后果主义来说,而且只要是结果在应当做什么的决定过程中有可能起到关键性作用时,这在总体上就是正确的。这一观点有争议,参见该文提及的拓展文本。在第二篇论文中,我认为,理解以前发生的事情的最好办法就是:根据主体的前期行动来理解以前发生的事。(在这两篇论文中,出于解释的方便性考虑,论证主要依据的是客观上应当做什么,而不是决策论上的应当,本文中我将后者放在了中心地位。我现在认为,这是一个不幸的论证方法:它模糊了我本文强调的一个观点,即伦理尤其与行动有关。)

我们的道德观是与主体相关联的。我的论点是,后果主义者可以根据后果主义价值函数中的概率在复原主体应当做什么的过程中的角色,合理地揭示主体与后果主义的相关联性。当与我们在区域方案部分列出的事实相结合之后,最大化预期道德效用的命令便意味着后果主义者可以适应我们的这样一种信念,即道德上的好生活赋予了对小群体的责任以特殊地位。另一个问题在于这里的小群体是哪个小群体,对此我认为:对我们大多数人来说,对这类小群体的选择应当是部落化的。这种选择基于的是我们天性的经验事实,它降低了我们陷入倒退的可能性。

后果主义面临的一个反驳在于,它与许多人坚信的道德信念相冲突,特别是关于我们对最亲密的人的义务。可能有人主张我对于这一反驳的回应是相当不完整的。因为,我们可以很容易描述一个可能的情况,即我提到的用后果主义为偏爱自己最亲密的人提供辩护的因素并不适用,而根据常识道德,一个人应当偏爱最亲密的人,或是至少允许偏爱自己最亲密的人。[①] 然而,我的关注点是去回应这样一种反对意见,即考虑到事情或多或少就是这样,那么后果主义将会使道德上的好生活变得不值得过。我认为这是对后果主义的最亲密者反驳中真正引起烦恼的部分。后果主义者也许可以忍受与常识道德的冲突,例如,他们可以利用众所周知的困难,为常识道德的核心特征提供理由。[②] 但在我看来,考虑到事情或多或少就是这样,他们不能忍受与值得过的生活的冲突。这将引发一个挑战,即他们有关应当做什么的概念已经与人类道德脱节。

---

① 我要感谢大卫·刘易斯(David Lewis)和金·斯特尔内(Kim Sterelny),他们使我明白了这一事实。

② 例如,see to Shelly Kagan, *The Limits of Morality*, Oxford: Oxford University Press, 1989.

新伦理何以可能:百年前中国式现代伦理的开端与进路

王　强*

（上海交通大学　马克思主义学院，上海　200240）

摘　要: 一百多年前的中国,以批判旧伦理、确立新道德的五四思想开启了中国式现代伦理的开端。回溯这一历史,能够为中国式现代化发展道路提供思想源头上的根据。构建新道德历史地呈现为"伦理立科"与"道德革命"两个方面,新道德的知识史与观念史同步推进。一方面,基于对旧伦理的批判加剧了道德知识论危机,构建新道德不仅是学科范式上的,还表现在自由、民主等道德德目的古今之变上;另一方面,旧伦理危机根本上是道德意识的危机,新道德被赋予现代世界价值重估与秩序重建的革命性使命。因而,新道德并非新旧类型上的变化,而是指现代性道德原则的确立。这在中国式现代化探索中,得以在古今与中西、普遍与特殊两个方面展开。其一,对于中国伦理的现代开端而言,面对民族罹难的伦理觉悟,新道德担负起为构建现代民主制度的个体权利要求与新国民身份认同的政治功能。于是,新道德内在的个人主义与群体意识、民族性与世界性的二元张力就显现出来,即张灏先生所说五四思想深处"两歧性"。这可以看作是"中国版"伦理——道德区分的源头,并由此规定了现代中国伦理思想的基本样态——"有道德无伦理",表现在当年有关黑格尔伦理与道德区分的论战中(张君劢与张颐)。其二,新道德最终在引入马克思主义之后,在政治—经济的社会革命基础之上获得创新性发展。这表现在现代意义上个人自由、权利意识得以确立,但个体性原则并没有成为"组织社会"的原则(即市民社会);家国一体的政治结构解体了,但是国家与家庭一体的伦理精神结构并未解体;维系传统伦理社会的机制解体了,但是伦理纽带的社会连接机制仍在发挥作用。即以民族整体性的"伦理原则"(以伦理组织社会)超越个体性市民社会原则开启中国式现代伦理生活的社会主义实践。综上,中国现代伦理建构逻辑就从伦理道德的"新旧之争",转变为单一性与普遍性的现代性原则冲突,再到马克思对政治国家(天国的生活)与市民社会(尘世的生活)的颠倒,由此规定着现代中国人伦理生活的可能样态与历史发展路径。

关键词: 新道德;旧伦理;中国式现代化;五四;开端;进路

　　从1840年鸦片战争开始到1919年五四运动的八十年间,大概经历了三代人的艰辛探索,中国社会艰难的现代转变终于在思想文化层面得以自觉地展开①。这集中地表现在对旧道德传统的批判以及适应现代自由、民主制度的新道德构建上,作为思想启蒙的新道德是在伦理学学科范式与道德意识的转变

---

　　* 作者简介:王强,上海交通大学长聘教授,博士生导师,主要从事道德哲学、马克思主义伦理基础理论研究。

　　基金项目:上海市社科规划一般课题"民主与正义:现代规范秩序的伦理基础研究"阶段性成果(编号:2020BZX012),国家高层次人才青年项目资助。

　　① 注:梁启超、陈独秀等就指出,中国晚清以来在西方文明刺激之下做出了"梯度式的反应"。洋务运动从技术、器物层面打造铁船利炮,之后的戊戌变法、辛亥革命之后民主共和的制度之变并没有真正改变中国的命运。尤其是第一次世界大战之后公理并没有战胜强权,辛亥革命后空前深刻的秩序危机和价值危机,构成了五四新文化运动兴起的历史背景。(参见黄仁宇:《资本主义与二十一世纪》,北京:生活·读书·新知三联书店,1997年,第470页。)

双重转变之下而得以确立。由伦理道德的新旧区分作为中国式现代化进程的开端,新伦理尝试为中国式现代伦理生活提供新的社会连接与规范秩序。因而,普遍意义上区分伦理—道德进而彰显个体性原则的现代性开端,在五四思想中表现为个人主义与群体意识、民族性与世界性的"两歧性"。由新伦理蕴含的自由之个体与整体性的民族国家之间的思想张力,成为"中国式"现代性伦理的开端,并以此规定了中国式现代化的思想样态。在引入马克思主义思想之后,现代国家的建构寄望于新伦理之上的五四方案得到创新性发展,在政治—经济的社会革命基础之上超越个体性市民社会原则开启中国式现代伦理生活的新境况。

一、作为现代启蒙的新道德:"伦理立科"与"道德革命"的双重转变

不同于 19 世纪后期,康有为、谭嗣同、严复等人开始提出的对旧学批评,时间来到 20 世纪经过戊戌变法、辛亥革命的政治变革之后,如何在中国社会彻底完成政治革命的任务就又一次成为思想问题。只不过,此时所倡导的新道德与传统旧伦理完全不同:一方面表现旧伦理的知识论危机之下学科建制性伦理学的确立,以及以教科书的编写为契机的自由、民主等道德德目内容上的调整;另一方面,作为吾人最后觉悟之"最后觉悟",以现代西方主体道德启蒙思想为根据尝试对传统道德进行革命性改造。但是,遗憾的是无社会基础的所谓伦理觉悟,落入个体性道德革命的现代性原则窠臼,沦为"悬空"于社会的状况,而以此重构新世界的社会连接与规范秩序目标也必然落空。

1. 旧伦理的知识论危机:构建"新道德"的学科范式

新道德首先表现在学科范式上的转变,即从传统作为义理之学的理学、心学转而假道日译而成为"伦理学"。首先,在中国传统知识体系中,对于伦理道德并不陌生,以至于大量新学的输入中伦理学成为显学,虽然对于伦理的旨趣追求并不统一。比如后世新儒家熊十力就曾指出,"今伦理学家所云道德一词,殊欠妥。当正名曰德行。"在国学传统中,从《大学》开始,修身就成为"成德"的基本途径。朱熹就曾说:"《大学》一书,皆以修身为本。正心、诚意、致知、格物,皆是修身内事。"(《大学章句》)而到了宋代,修身成德的目标也进一步明确"圣贤气象",阳明先生的"良知之教"使得"人人可为圣人",从而将尊德性推向巅峰。因而,张君劢曾总结:"吾国思想界中孔孟之垂训、宋明之理学,自为吾国文化之至宝,以其指示吾人以行己立身与待人接物之方。伸言之,指示吾人以人生之意义与价值也。以吾国固有之名词言之,亦即义理之学。"①以至于当时有学者断言,"近日有倡中国一切学问,皆当学于西洋,惟伦理为中国所固有,不必用新说者。……夫今日中国之待新伦理说,实与他种学科,其需用有同等之急。"②于是,伦理学就以各种名目进入晚清"新学"的课程设计,但是这里讲授内容仍然是以传统修身为主,比如从商务印书馆的《高等修身教科书》以及《修身教科书》这些书名就可见一斑。

其次,伦理学之所以假道日本使其作为一门知识为国人所认知,与梁启超先生有着密切关系。戊戌变法失败之后流亡日本的梁启超受到进化论思想的影响,从 1902 年③开始在《新民丛报》上发起的对中国固有道德观念的强势批判,以及对西方现代伦理学说的正面引进,并最终确立"伦理学"一词的译法。梁氏认为,中国是向来以"道德立国"的"礼仪之邦"自居,于《东籍月旦》一文论"普通学"首先引入"伦理学"。但是,在此之前"ethics"确实存在诸多译法。"早在明末,耶稣会士艾儒略(Aleni, P. Julins, 1582—1649)在介绍西学分门类时,有'厄第加'一科,应是拉丁文'Ethica'的音译,谓为'修齐治平之学',又译

---

① 张君劢:《学术界之方向与学者之责任》,见《民族复兴之学术基础》,北京:中国人民大学出版社,2009 年,第 30 页。
② 蒋观云:《平等说与中国旧伦理之冲突》,新民丛报 3.22(光绪三十一),第 9 页。
③ 1902 年对于中国伦理学而言是决然重要的一年,甚至可以视作现代意义上的发端之年。1902 年伦理学这一概念基本确立下来,并逐渐在社会上流行开来。以至于严复先生翻译的《原富》在 1903 年再版时就将 ethics 的音译"伊迪格思"改为"伦理学"。这一年日本人元良勇次郎的《中等教育伦理学》被译过来,蔡元培先生为之作序;另外,几乎同时张鹤龄的《京师大学堂伦理学讲义》刊行,并在京师大学堂开始讲述。

言'察义理之学'。"近代的译法或是意译"劝善书""修齐之理""修行之道""是非学""德行之学",或是音译如严复"伊迪格斯"①。而这一时期的伦理学教科书的翻译、编写也成为"时尚",较早的有元良勇次郎的《中等教育伦理学》以及井上哲次郎的《伦理学教科书》;直到 1906 年刘师培编著了中国现代历史上第一本伦理学教科书《伦理教科书》。实际上,早在 1902 年蔡元培就曾为《中等教育伦理学》作序,而在 1902—1906 留德年间,蔡先生翻译了泡尔生的《伦理学原理》,继而与张元济、高凤谦共同校订了商务印书馆的《最新修身教科书》一、二两册,并撰写了《中国伦理学史》②。后者于 1910 年出版,而后又完成了《中学修身教科书》一书。

最后,"伦理立科"并非语词之争,实则"伦理"是相对应于新道德而言,"'伦理学'则以此为对象产生的新学问"。正如梁启超所言,斟酌中外,"发明出一完全之伦理学",以为"国民"设想③。显然,伦理学与传统的义理学、后世的道德科学等等名称上的差异,在历史上并非一以贯之,实则是面对近代民族危机之际作为新学的伦理学应运而生。正如伦理与道德在现代意义上的区分,正是标识了古今之变之际的新含义赋予与新思想的开端。也即是说,这一"新"道德虽然在学科名称以及自由、民主的道德德目上与传统伦理有着质的区别,但是这一新道德仍然是以个体性原则为圭臬,继而延续德行修养的传统。从形式上看,这一古今之变仍然是新瓶装旧酒。如此,对于伦理学的德性传统以及新德行的教化与新德目的养成等等内容上的界定,也注定后世伦理学发展的波折历程。以至于"新中国成立之初,伦理学学科一度被认为是旧社会意识形态而被取消",而围绕共产主义道德问题时明确提出"当代中国对于道德的研究,应该称为'道德科学'而不是'伦理学'",这对后来中国伦理学界对伦理学性质的认识影响深远④。

2. 作为"最后觉悟的伦理觉悟":道德意识的内在转变

在新伦理学科范式建构的同时,"清末民初道德意识的转化,与现代伦理学科的建立系同步进行,这委实是值得注意的现象。"⑤ 18、19 世纪资本主义的发展使得真正意义上的"世界历史"开始了,经济发展的世界市场化使得各民族都卷入其中,而成为世界历史的一部分。近代以来中华民族的命运,正如马克思所言,在英国的铁船利炮之下,"天朝帝国万世长存的迷信破了产,野蛮的、闭关自守的、与文明世界隔绝的状态被打破,开始同外界发生联系"⑥。再加上进化论的传入,"新"取代"旧",就是新的天道,是世界发展的科学规律。然而,每每觉悟的中国人提出变革之策,都会被残酷的社会现实所否定。这就是陈独秀先生所说的从"学术"觉悟到"政治"觉悟,然而"此而不能觉悟,则前之所谓觉悟者,非彻底之觉悟"。那么,最彻底的觉悟断然是"伦理的觉悟,为吾人最后觉悟之最后觉悟"⑦。于是,高举"伦理觉悟"的旗帜,便成为五四时期思想启蒙的核心内容。

这一点就表现在传统道德德目的变化上,胡适在谈到《新民说》的影响时说道:《新民说》的最大贡献在于指出中国民族缺乏西洋民族的许多美德。……梁氏指出我们所最缺乏而须采补的是公德,是国家思想,是进取冒险,是权利思想,是自由,是自治,是进步,是自尊,是合群,是生利的能力,是毅力,是义务思想,是尚武,是私德,是政治能力。"⑧同时,陈独秀在回答人们对《新青年》的责难时说:"他们所非难本志的,无非是破坏孔教,破坏礼法,破坏国粹,破坏贞节,破坏旧伦理(忠、孝、节),破坏旧艺术(中国戏),破坏旧宗教(鬼神),破坏旧文学,破坏旧政治(特权人治),这几罪案。"⑨因而,这种从传统成德、成

① 黄进兴:《从理学到伦理学:清末民初道德意识的转化》,北京:中华书局,2014 年,第 90—91 页。

② 李浴洋:《作为伦理学家的蔡元培》,新京报,2018 年 1 月 20 日。

③ 黄进兴:《从理学到伦理学:清末民初道德意识的转化》,北京:中华书局,2014 年,第 92 页。

④ 付长珍:《未完成的"谋划"——百年中国伦理学知识体系的现代性转型》,求是学刊,2021 年第 5 期,第 10 页。

⑤ 黄进兴:《从理学到伦理学:清末民初道德意识的转化》,北京:中华书局,2014 年,第 86—87 页。

⑥ 《马克思恩格斯选集》第 1 卷,北京:人民出版社,2012 年版,第 779 页。

⑦ 陈独秀:《吾人最后之觉悟》,《青年杂志》1 卷 6 号,1916 年。

⑧ 胡适:《四十自述》,北京:外语教学与研究出版社,2016 年,第 101 页。

⑨ 陈独秀:《新青年》,1919 年 1 月六卷一号。

圣的德性传统转变为现代个体性原则的道德革命,如果这一新伦理只是锚定于西式的自由民主制度之上,而不能给现代分化的国家—社会结构中为社会伦理提供正当性资源。那么,新伦理就必然处在"被悬空"的状态。

实际上,梁启超之所以在《新民说》中提出国人"公德"最缺失,就是因为旧伦理是"一私人对于一私人之事",而新伦理是"一私人对于一团体之事"。旧伦理以"五伦"为代表,而新伦理分为家族伦理、社会伦理与国家伦理。二者相比较,父子、兄弟以及夫妇都归于家庭伦理,朋友则属于社会伦理,君臣属于国家。而在传统的家国一体的社会结构之下,国家伦理、社会伦理的现代性支撑就明显不足。但是,问题的关键在于,这一亟须的"公德"社会基础仍然是半殖民地半封建社会,与新国民的公德相匹配的市场经济下的市民社会以及自由民主制度同样需要构建。中国的现代化历程中,国家—社会的建构与现代伦理的建构是同步进行的,以至于现代国家成为寄望于现代新伦理构建之上。这样,就带来两个方面的问题:其一,是中国式现代化道路的普遍性与特殊性问题,在人类现代化的世界历史进程中,不同于西方的民族救亡以及伦理觉悟成为中华民族现代化过程中特殊性因素;另一方面,移植西式政治制度之下"抽象的"伦理国家建构,必然要回归到现实的民族历史命运之中,新伦理必然是在创造性转化中完成自身的历史使命。即从马克思主义唯物史观才能揭示历史秘密,即从陈独秀提出"伦理觉悟"问题进行思想启蒙,在新文化运动的发展之下促进了民众的政治觉醒,这又为五四运动做了准备,五四运动又直接促进了马克思主义的传播与中国共产党的成立。①这无疑呈现出了普遍性与特殊性的辩证关系以及中国式现代化螺旋式发展的历史过程。

二、作为现代性开端的新伦理:个体原则的特殊性与普遍性的张力

作为现代转变的新伦理并非仅仅是指一种新类型道德,更为重要的是深层次的道德原则,即新伦理并不是形式上的新类型而是现代意义上的新原则。"道德原则的转变是现代结构中主观意识层面的重要因素,这首先并非指新型的道德观——比如所谓资本主义道德的出现,而是指道德原则的奠基理念的重大变化。"②因而,新伦理表征的是现代性伦理原则,而背后却隐藏着现代化中国道路选择与现代国家的建构及其认同的精神实质。所以,这一普遍性现代性原则在中国社会历史发展中也展现出特殊性,现代个体性原则与民族命运普遍性之间形成了二元张力,正如张灏所言在五四思想深处表现为"两歧性",并由此规定了中国人现代伦理生活的基本样态。

　　1. 新伦理的"形"与"质":百年前有关黑格尔哲学的论战

西方近现代以来,从笛卡尔"我思故我在"哲学意义上个体性原则的提出,到传统自然共同体的解体——原子式个体生存状况上的自然状态构成了现代社会的原初境况。黑格尔是第一个发现"主体性乃是现代的原则","说到底,现代世界的原则就是主体性的自由,也就是说,精神总体性中关键的方方面面都应得到充分的发挥"③。所以,现代社会各种习俗、习惯所构成的伦理"ethos"不再是自然性的,而是人的"第二天性"的东西。于是,这里的伦理(ethos),最早在古希腊被理解为"生物的长久居留地",并且在这种持续的"驻留"中习惯化的德性态度、精神气质以及生活状态。④即传统的自然、朴素的伦理消亡了,取而代之的是经过个体反思之后而再次显现出来的伦理。因而,现代意义上的新伦理在哲学形态上,一方面就表现为个人主体的主观性反思,即个体性的道德觉悟与觉醒,这一点在康德式理性主义道德法则中达到顶峰,即"你要这样行动,就像你行动的准则应当通过你的意志成为一条普遍的自然法则一样"。由此,建立在个体主观性基础之上出于善良意志的行动才是道德的,在此基础之上的"伦理觉

---

①　钱逊:《陈独秀的"最后之觉悟"与我们的觉悟》,清华大学学报(哲学社会科学版),1989年,第65页。
②　刘小枫:《现代性社会理论绪论》,上海三联书店,1998年,第165页。
③　[德]哈贝马斯:《现代性的哲学话语》,南京:译林出版社,2004年版,第51页。
④　[德]黑尔德:《世界现象学》,孙周兴编,倪梁康等译,北京:三联书店,2003年,第270-271页。

悟"才成为新文化运动中所谓的最后觉悟之觉悟。但是,另一方面,如果从纯粹的个体性原则出发,现代社会的共同生活就会成为重大思想与现实难题。即建立在抽象的个人权利基础之上的政治国家同样是"抽象的",马克思将其称之为"天国的生活"。这里,涉及更为重要的问题就是对现代性原则的反思,黑格尔指出:现代主观性道德的顶峰即"把自己看作最终审"的仲裁员和裁判员,但是个体间的冲突就可能把所谓现代性文明的最高成就——个体性毁灭。然而,在现实地和现存的伦理世界中,这种所谓的现代个体性思想才真正得以保存下来①,即现代新伦理"是建立在活生生的民族生活的完满的全体性之上的"②。

　　由此,我们不难看出,新伦理在近现代中国思想领域的出现,在形式上呈现出古今层面上的道德类型上的改变;但是,更为重要的是,这一新伦理实质上意味着现代道德原则的改变。然而,这种古今之变的现代性原则的确立,在中国就表现为中西之争,表现在冠之以"新伦理"对"旧道德"的批判以及时代"新民"身份认同的政治国家建构之中。于是,在从传统旧道德向现代新伦理的转变过程中,"现代儒家的主流思想强调心学……以便与自由主义民主的现代性价值理念相协调";但是,愈是强调传统道德的"心德性体"资源,愈是陷入现代个体性原则困境之中③,而且愈是脱离社会现实成为"抽象的"学术主张。这一点在百年前有关黑格尔哲学的一场论战中得以清晰地显现。事情起因于 20 世纪 30 年代为纪念黑格尔逝世一百年周年,张君劢 1931 年在《晨报》发表《黑格尔之哲学系统与国家观》一文,而《大公报》发表了张颐《读克洛那、张君劢、瞿菊农、贺麟诸先生黑格尔逝世百年纪念论文》之后,有关黑格尔的论战就此展开。这次论战虽然主要是围绕对黑格尔形而上学的不同理解,但是涉及黑氏的国家学说时,现代国家是以主观道德还是客观伦理为基础,则出现了学理与观念上的巨大差异。张君劢在论述黑格尔国家学说与进化论、契约论之不同的基础上,指出其伦理国家的精神属性。"黑氏之国家,非强力论也,非法律论也,而为道德论也;盖以为人类之生,具有自觉性或理性";……黑格尔国家观"以精神之表现为出发,以道德为基础,故主张国家为道德一体之说(It is the moral whole, the state)"④。然而,张颐在《关于黑格尔哲学回答张君劢先生》中提出了批评,"吾人之政治生活,及所以实现并纲纪此种生活之国家组织,依照黑氏系统,乃属于伦理(Sittlichkeit)范围,而非德性(moralitat)中之事";并且,严厉指出"欧美学者对于伦理道德二词,大都作为可以辗转互训,更迭为用,但在黑氏著作中,则各有专义,区分极严,丝毫不容混淆者也"⑤。之后,到底是出自英文翻译,所以才以讹传讹;还是入乡随俗故意为之,两位先生你来我往,互不相让。一方是忠于文本,出自原典原文;一方是结合中国实际,以学术救国为己任。不可忽视的是,用"道德代替伦理"实际上是近代以来新儒家学者试图采用康德等主观道德资源与中国传统的心性伦理相融合⑥,并以此发挥其在国家建构与社会秩序重构的范导作用。但是,这一论战"客观上纠正和澄清了当时中国哲学界对于黑格尔哲学的一些误解,由此将中国的黑格尔哲学研究带入到一个注重求本溯源的阶段"⑦。因而,学术原典原意上的追根溯源也尤为必要,一定意义上也是完善思想、学术济世的新契机。遗憾的是,这一点在当年的学术论战中并没有得到深化。

　　这一分歧与论战最后"不了了之"实属历史的无奈,在当时把科学、民主与人生观对立的"科玄论战"大背景下,完整而准确地理解与接受黑格尔的客观伦理思想是缺乏社会土壤的。然而,这一话题远未结

---

① 参见黑格尔《法哲学原理》,第二篇"道德"从道德过渡到伦理的部分。
② 张颐:《张颐论黑格尔》,侯成亚、张桂权、张文达编译,四川大学出版社,2000 年,第 21 页。
③ 刘小枫:《现代性社会理论绪论》,上海三联书店,1998 年,第 173 页。
④ 张君劢:《黑格尔之哲学体系与国家观》,见《民族复兴之学术基础》,中国人民大学出版社,2009 年,第 141,143 页。
⑤ 张颐:《关于黑格尔哲学回答张君劢先生》,见《张颐论黑格尔》,侯成亚、张桂权、张文达编译,四川大学出版社,2000 年,176-177。
⑥ 可参见张汝伦:《黑格尔在中国——一个批判性的检讨》,复旦学报(社会科学版),2007 年第 3 期;宋滨:《重返"黑格尔论战"——从"形而上学"的分歧到"伦理"与"道德"之争》,南京晓庄学院学报,2020 年第 5 期。
⑦ 杨河:《20 世纪康德黑格尔哲学在中国的传播和研究》,厦门大学学报(哲学社会科学版),2001 年第 1 期,第 50 页

束,无论是在学术学理上还是思想观念上。因为,超越性的思维观念在真正的社会现实尚未成熟之前同样也是幼稚的。所以,直到新世纪以来,伦理学界开始关注道德与伦理的区分。这一学术问题的重启,无疑是为中国式现代伦理建构提供思想准备,以至朱贻庭先生指出"'伦理''道德'之辨是再写中国伦理学的一个重要'理论范式'"①。正是因为,从五四"新伦理"思想的倡行以来,中国伦理的现代性建构从所谓"伦理觉悟"的自觉开始;但实际上是以不自觉的"主观道德"代替"客观伦理",樊浩先生将其称为"有道德无伦理"。这或许就是历史源头的思想原因。同时,这也才造成了理论学识与社会伦理之间的偏差,而社会伦理也成为伦理学一直以来无法真正进入的薄弱环节。

2.五四思想的"两歧性":现代伦理—道德区分的"中国式"开端

如果说黑格尔通过"伦理—道德"的区分明确揭示了现代性原则及其开端的话,那么,明确个体自我的道德意识及其价值确立,即区分伦理—道德进而彰显个体性原则的合法性成为现代性伦理的开端。这一点在中国伦理的现代性开端五四思想中同样也存在。五四思想并非是一个统一的整体,而只能说表现为"态度上的同一性"②。这一点表现在伦理价值上就是传统与现代的对立,即对传统价值的否定;同时对社会秩序重新评估,确立现代新的个体主义价值观。就前者而言,如胡适先生回顾所说的:"据我个人的观察,新思潮的根本意义只是一种新态度。这种新态度可叫做'评价的态度'……'重新估定一切价值'八个字,便是评判的态度的最好解释。"③毛泽东也有著名评价:"五四运动进行的文化革命则是彻底地反对封建文化的运动,自有中国历史以来,还没有过这样伟大而彻底的文化革命。当时以反对旧道德提倡新道德、反对旧文学提倡新文学,为文化革命的两大旗帜,立下了伟大的功劳。"④因而,广义上的五四思想虽然没有内在同一性,但是其启蒙价值就在于自我否定与怀疑的精神,相互歧异的观念背后萌发了一种现代性精神,构成了启蒙思想者的价值"态度"之中。就后者而言,新伦理确立的价值观是具有现代性的、以个人主义为中心的,"这种建立在资产阶级私有制基础上的道德……打着私有制加给他的深深印记,它把个人幸福、个人自由看得高于一切。利己成为它和旧道德共有的特征"⑤。也正如马克思恩格斯在《共产党宣言》中所揭示的,"它无情地斩断了把人们束缚于天然尊长的形形色色的封建羁绊,它使人和人之间除了赤裸裸的利害关系,除了冷酷无情的'现金交易',就再也没有任何别的联系了。它把宗教虔诚、骑士热忱、小市民伤感这些情感的神圣发作,淹没在利己主义打算的冰水之中"⑥。实际上,五四思想深处隐藏着相互矛盾的张力,这集中表现在五四思想是以解决民族危机作为其前提与基本归宿;但是,五四运动的社会动员来自对于个体性自由与民主的倡导。

五四运动这种内在的思想张力,张灏先生将其称为"两歧性"。即"就思想而言,五四实在是一个矛盾的时代,表面上它是一个强调科学,推崇理性的时代,而实际上它却是一个热血沸腾、情绪激荡的时代,表面上五四是以西方启蒙运动主知主义为楷模,而骨子里它却带有强烈的浪漫主义色彩。一方面五四知识分子诅咒宗教,反对偶像;另一方面,他们却极需偶像和信念来满足他们内心的饥渴。一方面,他们主张面对现实,'研究问题',同时他们又急于找到一种主义,可以给他们一个简单而'一网打尽'的答案,逃避时代问题的复杂性"⑦。于是,在五四思想的历史深处或者说我们今天以一个更长时段的视野来审视五四思想之时,五四所包含的启蒙与救亡、思想性与政治性、个体主义与民族主义等等二元张力就一一呈现出来。比如最典型的《新民说》:"一方面要求个人从传统的精神羁绊中解放出来,另一方面

①　朱贻庭:《伦理与道德之辨——关于"再写中国伦理学"的一点思考》,华东师范大学学报(哲学社会科学版),2018年第1期,第1页。

②　参见汪晖:《预言与危机:中国现代历史中的"五四"启蒙运动》(上),文化评论,1989年第3期。

③　胡适:《胡适文存》(四卷),上海亚东图书馆,第1022-1023页。

④　《毛泽东选集》(第二卷),人民出版社,第660页。

⑤　吴铎:《五四时期新旧道德的斗争》,上海师大学报,1979年第2期。

⑥　《马克思恩格斯选集》第一卷,人民出版社,2012年,第403页。

⑦　张灏:《重访五四——论五四思想的两歧性》,开放时代,1999年第2期,第6页。

他也要求个人彻底融化于民族国家的有机体里。"①所以，在以新伦理为标识的中国伦理现代转化过程中，从道德原则上而言具有现代性普遍价值与意义；但是作为现代性原则在中国社会的伦理生活中并非整全的、普遍性的存在。在现代意义上，对现代伦理生活起到决定作用的既不是传统的实体精神，也不是现代个体性的任性自由，而是实体性个体，即黑格尔所谓的伦理精神。一方面，现代民族与国家的合法性并非指向彼岸的、超验的存在，而是来到世俗的此岸世界，是建立在个体把民族国家的存在看成"他的普遍的客观本性"基础之上；另一方面，只有当个体的道德原则与民族精神一致时，才能从民族精神中认识和见到他自身。这样，个体就包含了一个民族的全部的生活，个体性精神也就成为普遍的伦理精神②。

如此一来，现代性伦理生活就不是一种简单的原则"生成"，然后在现代世界中的应用；而是指现代伦理生活结构性的变化，个体性与社会、民族国家之间辩证统一关系。这表现在现代社会中对个体自由、平等权利的尊重和保障；但同时，"组织"社会的伦理原则、个体与家国的伦理关系并不是从个体性出发而是从实体性出发。由此，现代伦理精神肯定个体性的现代文明意义，但是，从原子式个体出发的民族国家社会结构就变成了"集合并列"；问题的关键在于代表整个民族国家的伦理精神不是单一的，而是"单一物和普遍物的统一"③。由此，新伦理在现代中国伦理生活中作为民族精神而成为"活生生"的存在，是立足于中国现实社会以及民族伦理传统之中的。中国人的现代伦理生活"不是简单延续我国历史文化的母版，不是简单套用马克思主义经典作家设想的模板，不是其他国家社会主义实践的再版，也不是国外现代化发展的翻版"。在此，在现代中国伦理生活建构上：其一，是个人自由、权利意识得以确立，但个体性原则并没有成为社会原则。汪晖先生谈到："启蒙思想家只有对中国社会的政治结构、经济结构、伦理结构作出精密的分析、还原和重建，才能真正认识从而改造一种心理现象和社会现象。一个成功的改革运动，必须具备关于改造对象和改造结果的相对精密而完备的知识。"④其二，是家国一体传统政治结构解体了，但是民族与家庭一体的伦理精神结构并未解体。这也成为五四新伦理创造性转化的突破口，即从个体性自由与权利诉求向民族国家作为一个整体的精神觉醒。习近平在纪念五四运动100周年大会讲话上，就明确提出："五四运动以全民族的力量高举起爱国主义的伟大旗帜。……改变了以往只有觉悟的革命者而缺少觉醒的人民大众的斗争状况，实现了中国人民和中华民族自鸦片战争以来第一次全面觉醒。"⑤而这种现代意义上民族精神凝聚成为一个整体的标志性事件就是抗战，"万众一心"，中华民族才真正地成为中国人心中唯一的民族实体，民族命运的共同体。其三，是维系传统伦理社会的机制解体了，但是伦理纽带的社会连接机制仍在发挥作用。比如五四新文化对于"家文化"的批判，是要剥离附着于传统家族制的思想文化并对其改造。但是，我们无法否认的是家庭作为伦理纽带在中国人伦理生活中的连接作用，甚至是枢纽作用。

三、新伦理的创造性转化：中国式现代伦理生活的社会主义实践

作为一场思想文化运动中诞生的新伦理，从其产生之日起也就具有思想源头的复杂性以及缺乏习俗、制度以及经济社会交往关系的支撑，更不用说对中国社会现实的政治经济结构以及伦理特质等进行系统深入分析。因而，这一新伦理也成为"悬浮"于现实社会之上，而构筑于新伦理之上的现代民族国家也是"抽象的"存在。于是，作为一种思想文化观念上的"新伦理"，在现代中国人伦理生活世界的"扎根"，是与整体性民族命运以及社会主义政治革命历史实践中完成自身转化的。

① 张灏：《重访五四——论五四思想的两歧性》，开放时代，1999年第2期，第14页。
② 张颐：《张颐论黑格尔》，侯成亚、张桂权、张文达编译，成都：四川大学出版社，2000年，第37页。
③ ［德］黑格尔：《法哲学原理》，范扬、张企泰译，北京：商务印书馆，1996年，第173页。
④ 汪晖：《预言与危机：中国现代历史中的"五四"启蒙运动》（上），文化评论，1989年第3期，第19页。
⑤ 习近平：《在纪念五四运动100周年大会上的讲话》，新华网，2019年4月30日。

1. 走出"抽象的"伦理国家,重构国家与社会对立的现代结构

现代以来,个体性原则无论是在私人占有物的法权上还是道德主观性的自我确认上,都取得绝对性的胜利。然而,固守在自我良心之上、死抱住特殊性,而把时代社会现实的东西排除在外。于是,不管任何想法都只是个人的特殊规定,都会遇到反对者,而反对者也仅仅只是因为(自己的特殊性)要反对而反对。黑格尔指出现代启蒙哲学面临着与时代的脱轨,首先要突破这种主观性危害,而把时代把握在思想之中(尤其是现代资本主义社会的巨大变化),即要回到现实的伦理的观点,而"这一点正是实在的伦理性的实存即国家"①。于是,与"无伦理"的市民社会不同,国家就成为宗教革命之后全部人的普遍自由的"寄托物"。但是,马克思指出这种作为"伦理普遍物的国家"并非真实,因为,"人被看做是类存在物的地方,人是想象的主权中虚构的成员;在这里,他被剥夺了自己现实的个人生活,却充满了非现实的普遍性"。而个人私利主导的市民社会才是现实的,人把自己并把别人看做是现实的个人的地方,却被认为是"不真实的现象"。于是,政治国家与市民社会也处于同样的对立之中,而"不得不重新承认市民社会,恢复市民社会,服从市民社会"②。所以,作为反题的"市民社会"就重新回到现代伦理领域的中心,在现代伦理生活"不是国家统摄市民社会,而是市民社会吞噬国家"的境况。

如何安放个人一直以来都是现代性最核心问题之一。然而现实是,在现代文明的开端,在国家与市民社会的对立中人的生存也就处在一种对立的紧张关系中。现代人的生存境况处于"天国的生活"与"尘世的生活"、"普遍原则"与"私己原则"的政治共同体与市民社会的二元秩序之下,并且成为现代人不可避免的普遍性存在样态。因为,资产阶级在"按照自己的面貌为自己创造出一个世界",而这个世界"迫使一切民族——如果它们不想灭亡的话——采用资产阶级的生产方式;它迫使它们在自己那里推行所谓的文明,即变成资产者"③。也就是说,资产阶级政治革命之后真正获得自由权利的是资产阶级,"是身为 bourgeois[市民社会的成员]的人,被视为本来意义上的人,真正的人。"④于是,随着政治国家的建立与市民社会分解为独立的个体,现代资产阶级社会中形式上的自由原则与内容上的权力原则,呈现出矛盾张力关系。这样,名义获得政治自由的现代人,在资产阶级社会结构中还是原子化的个体,在与政治权力的抗争上时刻笼罩在个人私利的"幽灵"之下;而坠入赤裸生命状态的发生,也进一步揭示了市民社会的非伦理属性之后,资产阶级政治国家同样也不是个人最终的伦理(共同体)归宿。

以至于在哈特和奈格里的论断中,现代的共和国——无论是美国还是法国——根本说来就是财产共和国,施行的是财治(rule of property)。这种"财治"之所以具有替代社会法治的趋势,根本上是由于"个体的概念不是通过'存/在'(being)而是通过'有'(having)得以确立的;个体指向的不是'深度的'形而上学和超验的统一体,而是'表层的'拥有财产或所有物的实体"⑤。所以,如果说黑格尔把传统社会解体和新兴市民阶层出现的最新社会形式——市民社会纳入哲学视域,而一针见血地指出其"无伦理"的特质;而对于"现代资产阶级社会"(工业革命和政治革命都完成之后的现代社会)则具有"反伦理"倾向。因而,在马克思主义的彻底批判基础之上,当代西方社会批判哲学也展开反思与重构,以期对现代资产阶级社会的正义基础提供辩护方案。

在此基础之上认识中国社会的国家—社会关系,必须强调两个重大的差异:其一是社会革命。在社会主义革命基础之上,确立了社会主义基础制度,从而在政治前提和制度基础上改变了国家作为虚假的政治共同体的状况。其二是改革开放。随着市场经济机制在中国的确立和发展,不仅有了国家与市场经济领域之间的相对分离,同时还使每个公民作为独立个体的地位得到了进一步确认。但是,由于制度

---

①　[德]黑格尔:《法哲学原理》,范扬、张企泰译,北京:商务印书馆,1996年版,第156注①-157页。

②　《马克思恩格斯文集》第1卷,北京:人民出版社,2009年版,第30-31页。

③　《马克思恩格斯选集》第1卷,北京:人民出版社,2012年版,第404页。

④　《马克思恩格斯文选》第1卷,北京:人民出版社,2009年版,第42-43页。

⑤　[美]迈克尔·哈特、安东尼奥·奈格里:《大同世界》,王行坤译,北京:中国人民大学出版社,2016年版,第4页。

优势与传统伦理并未解体，"在国家与社会之间的关系中，国家是处于主导地位的主体，它带来了相对独立的市场经济领域的发展，制造出了国家与市场经济领域之间的相对分离，它同时还致力于把两者之间的关系纳入国家的统摄之下"①。这样，在现代社会结构的重构过程中，中国探索出了一条与西方截然不同的道路。具体表现为：一是在市场经济之下释放的自由个体仍然处在伦理关系之中，二是国家权力与社会财富的伦理属性在执政党的自我革命与共同富裕的发展目标之间有所保障。因而，在社会革命与改革开放的基础上中国社会并没有产生原子化的个人，对家庭的重视与伦理社会的属性使得能够摆脱国家与市民社会的对立而造成分裂社会的后果。这就从根本上说明了，中西方社会治理在现代性原则上的差异，以及动态清零政策得以成功实施的强大政治协调与组织能力的保障。

2. 以"伦理组织社会"，走出资产阶级市民社会的非伦理困境

在重构国家和社会的关系之后，个人与国家以及个人最终的伦理归属成为中国社会现代化发展新道路文明内涵的重要内容。在中国现代社会结构中并没有生成原子化的个人，是因为获得"家"的伦理归宿，从而完成对现代伦理生活的重构。从中西不同的社会结构出发，梁漱溟先生提出"以伦理组织社会"思想，指出"团体与个人，在西洋俨然两个实体，而家庭几若为虚位。中国人却从中间就家庭关系推广发挥，而以伦理组织社会消融了个人与团体这两端（这两端好像俱非他所有）"②。虽然家庭在现代社会中退居从属地位，但以家庭孕育的"伦理关系"构筑起的伦理社会，个人与家—国、国家与社会以及个人"家"的归宿构成有机关联。

这表现在：其一，在政治功能不断弱化的现代进程中，家庭仍具有现实的社会经济功能。在现代资产阶级社会转型重构中，家庭仅仅是自然意义劳动力的提供者，个人成为"市民社会的子女"；家庭是作为偶然主观性环节以至于要被市民社会所替代。黑格尔就指出："市民社会在它是普遍家庭这种性质中，具有监督和教育的义务与权利，以防止父母的任性和偶然性。"③摆脱家庭的个人主义成为现代文明的普遍趋势，五四新文化运动以来，个人主义也在中国社会广泛传播。随着革命与阶级斗争成为社会发展的主流叙事，家庭在社会巨大变迁中一直作为"隐性"因素而存在，但在广大农村家庭经济仍然占据主导。直到改革开放之初家庭联产承包责任制的推行，使得家庭在中国现代社会结构中的作用得以重新认识。

其二，从家庭走出的个人仍在家庭中寻找意义并获得伦理归宿。随着市场经济体制的建立，从20世纪90年代开始，在家庭联产承包与发展乡镇企业之后，个人从家庭与乡土走向城市与市场，中国社会中出现了"个体的崛起与社会的个体化"巨大变革。在城乡二元结构中，具有融合互动作用的仍是家庭。新世纪以来，阎云翔先生提出：一种家庭利益大于个体利益的新的家庭主义开始在中国兴起，个人的成功与意义获得更多依赖家庭而获得④。于是，在中国，"家庭与社会之间不存在那种沟壑万丈的撕裂，家庭成员向社会成员的过渡方式也不是黑格尔所说的'从家庭中揪出'，而是携带着家庭的伦理温度和伦理关怀走上社会，并在走上社会之后在向家庭的不断回归中巩固家庭的伦理地位，同时也提高了由家庭伦理建构社会伦理的文化能力。"⑤

其三，在重构个人与国—家的伦理关系上，"家国一体"文化心理与"家"的伦理实体发挥了重要的补

① 张双利：《批判与重构——论为什么要在当代中国语境中重新展开马克思与黑格尔之间的思想对话》，现代哲学，2017年第5期，第11页。

② 梁漱溟：《中国文化要义》，上海：上海人民出版社，2005年版，第70-71页。

③ ［德］黑格尔：《法哲学原理》，贺麟、张企泰译，北京：商务印书馆，1996年版，第241-242页。

④ 随着社会转型和道德变迁，从"个人主义"到"新家庭主义"，从个体的崛起与社会结构个体化到家庭利益优先于个人利益的现象，中国社会结构的重构及其内在调整机制，构成认识中国社会结构韧性独特的社会学视角。参见阎云翔：《中国社会的个体化》（陆洋等译，上海译文出版社，2016年版）以及 *Chinese Families Upside Down*：*Intergenerational Dynamics and Neo-Familism in the Early* 21st *Century* 等著作。

⑤ 樊浩：《"伦理"话语的文明史意义》，东南大学学报（哲学社会科学版），2021年第1期，第16页。

充作用。在传统社会中家—国关系背后是两大伦理实体并且受到不同伦理规律的支配,在黑格尔看来,民族遵循人的规律,是"白日的规律";家庭遵循神的规律,是"黑夜的规律",二者由此相互作用并形成伦理世界的紧张①。在现代资产阶级社会转型中,家庭几乎被市民所替代而形成马克思所说的人的双重生活——"天国"与"尘世"。一方面是市民社会受"非伦理性"的私利原则支配,另一方面国家最终又是"服从市民社会的统治",国家也沦为"外部国家"命运,而丧失作为共同体的伦理归宿。这样,无论是"国家—市民社会—国家"的黑格尔对现代社会结构的重构,还是马克思主义从"市民社会"出发的资本批判,以"市民社会—国家—市民社会"来否定、颠倒黑格尔方案,个人的现代命运都是核心问题。在中国传统家国一体的社会结构中,由家及国即"以伦理组织社会",这里的"组织"并非像市民社会一样的组织或领域,而是一种联结个人的伦理关系,将个人与家族、民族等团体连为一体。于是,现代中国伦理社会结构重塑的逻辑中,家庭的作用必不可少。从家庭出发伦理关系的延伸:一方面"向上"的维度,现代社会中"由家及国"表现在伦理精神上的由"家"援国,在家国情怀中保家"卫国",弥补现代国家伦理亏缺的同时也提升了家庭的政治定位;另一方面,"向下"的维度,在家庭伦理关系、亲密关系与情感关系之下,表现在现代家庭对个人的情感关怀与生活保障功能上,防止个人坠入赤裸生命状态。

　　3. 强化现代社会的伦理纽带,重构"被悬空"的社会伦理关系

　　法国著名哲学家莫兰指出:我们这个不确定的、危险的时代伦理危机也就是个体—社会—种属的"连结危机",道德行为是"一种连结(reliance)行为:与他人连结,与社区连结,与社会连结,直至与人类种属连结"②。在现代中国人伦理生活中,这一伦理纽带表现在三个层面:其一是作为民族共同文化心理的伦理记忆。儒家伦理在两千多年的礼乐教化中就凝结为中国人的文化"心理结构"与伦理记忆,这种民族共同体的心理结构是中国伦理风格和伦理秩序的持久的文化基础。梁漱溟先生曾指出,"周孔教化自亦不出于理智,而以感情为其根本,但却不远于理智——此即所谓理性。理性不外乎人情。"具体而言,儒家伦理以"共通的情感"("共情")为基础,确定人皆有"移情(empathy)"的能力,并以概念化、逻辑化的方式确立了善恶标准与道德行为方式。③所以,面对疫情社会动员的"共情—同理心"的伦理机制,就不是出于纯粹善良意志,也不是利益算计的理性;而出于人之为人的"同理心",并以此作为"共通的情感"从而唤起人们内心的共鸣,形成伦理共识、达成共同行动的原则。李泽厚先生指出:人之情感应该成为哲学最根本的基石,并将情感提高到"情本体"的高度,从而形成情感与理性相互渗透、交融统一的文化心理结构④。以至于在今天高度现代化生活中,这种共通的民族文化心理以及同理心的存在,能够使个体之间"感同身受",并且能够"换位思考",甚至愿意以局部的个体利益损害而成全整体。正如莫兰所言:"共同体情感一直都会是责任(responsability)和互动的源泉,而责任和互助本身是伦理的源泉。"⑤这就是同理心从整体的角度去认识和理解问题,从而把共同体普遍价值置于个体价值之上,成就整体一致性行动的社会动员。

　　其二是发挥家庭的伦理纽带作用,不仅是对现代伦理生活的结构重塑,同时也是避免社会伦理蜕化的重要环节。基于自然情感并推广及人的"亲亲"原则,在"情理"主义的文化心理结构以及"家庭—民族"构型的"家国"理念传统的中国式现代化道路上,这一点尤为重要。王国维先生考证,早在殷周时期的宗法继承制度中即奠定了"尊尊"和"亲亲"。这就是《中庸》所说的:"仁者,人也,亲亲为大,义者,宜也,尊贤为大。"(第二十章)正是在这一传统之下,儒家伦理就从亲缘关系的"孝悌"出发,在人与禽兽之别、远近亲疏之分中,君臣、父子、夫妇、兄弟、朋友之间的伦理世界秩序就建构起来。由此,"亲亲"就不

　　①　参见黑格尔:《精神现象学》下册,贺麟、王玖兴译,北京:商务印书馆,1964 年版,第六章第一节(a)部分。
　　②　(法)埃德加·莫兰:《伦理》,于硕译,学林出版社,2017 年版,第 47 页。
　　③　徐嘉:《儒家伦理的"情理"逻辑》,哲学动态 2021 年第 7 期,第 104-105 页。
　　④　李泽厚:《人类学历史本体论》,青岛:青岛出版社,2016 年版,第 220 页。
　　⑤　(法)埃德加·莫兰:《伦理》,于硕译,学林出版社,2017 年版,第 37 页。

仅是家庭层面的伦理准则,更是一种遍及世界宇宙的普遍伦理法则,保证人伦世界而不至于自我退化,故孟子说"亲亲而仁民,仁民而爱物"。首先,"亲亲"伦理关系之下个体的生存性特征。在伦理本位的社会特征上,梁漱溟先生指出:"人一生下来,便有与他相关系之人(父母、兄弟等),人生且将始终在与人相关系中而生活(不能离社会),如此则知,人生实存于各种关系之上。此种种关系,即是种种伦理。伦者,伦偶,正指人们彼此之相与。相与之间,关系遂生。"①与马克思主义强调社会生产关系不同之处在于,正是这种基于血缘的、自然情感的伦理关系中个人才是可以被认识的。其次,更为重要的是,用"亲亲"而"尊尊"的伦理纽带建构了"由家及国"的社会结构,从而把支配两个伦理实体的不同伦理规律——人的规律与神的规律——统一起来,对伦理社会的维护防止陷入"无伦理"市民社会之中。最后,对于人类共同体而言,"亲亲"也是联系"四海兄弟"而成"天下一家"的伦理纽带。以"不独亲其亲,不独子其子",而使世界"使老有所终,壮有所用,幼有所长,矜、寡、孤、独、废疾者皆有所养"的大同境界。

　　其三是发挥"邻人—邻里"伦理纽带作用有利于弥补社会救助机制的不足。对于中国社会而言,不可回避的现实是,随着社会主义市场经济体制的建立,从计划经济时代的"组织人""单位人"逐渐走向陌生人社会的"经济人""社区人",而在城市化过程中从宗族血缘的乡土—邻里关系也被商品—契约型的社区邻里关系所代替。这事实上包含两个层面:一是从"邻人"到"他人",从熟人到陌生人的转变以及邻人关系的重建。与西方市民社会的原子化个人不同,中国社会是随着作为国家政策的市场经济体制确立以及城市化进程之下,社会流动逐渐打破了户籍、单位的身份归属,从邻人变为"他人"、从熟人变成陌生人,社会规范与秩序的依据也从阶级、血缘、情感的家国实体关系转变为利益、律法的市场社会契约关系。但是,这里的"他人"并非原子化的他人,依据是社会伦常关系没有发生断裂性变化,以共同的伦常关系为依据的邻人关系在家—国两大伦理共同体之间依然具有活力。二是从乡土社会到城市社区以及邻里关系多元需求的重构。在城市化进程中,以血缘情感为基础的乡土邻里关系逐渐向城市社区转移,以情感、利益以及治理多元需求的邻里关系重构被提上日程,从而在功能上发挥个体间有机连结的作用。这一点也在中国传统的"敦亲睦邻""里仁为美"的伦理智慧中得以印证。于是,在家国之间的"邻人—邻里"的伦理连结作用,就把国家的社会政策以及家庭之间的互助得以落实。

---

①　梁漱溟:《中国文化要义》,上海:上海人民出版社,2005年版,第71页。

分体论视域下的人格同一性问题

张洪铭[*]

（中共福建省委党校 福建师范大学，福州 350108）

摘 要：分体论是一种研究部分——整体关系的逻辑理论，也是本体论的一个分支。经典分体论系统的公理和诸多定理都可以表达为包含同一关系的哲学命题，时间分体论中的命题也通过个体的时间部分关系解释了时间区间上的同一关系。分体论作为一种既研究部分——整体关系，又研究同一关系的理论，为人格同一性问题提供了一种新的分析路径。对人格同一性中具有代表性的人的历时同一性问题的考察表明，人的历时同一性解决既与部分关系基本性质相关，也与问题的本体论假设密切相关。因而，分体论作为一种分析工具，能够为人格同一性问题的解决提供一种有效的途径。

关键词：分体论；部分——整体关系；同一问题；人格同一性问题；人的历时同一性

一

分体论（mereology）是一种研究部分——整体关系的理论，它既是本体论的一个分支，在当代哲学中也是一种逻辑理论。部分——整体关系普遍存在于事物之间，并且具有很强的直观性，一直以来都是本体论研究所关注的对象。以非形式的方式研究部分及其与整体间的关系，在早期哲学中，例如前苏格拉底的原子论者以及柏拉图、亚里士多德等的哲学著作中，都有相关的讨论。柏拉图通过《巴门尼德篇》中部分关系阐述了一与多的哲学关系。[①] 在《泰阿泰德篇》中，苏格拉底和泰阿泰德则讨论了与部分关系密切相关的"组成与同一"论题。[②] 亚里士多德在《物理学》和《形而上学》对部分——整体关系进行过深入的讨论。例如，在《形而上学》中亚里士多德说："部分意指，量以任何方式被分解而成的东西，从作为量的量中分出来的永远被称为它的部分，例如二有时就被称为三的部分。另一方面，在这些部分中，只有那些可度量全体的，才可称为部分，这就是为什么有时说二是三的部分，有时又不这样说。……此外，那些在阐明个体的定义中的因素，也被叫做整体的部分。故种被认为是属的部分，而在另一种意义下，属又是种的部分。"[③]从以上可以看出，古典哲学对部分——整体关系的理解与本体论研究相关。

在现代逻辑和哲学中，20世纪上半叶波兰逻辑学家和哲学家莱斯列维斯基对部分——整体关系进行了系统研究，并创造了"mereology"一词。1929年，塔尔斯基发表《立体几何的基础》一文，构建了一个包含了莱斯列维斯基分体论的立体几何系统[④]。1940年，伦纳德和古德曼的论文《个体演算及其运用》

---

* 作者简介：张洪铭（1988 - ），四川剑阁人，哲学博士，福建师范大学马克思主义理论博士后科研流动站、中共福建省委党校博士后科研工作站博士后，研究方向：马克思主义理论，本体论。

① 《柏拉图全集》（第二卷），王晓朝译，北京：人民出版社，2002年，第771页。

② 《柏拉图全集》（第二卷），王晓朝译，北京：人民出版社，2002年，第739 - 746页。

③ 《亚里士多德全集》（第七卷），苗立田主编，北京：中国人民大学出版社，1990年，第139页。

④ A. Tarski, "Foundations of the geometry of solids". in J. Corcoran (Ed.)，*Logic*，*Semantics*，*Meta-mathematics*. Indianapolis：Hackett，1983：24 - 29.

在符号逻辑杂志发表后,分体论逐渐成为当代本体论者探讨的一个核心议题。这篇论文认为传统逻辑关心两方面的问题:一方面是个体间的同一与区别,一方面是类中属于和包含关系。但是这样的逻辑却无法处理更进一步的部分之间或部分和类之间的关系,例如,传统逻辑难于处理所有窗子的类和所有房子的类之间的联系,因为这两者既不相同又不具有包含关系。但是它们之间的关系却很明确,因为每一个窗子都是某一个房子的部分。因此,传统逻辑忽略了非常重要的部分—整体关系,而分体论恰好可以提供讨论此类问题的简便方式。①

20 世纪 70 年代以后,分体论成为逻辑学家、本体论者和计算机科学家普遍关注的议题。在逻辑学领域,不同的公理系统被建立,较为著名的有夏尔维于 1980 年提出的经典分体论和卡萨蒂与瓦尔齐于 1999 年提出的经典外延分体论,霍夫达于 2009 年提出的经典分体论与经典外延分体论是等价的系统。这些系统在不同程度上都沿用了莱斯列维斯基、塔尔斯基或者古德曼的分体论内容,其中稍强的一些系统基本与之前的分体论等价或者为其扩充(主要原因是增加了一些本体论假定)。

总体而言,在分体论的研究史上作出重要贡献的人物几乎都既是逻辑学家又是哲学家。一方面他们将部分—整体关系通过公理化方法建立逻辑系统,这使得分体论成为一阶谓词的逻辑的运用;另一方面他们运用分体论去处理本体论中实体的部分变化和同一问题,这又使得分体论成为形式本体论的一个分支。

分体论有两个基本概念:部分关系(parthood)和部分和(mereology fusion 或 mereology sum)。说它们基本是因为从其中任何一个出发都可规定出另一个,由此又可规定更多的导出概念,比如真部分(proper part 或 real part)、相交关系(crossing)、分离关系(discretness)、同一关系(identiy)等等。

在一阶语言中,我们引入一个二元谓词"P"表述部分关系,$P(x,y)$的意思就是"x 是 y 的一部分"。关于部分关系有以下一些基本性质:个体 A 是自身的一部分;如果 A 是 B 的一部分,且 B 也是 A 的一部分,则 A 与 B 是同一的;任何 A 的部分的部分仍是 A 的部分。这三个性质对应于部分关系的三个逻辑特性:自反性、反对称性和传递性。在此种意义上的部分谓词 P 我们用符号"$\leqslant$"代替,则上述三个逻辑特性可以形式化描述为:

A1 $\forall x \leqslant x$

A2 $\forall x \forall y(x \leqslant y \wedge y \leqslant x \rightarrow x = y)$

A3 $\forall x \forall y \forall z(x \leqslant y \wedge y \leqslant z \rightarrow x \leqslant z)$

可以看出,这种"部分"的关系实际上构成偏序关系。由一阶谓词逻辑加上这三个性质作为公理建立起来的分体论系统称作基础分体论。

设 a 为 s 与 t 中的非自由变元,规定如下:

$s \circ t = df \exists v(v \leqslant s \wedge v \leqslant t)$

$s < t = df s \leqslant t \wedge \rightarrow s = t$

"$s \circ t$"表示 s 与 t 相交,即 s 与 t 有共同的部分,而 s 与 t 不相交,其关系也可被称为 s 与 t 分离。"$s < t$"表示 s 是 t 的真部分,由于这一关系包含 $\rightarrow s = t$,因此"真部分"也就意味着"A 不能是 A 自己的一部分",这也就是部分关系的日常称谓。

与部分相对应的概念是整体,在分体论中整体的概念可以用部分关系来定义,也即是说整体是部分的和或者分体和。从最一般的哲学直观上讲,分体和是将一些物体放在一起形成的东西,这个东西依旧是一个物体。比如,杯子可以有盖也可以无盖,你手里有一个杯子是无盖的,结果自己为它配了一个杯盖,那么它们形成的整体你仍然称它为杯子或者有盖杯。但这个有盖杯作为整体时,它仍然是一个

① H. Leonard and N. Goodman, "The Calculus of Individuals and Its Uses", *Journal of Symbolic Logic*, vol.5,no.2(1940):45 - 55.

物体。

下面我们介绍霍夫达所规定的分体和以及建立的经典分体论系统。[1] $\varphi(x)$ 表示任一合式公式,变元 y 在 $\varphi(x)$ 中非自由出现,项 t 区别于变元 x,规定:

分体和模式　　$Fu(t,\varphi_x)=df\forall x(\varphi(x)\rightarrow x\leqslant t)\wedge\forall y(y\leqslant t\rightarrow\exists x(\varphi(x)\wedge y\circ x))$

$Fu(t,\varphi_x)$ 即表明 t 为 $\varphi(x)$ 的分体和,这种分体和定义的意思是:若 φ 中的每一个体都是它们总和 t 的一部分,并且 t 的每一部分都与 φ 的某一个体相交,则存在着 φ 中的个体与 y 有共同部分。

分体论中需要引入的第一个带有重要哲学意味的公理就是分体和存在公理。在基础分体论中加入如下的分体和存在公理:

A4　　　　$\exists x\varphi(x)\rightarrow\exists zFu(z,\varphi(x))$

某物有一真部分 x 则也有其他的真部分与 x 不同,且为 x 的"补(supplementation)"。在此基础上,增加如下增补公理:

A5　　　　$\forall x\forall y(x<y\rightarrow\exists z(z\leqslant y\wedge\neg s\circ t))$

这条公理表明:一物体的任一真部分都有除这真部分之外的部分为它的补充。显然这也是符合直观的。这样由 A1-A5 就构成了霍夫达称作的"经典分体论系统"。这些公理都比较符合直观,在哲学意义上也易于接受。

二

无论是在自然语言中还是在一些哲学命题中,同一陈述都大量存在。结合中文语境,identity 可以译为"同一",也可译为"相等""等于""相同""等同"。在逻辑学和数学中,等词或者等号"="也表达同一关系。另外,系词"是"连接的主词与谓词之间的关系除了属于关系以外,很多时候也表达了同一关系,"A 是 B"这样的句子有时即表达"A=B"的含义。含有同一关系的句子被称作同一陈述,反过来同一陈述描述了同一关系。在本体论中,实体的同一性包含一个最基本的观点:任何物体都与自身同一,物体之间则各不相同。

除了任何物体与自身保持同一以外,还有一个同一关系的基本性质是:相同物体具有完全相同的性质。这两个性质也对应于经典逻辑的两个公理:

①　　$\forall x\ x=x$

②　　$\forall x\forall y(x=y\rightarrow(\varphi(x)\leftrightarrow\varphi(y)))$

性质②被称为"同一物的不可分辨性"(The indiscernibility of identicals),也被称作同一替换律。蒯因认为:"支配同一性的基本原理之一是可替换性原理,或者称为同一事物的不可分辨性原理。这一原理规定:给定一个关于同一性的真陈述,可以用它的两个词项中的一个替换另一个出现在任一真陈述中的词项,而其结果将是真的。"[2]与②相对应的性质被称为"不可分辨物的同一性"(The identity of indiscernibles),其含义为:具有完全相同性质的物体相同,用二阶公式表示即为:

③　　$\forall\varphi(\varphi(x)\leftrightarrow\varphi(y))\rightarrow x=y$

由于②③中的个体和性质都是任意的,因此②和③可以合并为一个等值式:

④　　$\forall x\forall y(x=y\leftrightarrow\forall\varphi(\varphi(x)\leftrightarrow\varphi(y)))$

莱布尼茨是最早明确提出上述原则的人,他认为任何两个区别物不能完全彼此相似。[3] 其对应于性质③,因此③被称为"莱布尼茨律"。不过,考虑到②的一般性,当代学者一般将④所描述的内容称为

---

①　see to Paul Hovda, "What is Classical Mereology? ", *Journal of Philosophical Logic*, vol.38, no.1(2009):55-73.

②　(美)蒯因:《从逻辑的观点看》,江天骥、宋文淦、张家龙、陈启伟译,上海:上海译文出版社,1987年,第129页。

③　G.W.Leibniz. *Philosophical Papers and Letter*. L. Loemker, (ed. and trans.), 2nd ed., Dordrecht: D. Reidel, 1969:308.

"莱布尼茨律",也就是说两个物体相同等值于它们共有各自的所有性质。因此,该原则既可以作为两个物体相同的判定准则,又可以作为对同一关系所具有的性质所作的描述。①和④一起可以被看做描述同一关系的最基本性质。

需要说明的是,由于对莱布尼茨律中辨别个体同一与否的性质ϕ的理解的不同,同一性也存在着不同的层次,因此在具体运用到不同问题分析中的"同一性"往往是一种有条件的同一性,虽然同一性的事实不变,但是在不同问题中的条件则有所区别。总的来说,我们可以区分出三种不同形式的同一性:

第一,如果对象甲和乙共同具有所有性质,那么它们便是同一的。

第二,如果对象甲和乙共同具有它们的所有纯粹的性质(pure properties),那么它们便是同一的。

第三,如果对象甲和乙共同具有它们的所有非关系的纯粹的性质(nonretional pure properties),那么它们便是同一的。

其中第一种形式力量最弱,因为它意味着无条件的所有性质满足于同一物,也就是说在所有可能世界或所有情况都必然为真。第二种形式一般可以被理解为对应于现实世界中的情况。第三种形式因为排除了非关系和非纯粹的性质,因此力量最强,它也指涉现实直接中的情况,但是对应于微观粒子可能不为真。因此,后两种形式的同一性都是偶然的同一性。①

分体论中含有诸多关于同一性的命题,在公理和定理中包含等词的命题都表达了同一性的内容。在经典分体论中,如下同一关系的命题都是可被证明的定理:

(1) 对于任意x和y,x和y相等,当且仅当,x是y的部分且y是x的部分。

(2) 对于任意x和y,x和y相等,当且仅当,所有x的部分都是y的部分,且所有y是x的部分。

(3) 对于任意的非原子物x和y,x和y相等,当且仅当,所有x的真部分都是y的真部分,且所有y的真部分是x的真部分。

(3') 对于任意(含有真部分)的组成物体x和y,x和y相等,当且仅当,所有x的真部分都是y的真部分,且所有y的真部分是x的真部分。

(4) 对于任意的x和y,x和y相等,当且仅当,x和y是相同物体的分体和。

(4') 对于任意的x和y,x和y相等,当且仅当是由相同物体组成的。

从(1)-(4)都是经典分体论中所证明的定理,(3')和(4')则是用组成的概念对(3)和(4)的转述。(1)是反对称性公理及其逆定理的内容,(2)是得到(3)的过渡,因为部分关系中包含了同一关系,非真部分即为同一,因此,我们更倾向于展示真部分与同一关系的联系。(3)或者(3')被称为"部分关系的外延性",(4)或者(4')被称为"组成关系的外延性",或者"分体和的外延性"。② 这些命题从哲学的角度表明了两个对象同一在部分关系上是如何被决定的,以及具有何种性质。由于它们所表达的同一性是量上的绝对同一性,因此这样也具有"不可分辨性"。

与此相对应的则是,在时间分体论中含时刻t的同一命题,类似于前述内容也有:

(5) 对于任意x和y,x和y在t时刻相等,当且仅当,在t时刻x是y的部分且在t时刻y是x的部分。

(6) 对于任意x和y,x和y在t时刻相等,当且仅当,在t时刻所有x的部分都是y的部分,且在t时刻所有y是x的部分。

(7) 对于任意的非原子物x和y,x和y在t时刻相等,当且仅当,在t时刻所有x的真部分都是y的真部分,且所有y的真部分是x的真部分。

(7') 对于任意(含有真部分)的组成物体x和y,x和y在t时刻相等,当且仅当,在t时刻所有x

① 参见韩林合:《分析的形而上学》,北京:商务印书馆,2013年,第65-68页。

② A.Varzi,"The Existensionality of Parthood and Composition". *Philosophical Quarterly*,vol.58,no.230(2008):108-109.

的真部分都是 y 的真部分,且在 t 时刻所有 y 的真部分是 x 的真部分。

(8) 对于任意的 x 和 y,x 和 y 在 t 时刻相等,当且仅当,在 t 时刻 x 和 y 是相同物体的分体和。

(8′) 对于任意的 x 和 y,在 t 时刻 x 和 y 相等,当且仅当 x 和 y 在 t 时刻是由相同物体组成的。

由于这样的同一性仅仅在于某一时间点上,因此它们所表示的并非绝对同一性,而是一种相对同一性,所以,我们只能称它们为"时间点上的同一性",或者"时间部分的同一性"。

"组成即同一"的立场也反映了同一关系的内容,分体论中的"组成即同一"立场认为分体和等于组成它的所有部分。我们将其命题内容陈述如下:

(9) 对于任意一些物体,它们的分体和就等于这些物体。

(9′) 对于任意 xs 和 y,xs 组成 y,则 $xs = y$。

(9″) 对于任意 xs 和 y,y 是 xs 的分体和,则 $xs = y$。

三

人格同一性(Personal Identity)作为重要的哲学论题,是形而上学、认识论、心灵哲学和伦理学普遍研究的对象。一般而言,人格同一性问题的表现形式为"A 和 B 是否是同一的个人"或者"A 和 B 是否是同一的人格者"。然而,人作为一个类概念,其含义可以是多维的。首先,人的概念即是多元化的,人的存在至少有着生物学、心理学、社会学、宗教学等不同意义上的表示和区分。其次,作为人格同一性问题的研究对象——人(person),既可以指个人、个体或物理实体[①],也可以指向具有心理属性、精神属性或社会性的人格者。根据 E.T.奥尔森的归纳,人格同一性至少包含 8 个具体问题,即特征问题、人格问题、持存问题、证据问题、人口问题、本体论问题、实践意义问题、自我问题[②]。而不论对作为类名的人或者人格者采取何种理解,以上问题既存在一定的独立性,但又相互交织、彼此相关,其中又以人的持存问题,即人的历时同一性问题与其他问题的联系最为普遍。

物体可以跨越时间而存在,比如甲某人在昨天和今天都可以存在,去年的某棵柳树也可以在今年存在,在此种意义上,我们可以断定:昨天的甲某和今天的甲某是同一个人;去年的这棵柳树和今天的这棵柳树是同一棵树。物体的存在在很多情形中与时间相关,以上例子也说明,物体可以历时保持同一。这种同一性可以被称作历时同一性或者时间同一性(diachronic identity,diachronic sameness)。麦克尔·路克斯认为历时同一性的说法"是很普通的,它们通常是真的这个假设是关于我们自己和周围世界最根本信念之基础。我们每个人都把自己看作具有世界经验的一个有意识的存在体(conscious being)。除非我们相信我们是在时间内持续(persist through time)的存在,我们几乎不可能使得经验这个概念具有任何意义。除非我们相信周围的事物也在时间内持续,我们几乎不可能使得我们的经验是一个世界的经验这个概念具有任何意义"[③]。

对应于人格同一性问题中的持存(persist,或译为"持续")问题,即指一个人如何从 t 时存在到 s 时?关于这一问题有许多复杂的例子可作讨论,我们抽离出一切具体背景和理论假设,从最一般意义上考虑如下问题:对于某人 A(或者说某专名 A),今天的 A 是否等同于昨天的 A? 以及春天的 A 是否等同于冬天的 A? 等等。如果认同今天的 A 等同于昨天的 A,那么在实际情况中,容易导致莱布尼茨律失效,因为对于某些谓词或者属性而言,可能出现今天的 A 满足,而昨天的 A 不满足的情形。如果认同莱布尼茨律,比较容易作出的选择是,今天的 A 与昨天的 A 并不同一。而且,从部分关系的角度看,这一判

---

① 当把"person"翻译为"个人"时,国内有的研究者将"personal identity"翻译为"个人同一性"。

② E.T.Olson, "Personal Identity", in Stanford Encyclopedia of Philosophy, accessed May 2, 2022, https://plato.stanford.edu/entries/identity-personal.

③ M. Loux, Metaphysics: A Contemporary Introduction, 3rd ed, London: Routledge, 2006: 231.该引文的翻译参考了该书的中文版:[美]麦克尔·路克斯:《当代形而上学导论(第二版)》,朱新民译,上海:复旦大学出版社,2008 年,第 246 页。

断是合理的。因为当我们作出今天的 A 等同于昨天的 A 的判断时,我们借助了 A 作为中介,实际是通过如下两个判断并用统一关系的传递性来获取的:今天的 A＝A,昨天的 A＝A;因此,今天的 A＝昨天的 A。然而,如果把人理解为是四维时空物体,今天的 A 是 A 的时间部分,昨天的 A 也是 A 的时间部分,由于二者分属于 A 的不同时间片段,因此并不同一。而就其联系而言,由于他们都是 A 的时间部分,当我们分别将他们与 A 相联系时,二者之间也就具有关联性。

需要指出的是,个体在时间内的持续性有着两个基本上可以说是相互竞争的观点,即延续论(endurantism)和持久论(perdurantism)。其中,延续论从其含义而言又可译为"整存论",持续论从其含义而言又可以为"分存论"。① D.刘易斯最早明确地作出二者的区分,他说:"一物持久(perdure),当且仅当,该物以不同时间部分或在不同时间分阶段持存,而每一部分都只能完整地存在于一段时间内;反之,一物延续(endure),当且仅当,该物完整地存续于不止一段时间内。"②在 D.刘易斯看来,任何人都可以接受如下命题:事物的确可以历时而保持存在,而作为中性词的"持存"就恰好表达了这一命题。但"延续"和"持久"则是解释事物如何能够持续的两种观点,它们并不是中立的,需要加以区分。

一般地,延续论的观点认为具体物都是三维物体,它们只占据空间位置,任何具体物都完整地存在于不同的空间中,因此也就只具有空间部分。而按照持久论的观点,具体物都是四维物体,它们同时占有时空位置,因此除了空间部分以外,具体物还包含了时间部分。因此,延续论和持久论的区别还会导致另一个本体论的结果:延续论表明物体是以单一个体在其存在的所有时间范围内完整地持续;而持久论则表明物体含有不同的时间性的部分,每一时刻都存在着该物体的时间部分,因此物体又以多个不同部分在时间范围内持续。

支持延续论的一个理由是它符合人们的直观,而持久论并不符合人们的直观。但是,在解释持续存在的事物部分发生转变的问题时,延续论碰到了困难。特别是在今天 A 失去一部分身体而与昨天的 A 明显不同时,坚持延续论不仅会使莱布尼茨律失效,甚至也会违背常识地得出一些结论。对于"短暂内在难题(problem of temporary intrinic)",D.刘易斯提出:"持存的事物能够改变它们的内在性质,例如形状;当我坐着时,我有弯曲的形状;当我站着时,我有笔直的形状。这两种形状都是临时的内在性质;我仅在某段时间拥有它们。那么,这样的变化是如何发生的呢?"③相对于延续论而言,持久论则不存在上述问题。因为在持久论看来,具体物是四维的,它们不仅有空间部分,也有时间部分。由于不同的时间部分并不一定相交,四维物体的性质在其部分上是可以变化的。以 A 为例,某年春天的 A 与该年冬天的 A 并无共同的时间部分内容,此时,春天的 A 也就不能算作是与冬天的 A 相同,其结果是:①同一性原则并未失效;②短暂内在性质是可能的。另外,持久论也不表明所有的时间部分都不相交,时间除了时刻以外,也有时间区间,一个四维时空物在不同时间区间的时间部分则是有可能相交的,例如:青年维特根斯坦和前期维特根斯坦有公共部分,即使前期维特根斯坦与后期维特根斯坦并不具有公共部分。另外,就不同时间部分的联系来看,虽然绝对同一性对时间部分之间可能并不适用,例如,前期维特根斯坦不等于后期维特根斯坦,但是相对同一性则并不反对我们说:"前期维特根斯坦和后期维特根斯坦(指的)是同一个人",只不过这里的系词"是"如何界定其与等词的关系,则依赖于不同的哲学解释和语言使用。

不论是延续论还是持久论,这两种观点的任何一个并不直接从属于分体论,分体论也并不从属这两种观点中的某一个。分体论可以参与到这两种观点的讨论中去而不影响自身的中立性,这两种观点的任何一个的基本观点也可以成为分体论在应用到时间转变问题中的哲学背景。不过,当涉及"时间部

---

① 该译法参见韩林合:《分析的形而上学》,北京:商务印书馆,2013 年,第 76－78 页。
② D. Lewis, *On the Plurality of Worlds*, Oxford: Basil Blackwell, 1986: 202.
③ D. Lewis, *On the Plurality of Worlds*, Oxford: Basil Blackwell, 1986: 203.

分"的问题时,在大量讨论时间部分的前提下,持久说更容易进入我们的视野中来,因为就"时间部分"这一概念而言,持久论确定其存在的合理性,而延续说甚至不承认它有意义。

四

如前所述,人的历时同一性的问题一般指的是个人在部分发生转变时如何保持自我同一的问题。这个问题有很多经典的实例,洛克曾设计了一系列分裂思想实验讨论了这一问题。如在"切手"思想实验中,手一旦切掉,人不再感受断手的冷暖,它就不再是自我的一部分,这说明人的物理实体可以变化。[①] 在另一个"割小指"的思想实验中,洛克则假设人的自我意识随着被割掉的小指而离去,因此,小指与先前的个体保持人格同一性。如果身体其他部分继续活着,拥有了全新的自我意识,那么小指和小指以外的身体就分别构成两个独立的人格者,二者不可能像关心自己一样关心彼此。[②]

可以看出,洛克的讨论已经将部分关系运用到人格同一性问题中去。洛克思想实验的一个当代经典版本是梯布尔斯猫谜题(Puzzle of Tibbles),我们以同名设计关于人的"梯布尔斯猫谜题"版本。假设有一人名为梯布尔斯(Tibbles),他的身体我们取名叫梯布(Tib),他的左手我们取名汉德(Hand),在一次事故后,梯布尔斯的左手掉了,但是梯布尔斯依旧活了下来。现在的问题是:梯布尔斯和梯布是同一个物体吗? 为了方便讨论,假设事故发生的时间为 t_0,t_1 为 t_0 之前的某一时刻,t_2 为 t_0 之后的时刻。产生问题的一个地方在于,我们可能得到如下矛盾:

(1) 在 t_1 时刻,梯布是梯布尔斯的真部分。

(2) 在 t_2 时刻,梯布和梯布尔斯的所有部分都相同。

由(1)知:

(3) 梯布≠梯布尔斯。(因为真部分不等于整体)

由(2)知:

(4) 梯布=梯布尔斯。

然而,(3)和(4)矛盾。由于产生这样的矛盾,其论证过程所运用到的假定都来自于分体论,于是就有人得出结论说分体论是一种错误的理论。不过,仔细分析,产生如上矛盾的一个重要原因在于,从(1)到(2)的推理中的时间因素,到了(3)和(4)以后却消失了。因此,上述矛盾产生的原因明显并不成立。

按照时间分体论的内容从(1)和(2)能够得出的直接结果是:

(3′)在 t_1 时刻,梯布≠梯布尔斯

(4′)在 t_2 时刻,梯布=梯布尔斯

而含有时刻 t 的同一性,不是满足莱布尼茨律的绝对同一性。所以,严格地说,对于在其所存在的时间范围内,"梯布=梯布尔斯"这一命题并不为(3′)和(4′)所蕴含。满足绝对同一关系的两个物体在任何时间都满足同一个谓词,这个谓词当然也包含"具有完全相同的部分关系"在内,以梯布为例,在 t_1时刻它是梯布尔斯的真部分,在 t_2 时刻则不是梯布尔斯的真部分。不仅如此,要在两个时刻 t_1 和 t_2 同时考察梯布和梯布尔斯的关系,还必须有一个前提,那就是它们分别在这两个时刻都存在。根据我们的假定梯布和梯布尔斯在事故之后都存活了下来,因此,我们至少可以从存在物的角度讨论它们在这两个时刻的同一关系。而由于泰尔在 t_2 时刻实际上已经不存在了,我们甚至不能说:"在 t_2 时刻,汉德是梯布尔斯的部分。"另外一个问题请看下述语句:

(5) 在 t_1 时刻,汉德是梯布尔斯的真部分。

(6) 在 t_1 时刻,梯布尔斯是梯布与汉德的分体和。

---

① ［英］洛克:《人类理解论》,关文运译,北京:商务印书馆,1959年,第311-312页。
② ［英］洛克:《人类理解论》,关文运译,北京:商务印书馆,1959年,第316-317页。

（7）在 t_2 时刻，汉德不是梯布尔斯的真部分。

显然，在 t_2 时刻，即便通过某种独特的生物技术，汉德可以在其他地方以其他方式存活，只要汉德没有被接存在梯布尔斯身上，作出（7）这样的陈述都是真的。由于组成部分一定是分体和的部分，因此我们可以有如下陈述：

（8）在 t_2 时刻，梯布尔斯不是梯布与汉德的分体和。

利用"组成即同一"的观点，（7）和（8）可被表述为：

（7'）在 t_1 时刻，梯布尔斯＝梯布＋汉德。

（8'）在 t_2 时刻，梯布尔斯≠梯布＋汉德。

如果不考虑时间因素，那么结合（7）和（8）我们可以得出的结论似乎是：梯布尔斯既是又不是梯布和汉德的分体和。或者说，梯布与汉德既组成了又没有组成梯布尔斯。但是它们依旧不是真正的矛盾，在某一时刻上的分体和并不是所有时间范围中的分体和。如果用"组成即同一"的观点来看待此问题，那么我们则可以说，准确地将（7'）和（8'）中的同一性是相对同一性，它所表示的并非绝对同一性。

回到梯布尔斯猫谜题中来，以上论证不变，只是作为猫的梯布尔斯，其尾巴名为"泰尔（Tail）"。B.伯克对该问题提出了另一种独立的解决方案，该方案的特点是将他所谓"极大性（maximality）"的观点与亚里士多德的本质主义的结合。[1] 他认为，在 t_2 时刻如果梯布尔斯和梯布都存在，那么一方面它们不具有量的同一性，例如，一个（梯布尔斯）曾经为 10 磅重，一个（梯布）则不是；另一方面，在 t_2 时刻它们却又占有相同的空间，具有相同的质料（matter）。这两方面的情况是不可能同时发生的，因此，梯布尔斯和梯布必然有一个不存在。

由于一只猫的同一性不必然地与它的尾巴联系在一起，也就是说尾巴的存在与否与猫之间没有必然关系。因此，梯布尔斯这只猫肯定保持存在。但由于在整个过程中梯布没有丧失它的任何部分，所以似乎也不能说梯布不存在。为此，在梯布尔斯和梯布的二选一的问题中就存在着严重的困难。所以，B.伯克只能引入其他假设来解决该问题。最终他给出的一个明确的答案是：在 t_2 时刻，梯布不存在。虽然这样的结论似乎太强了，但在 B.伯克看来，历时同一性是为我们所认可的，而如下陈述也是合理的：

（9）任何猫无论在何时存在，其猫的种类本质不能改变。［亚里士多德的本质论］

（10）任何猫的一个真部分都不能是一只猫。［极大的猫的概念］

（11）在 t_1 时刻，梯布尔斯是一只猫，它包含了一个部分梯布，梯布是个小猫（puss）。

在 t_2 时刻，因为梯布尔斯掉的是尾巴，尾巴只是偶性，不是猫的本质属性，因此，由（9）可得：

（12）在 t_2 时刻，如果梯布存在，那么，梯布是猫。

但是，梯布的本质是确定的，它不是猫，而是小猫（puss）。这里需要注意的是，B.伯克认为英文中没有对应的普通词可以指出"猫的身体"的本质，它才取中文含义为小猫的单词"puss"作为梯布的本质属性。由于任何物体由其本质属性决定，本质属性发生改变它自身也就不复存在。所以，如果认为（12）为真，则它与梯布的本质属性是小猫相矛盾，因此（12）的前提导致了矛盾的结论，于是，梯布在 t_2 时刻不存在。

现在重新来考察 B.伯克的论证，其本意是用最直观的前提来解决梯布尔斯猫谜题之类的问题。因此，他不利用所谓的"修正主义的形而上学"，这里"修正主义的形而上学"指的是诸多当代的形而上学理论，这些当代理论包括了：分体论的本质主义，否认两个不同物体不能占据相同的时间和空间，使用关系同一性的概念，拒绝物理对象的三维性，同时使用时间和空间部分。B.伯克认为（9）—（11）的每一个都是直观合理的，因此，他能提供一种独立于其他所有观点的方案，而且该方案并未利用当代形而上学的

---

① 　B. Burke, "Tibbles the cat: A modern sophisma". *Philosophical Studies*, vol.84, no.1(1996): 63-74.

观念。

　　但事实上(9)—(11)这三个陈述的合理性仍存疑。首先,亚里士多德的本质主义特别是种类本质主义并不是一个不需要辩护或者更直观的内容。其次,B.伯克所称的"分体论的本质主义"指的是:物体的任何部分对整体而言都是本质的,因此微小的部分改变都会导致事物性质的变化。但是,齐硕姆提出的分体论的本质主义指的却是:物体的某些部分是本质的,因此在不同的可能世界中,如果物体的本质部分丧失,跨界同一性就不存在①。分体论自身并未明确提出本质主义的内涵,从应用广泛性而言,齐硕姆的本质主义似乎更大。反而是在(10)中,猫的极大性的观念更接近于是一种分体论的直观,也就是说它反而更接近 B.伯克自己所反对的分体论的本质主义立场。因为在分体论中,真部分不等于物体自身可以说是一个基本原则,B.伯克则却将其称为"分体论的本质主义"。最后,(11)中用一种反直观的名称作为猫的身体的个体的本质,并且将猫的身体的本质与猫区分开来,其做法也可疑。应该说,(11)的立场更明显与(10)一致,而不一定与(9)相容。

　　与 B.伯克之前的解决方案相比较,在预设的前提下,我们的方案尽量保持了中立性。而 B.伯克方案中的前提假设并不如他所认为的直观、合理。从结论而言,我们的方案指出梯布尔斯与梯布只具有某时刻上的(相对)同一性而不具备绝对同一性,梯布和泰尔的分体和在不同时刻也有所不同。而 B.伯克则认为梯布在后一时刻不存在,也就相当于取消了问题。因此,其结论既展现出一种明显的非直观性,又是由具有强烈哲学立场的前提所导致的。

　　如果对该问题中所遇到的时间因素作更全面的讨论,假设从 t_1 到 t_2 包含了较长一段时间,且梯布尔斯、梯布和泰尔都存在,而且它们都是四维物体,那么,我们可以得到如下几个结论:

　　第一,梯布一直都是梯布尔斯的部分,其中在某些时间内,梯布还等于梯布尔斯。

　　第二,泰尔在 t_0 之前是梯布尔斯的部分,在 t_0 之后则不是梯布尔斯的部分。

　　第三,梯布和泰尔的分体和在 t_0 之前是梯布尔斯,在 t_0 之后则不是梯布尔斯。

　　第四,如果在 t_0 到 t_2 的某个时间点 t_3 上,通过某种手术将泰尔又接回至梯布尔斯身上,那么从 t_1 到 t_0,从 t_3 到 t_2,这些时间范围内有:梯布尔斯=梯布+泰尔,梯布和泰尔也分别都是梯布尔斯的部分。

　　因为分体论一般情况下并不持有特别的本体论立场,在逻辑上其尽量保持中立,在哲学上其公理的提出也尽量符合基本的时空观,所以"梯布尔斯猫谜题"的另外两个版本对于分体论或者时间分体论则比较难于回答。对于不存在的物体或者自身不能继存(survial)的物体我们一般不讨论其同一问题。但是,假设梯布尔斯掉的是头,那么 t_2 时刻梯布与梯布尔斯是同一个体吗? 我们进一步假定如下情形:通过某种现代技术,梯布在 t_2 时刻是活着的。那么彼时的梯布尔斯等于梯布吗? 另一个版本则指的是,假设梯布尔斯只掉了一根毛,例如我们提前做好标记,将某一根毛染色,这根染色的毛叫做泰尔,剩余的部分我们称为梯布,那么在泰尔掉了后的某一时刻 t_2,梯布尔斯与梯布相等吗?

　　显然对于这两个版本,无论其中哪一个仅仅从分体论的外延性来讲,梯布尔斯与梯布都不具备绝对同一性。仅就 t_2 时刻来说,第一个版本中,梯布完全等同于梯布尔斯,第二个版本中,梯布在严格意义上仍然是梯布尔斯的真部分。于是,用分体论的部分关系来说,这就意味着,第一个版本里梯布尔斯等于梯布,在第二个版本里,梯布尔斯不等于梯布。但是比较这两个可能情况可知,显然第二个版本的梯布似乎比第一个版本的梯布更接近梯布尔斯。于是,矛盾就会出现。

　　出现以上情况的关键问题在于,经验(包括科学经验在内)是如何看待持续问题的。分体论可以直接告诉我们的是:t_2 时刻的梯布与梯布尔斯在第一个版本中所包含的时空完全相同,在第二个版本中梯布则是梯布尔斯的一个真部分。这里我们说的梯布和梯布尔斯相同与否指的是那两个对象是否具有完全相同的部分。因此,分体论所直接表达的内容至少并非明显是错误的。就梯布尔斯和梯布这两个名

① M. Chisholm, *Person and Object: A Metaphysical Study*, London: George Allen & Unwin, 1976: 172-173.

称而言,如果人们从不把一个没有身子的猫称其为原名,那么 t_2 时刻梯布尔斯已经不复存在,那个猫头只能被称为梯布而不能再被称作"梯布尔斯",显然,梯布当然与自身同一。此时,如果泰尔依旧存在,那么,人们视梯布和泰尔的和(哪怕是分散的)仍为梯布尔斯。于是,梯布当然不等于梯布尔斯,而且这个时候梯布尔斯仍然是梯布和泰尔的和,只不过它的持存方式发生了变化, t_1 时刻的梯布尔斯则和 t_2 时刻的梯布尔斯都是四维时空物的一部分。同一性原本指的是自身与自身的同一,因此,在任何时候检验两个物体的同一性的方式完全可以是检验它们是否具有完全的部分,而在同一时间,我们也找不到一个物体①既大又小,既有尾巴又无尾巴的情况。

关于人的历时同一性问题,当代哲学中不同的学者们构造了形形色色的思想实验,一旦对这些思想实验的内容进行区分,就必然进入特殊的哲学预设中去。从分体论的角度,可以提供的方案是:将分体论作为一种工具运用到其他哲学立场的考察中去,或者说,结合特定的哲学问题用特殊的分体论来分析。例如特修斯之舟问题作为历时同一性的经典问题,齐硕姆曾试图用较少预设的本质主义立场来考察特修斯之舟及其相关的副本难题,按照其观点,特修斯之舟问题涉及部分变化时,出现理解分歧的原因在于,对变化的理解是在松散的意义上使用"部分"一词,以至于我们很难判断严格意义上的部分关系是否发生了变化。由此,他提出分体论的本质主义公理,这些公理对严格意义部分关系作出规定,"如果 x 是 y 的一个严格意义上的部分,那么在每一个 y 存在的可能的世界中, x 都是 y 的一个严格意义上的部分"就是其中一条公理。② 因此,齐硕姆的思想体现出了他独特的本质主义的立场。至于为何不采用其他本质主义哲学立场,而使用分体论的本质主义,我们认为一个原因是利用分体论分析部分转变问题更为中立,以本体论作为基础本质主义作出形式化尝试,也能为其本质主义增加哲学直观性和论证的合理性,从而不至于使其本质主义变成一种完全主观的哲学立场。总之,分体论不失为一种分析同一问题的工具,前述的经典分体论和时间分体论提供了一种中立的方法论,能够较少受质疑地为同一问题的解决提供一种可接受的直观解释。

---

① 更严格地说是,物理实体,或者宏观物理实体。
② M. Chisholm, *Person and Object*: *A Metaphysical Study*. London: George Allen & Unwin, 1976:141.

道德共识问题解决的新向度

——共识何以走向共行

孙　正　蒋艳艳*

（东南大学 人文学院哲学与科学系 江苏 南京 邮编：211100）

摘　要： 在共在的存在论前提下，人与他者的关系问题就成为伦理问题的关键。而共识是解决伦理问题的前提，达成共识才能达成一致的解决方案。通过对罗尔斯的重叠共识、哈贝马斯的商谈共识与甘绍平教授的伦理委员会的理论研究说明形成共识的可能性与路径。共识在形成之后，必须要考虑的问题是共识如何推出共行，共行的首要要求是稳定的共同体，帕累托累进与艾克斯罗德的博弈论实验说明了合作互惠策略优先的合理性。因此这种良好共在状态所需的基本原则，可以尝试作为共识走向共行的机制。而共在问题在生发共识问题的同时，共在本身也是共识的前提与完成条件。共识问题的解决应从共在状态、共识形成机制与实现共行三个方面综合地进行考量。

关键词： 共在；共识；共行；帕累托累进策略

伦理学的关注对象在于人，无论应用伦理学所关注的领域是否多样，伦理学的关键问题在于解决人的问题。而人所体现的问题不全是私人问题，往往是与他人相关的问题。生活是一个他者共同参与的场域，人的生活问题就需要考察人与他者之间是否存在问题。而关注人与人的问题就意味着要在共在的视角中去看人人关系，而不能简单以"我思即我在"（I think therefore I am）这种主体化视角来考虑问题。因为我思的内容从他者而来不可能自己独立产生，也就意味着他者是一个不能回避的问题。如何解决与他者的问题，就意味着解决方案需要主体与他者的共识，没有共识也就无法达成共同行动。因此，本文从共在的存在论前提出发，由关系问题转向探讨应用伦理学的共识问题。共识何以形成是一个被广泛讨论的问题，但关于共识的说法都缺少了共识何以走向共行的理论架构。在此尝试给出一个综合性的可能的解决方案。

一、共在的存在论前提

共在先于个体的存在，"他人的存在不但永远是无选择的给定条件，而且是每个人所必需的存在/生活条件"①。共在表达的是一种存在状态，作为主体的"我"与他者共处于生活场域中，"共处"不是空间意义上的而是指主体间在生活领域中彼此之间的必然联系。他者存在是个体存在的前提，不仅是因为个体在共在中可以获得生活支持，还能获得生活意义。也即生活不是自己的场域，生活是一个开放或半开放的场域，他者在个人的生活里占据一定的位置。人依靠自己的创造活动获取生活意义，但这不代表在创造的过程中就没有他者，他者同样占据着位置，没有他者的生活无法具有意义，因为我们的一切活

---

*　作者简介：孙正（2003— ），东南大学人文学院哲学与科学系，本科生，研究方向：伦理学。

蒋艳艳（1989— ），东南大学人文学院哲学与科学系副教授、哲学博士，研究方向：应用伦理学、道德哲学。

①　赵汀阳：《论可能生活》，北京：中国人民大学出版社，2004年，第125页。

动都将无人问津也无人倾诉。

除此之外,对于共在存在论而言,不是集体权利对于个体权利的绝对优先或是集体对于个体义务要求上的绝对有效,而是表明集体在存在论上的绝对优先,个体无论多超乎自由,还是要在集体的共在中进行生活与获取生活意义。[①]"共在性并非取消个人性,与此相反,每个人正是通过共在而能够生成个人性"。[②] 存在(being)这一词可以表现出人的共同特征,就是存在,但是存在本身没有内容,也即 be what 仍然是一个问题,而没有 what(be 的内容),人何以昭示自己的主体性?存在的内容不是单凭主体自己就能够产生的,生活是一个与他人所共在的场域,主体在生活中获取关于主体的内容,也就代表着主体是在与他者的共同参与下获取关于自身的存在形式与个性生活,也即没有他者,何有主体?他者在构建生活与主体性上永远在先,也即共在永远在先。共在在先,也就意味着处理他者的关系是生活的核心内容。而处理他者的关系就意味着必须与他者达成共识,因为在共在的存在论前提,他者的视角是一个必须考虑的因素。

共在的存在论是一种前提,因为个人不是自在在这个世界之中,而是与他者共在的状态。但共在状态没有规定好坏,"共在是需要抉择的未定状况,是创造性的动态互动关系,是幸福与不幸的抉择,因此是当务之急"[③],因此探索什么是一个好的共在状态,就需要从体现共在状态的动态变化关系来入手[④],关系是人与人共在的表现状态,个人与他者形成的良好关系也就意味着良好的共在状态。

二、道德共识[⑤]问题何以产生

(一)关系问题如何推出共识问题[⑥]

现代意义上的多元意义最直接的现实表现就是生活情境的多样性。而伦理规范不可能覆盖全部的可能生活情境。伦理规范其目的在于规范生活,在于成为多种生活的共同规范,但规范伦理对于生活而言不是因为生活是规范的,生活才是可欲求的对象;而是对于好生活的欲求才需要伦理规范。规范无法解决生活多样化的问题,因为生活领域不是单纯"物"的集合而是"事"的集合,也即生活不是一个必然化的场域,生活是 facio(做事)出来的。一个"物"只有经过 facio 或在 facio 之中才能成为事,才能成为生活场域的组成部分。对于生活问题而言,"事"的问题就成了核心问题,而"事"是共在领域内的关系之事。

生活问题既是一个意义问题(可能生活是一个可欲求、有意义的才是值得选择的),也是一个"事"的问题,"物"在进入生活领域后变成了"事","物"在这里的含义不单指自然之物,未进入生活领域的他者也是"物"的一部分,因为他者与我毫无关系,也就不构成我的生活问题。"事"的问题就意味着要从共在的角度也即关系的角度去看如何解决,生活就是一个共在领域,因此生活的"事"问题不仅是个人独自构成的问题,如果无需与他者建立关系,"事"只是主体在生活领域的独自创造(虽然这一点已经不可能,这里只是假设),"事"就不存在问题,因为和他人没有产生关系,得到利益的多寡或者在人际关系下的荣辱就都不是问题。因此,"事"的问题是一个关系问题。关系问题就意味着解决问题不能仅凭寻求关系某

① 赵汀阳:《第一哲学的支点》,上海:生活·读书·新知三联书店,2017 年,第 250 页。一段更为具体的论述可以说明个人主义存在论的问题:"个人主义的存在论假设是错的,根本原因非常简单:个人理性是单边主义思维,一心追求排他利益最大化的单边主义必定导致他者的不合作甚至是致命的反击,所以个人理性行为总是事与愿违。"

② 赵汀阳:《第一哲学的支点》,上海:生活·读书·新知三联书店,2017 年,第 236 页。

③ 赵汀阳:《第一哲学的支点》,上海:生活·读书·新知三联书店,2017 年,第 236 页。

④ 赵汀阳:《第一哲学的支点》,上海:生活·读书·新知三联书店,第 237 页。有更为具体的说明,关于如何从共在的存在论推到关系问题:"共在而存在,共在构成了事的世界的基本问题,而事情的内在结构正是人与人的共在关系。"

⑤ 全文所讨论的道德共识,是关于如何"成事"的共识,成事必然与他者产生关系,因此关于如何"成事"的共识包含着很多方面,如利益、价值、伦理观念等,本文重点在于共识走向共行的问题,因此在此并没有对道德共识的不同方面作出一个明确的细分,后文也以共识一词直接代替道德共识。

⑥ 结合前文的"共在"存在论前提,主体"我"与他者共在,而因为在生活领域("事"领域)内的共在,也就意味着"我"与他者存在着可能分歧,因为主体之间的欲求不同。因此共在下的问题表现为人与人之间的关系问题,而问题的解决导向了共识。

一端的个体进行解决。与他者的共在就必然与他者产生关系问题,因为个人自由以他者自由为界限,资源不可能无限就意味着不可能所有人都得到足够多。① 关系中的各主体是共同解决问题的主体,因此解决方案和施行原则就需要各主体的共识。关系问题的解决也就首先意味着共识问题,共识问题无法达成,解决方案和施行原则即使具有理论的优越性也无法应用在现实领域。因此,以关系为导向的应用伦理学就需要关注共识问题。

(二)多元文化的挑战——共识何以是现实问题

"应用伦理学的目的就在于探讨如何使道德要求通过社会整体的行为规则与行为程序得以实现。"②"应用伦理学这一新兴学科在欧洲大陆的兴盛归因于伦理学内部的发展所遭遇到的困境及外部社会实践的需求这两大因素",在 20 世纪 70 年代之后的欧洲对于规范伦理的批判,"里特尔及其学派代表的新亚里士多德主义试图回归西方伦理学源头的努力,其目的就在于改变理论与实际严重脱节的状况"。③ 因此对于应用伦理学而言,道德要求如何成为现实的社会行为就成为问题,但应用伦理学在应用时面临的问题在于:在具体领域内提出伦理要求(ought to do),为什么我们选择这种规则而不能是其他规则? 而规范伦理的缺陷在于"任何一个规范,无论是具体的还是普遍的,都同样弱于怀疑态度,这就意味着我们总能够不信任它"④。后现代的解构也导致了现代权威的消解。现代化教育所进行的普遍启蒙、普遍化受教、规范化的知识体系,一方面带来了现代化的发展,但是也使得现代社会的人具有了普遍的心智和知识。人因其"有知"而摆脱权威的控制,人人都可以成为主体,相信自己的判断。"后现代是一种怀疑论……后现代怀疑论,它不相信宏大叙事或元叙事。从不信任普遍必然的知识到不信任规则再到不信任信念和理想,怀疑论似乎走到了它的极限,好像没剩下什么值得信任的了"⑤。这里提到后现代的解构不是为了说明知识论上普遍必然知识的消失,而只是借以说明,在后现代"心智剩余"⑥的状况下,每个人都有一套自己对于话语的态度。"大量人民通过被启蒙而获得了心智,而不同的心智都愿意从自己的角度去解读作品"⑦。对于伦理学而言,后现代下原有的规范体系不被信任,或者说可以不被选择。而伦理规范体系不被选择与不存在普遍必然知识是一样严重的问题。意味着每一个人坚持自我的标准,不存在外在标准就意味着原本作为共在组成部分的他者在道德考虑上的缺席。

因此,应用伦理学如上文所说是在"事"世界中去看待问题,是在关系视角中去解决问题,人在关系中成事,因人无法独自成事,何以成事,也即人如何能够共同成事,就需要关于成何事、何以成事、事后如何的共识,没有共识难以成事。"从政治哲学被移植到道德哲学领域并且已经成为应用伦理学的理论基石的共识理论,将古典政治学中的契约主义向前推进了一步,它的回答是:'所有外在于当事人的所谓道德有效性的根基都是非法的,任何一种人类所无法支配的主观都是虚构的;所有的道德约束力均归溯为个体与个体之间的自愿协约,道德是当事人建构的结果,当事人本身拥有作为道德的创造者的地位'"⑧,成事的原则是建构的结果,这个建构的结果的表现形式就是共识。因此由关系问题推出共识问题也即关系问题的解决需要共识,而现代或后现代的多元文化原则取消了普遍原则的可能性,"在一个价值多元化的社会里,公众的道德观念各不相同。面对道德冲突没有任何一种伦理学理论或价值观念

① 赵汀阳在《第一哲学的支点》(上海:生活·读书·新知三联书店,2017 年,第 236 页)具体表述为,"选择一种事情就是选择一种关系,选择一种关系就是选择一种共在方式",这里进行倒推也就意味着一种共在状态的构建同样意味着一种关系问题。

② 甘绍平:《应用伦理学前沿问题研究》,南昌:江西人民出版社,2002 年,第 2 页。

③ 甘绍平:《应用伦理学前沿问题研究》,南昌:江西人民出版社,2002 年,第 5 页。

④ 赵汀阳:《论可能生活》,北京:中国人民大学出版社,2004 年,第 3 页。

⑤ 赵汀阳:《没有世界观的世界》,北京:中国人民大学出版社,2003 年,第 224 页。

⑥ 赵汀阳在《没有世界观的世界》对于"心智剩余"的具体论述为:"启蒙带来了普遍知识、普遍教育和普遍的自我意识,那么它就必定生产出来大量的'剩余心智',而剩余心智就有能力怀疑、否定、背叛各种知识和权威。"

⑦ 赵汀阳:《没有世界观的世界》,北京:中国人民大学出版社,2003 年,第 224 页。

⑧ 甘绍平:《应用伦理学:冲突、商议、共识》,《中国人民大学学报》2003 年第 1 期,第 41—46 页。

有权宣称自我是唯一正确的指导原则,没有哪位个人、哪个团体、哪个群体可以断言自己把持着朝向真理的唯一通道"①,意味着共识成为迫在眉睫的现实问题。

三、共识问题的三个层级——可能、形成与共行

共识可以分为关于描述行动的共识与如何行动的共识。伦理行动的描述就意味着描述并非是纯客观的,因为伦理描述不同于心理分析,伦理描述也就意味着在描述者自己的立场来进行描述,而立场就意味着倾向,这种倾向会传递给接受者。因此描述和构建应达成的伦理原则在本质上大致相同。虽然描述性与构建的伦理原则在本质内容上大致相同,但描述性的共识的重要性不如关于行动的共识。因为无论描述的正确与否,行动的结果已经产生,描述其是否符合关于原则的共识也只能属于事后讨论的部分,我们可以说关于描述的共识可以帮助我们的下一次行动做出更合理的决策,但值得注意的是关于描述的共识是否考虑到了足够多的现实可能性。也即描述性的共识可能无法应对行动的突发局面,正如同对于电车难题类似的道德两难,无论如何讨论,当面对这种问题时,人总要做出选择。因此,相较于事后讨论以此形成解释性的共识,更关键在于行动时关于何种方式更为合理的共识。这种共识才是共识问题的关键问题。② 因此尤其对于应用伦理学而言,面对不同领域的伦理问题,解决的手段需要得到共识,没有共识基础的解决方案不具有合理性。因为面对同等有效的解决方案,选择前者而不选择后者是需要说明的。

而对于如何行动的共识而言,问题层次可以分为:多元文化下的共识何以可能、共识何以形成、共识何以走向共行。之所以要将"共识何以走向共行"作为最高层级,是因为在共识形成后,共识需要落实到行动中才能解决问题。单纯形成共识,不代表共识具有效力,因为共识的内容依然可以改变,责任主体依然可以反悔并不承认共识,因此仅仅只是形成共识,还不代表解决了共识问题。共识形成后如何落实就是共识何以走向共行的问题。这里首先通过两种经典的共识理论来尝试解决何以可能与何以形成的问题。

(一) 罗尔斯"重叠共识"——多元时代下共识何以可能

罗尔斯在《正义论》中系统阐述了"重叠共识"的概念,罗尔斯提到:尽管公民对于何为正义有着多种不同的理解,但是不同的政治观点依然有可能导向一个相似的政治判断。罗尔斯将这种相似的政治判断定义为"重叠的共识而不是严格的共识"③。也可以理解为"不同的人们在承认彼此观点上存在分歧的同时,在态度上却具有共识,即持不同观点的人们都愿意以合理的态度相互对待"或"人们在承认价值方面发生分歧的同时,在规范方面却具有共识——基于不同价值的人们认可和遵守同样的规范"④。这种表述虽然是罗尔斯在政治自由主义的前提下的说法,但是对于共识问题而言同样有参考价值。罗尔斯认为人们之间存在"合理分歧",这种分歧不会造成人们永远无法达成共识。在这种条件下,人们依然有可能因为一些基于最基本的社会背景的文化理念达成关于共同目标的共识。罗尔斯阐述重叠共识的形成机制,可以看作是"临时协议"—"宪法共识"—"重叠共识"。在从宪法共识到重叠共识的形成进路中,罗尔斯给出的表述是"一旦我们达成宪法共识,各政治集团就必须进入政治讨论的公共论坛,并呼吁其他并不分享其完备性学说的那些集团。超出自己观点的狭小圈子,并发展各种他们可以依此面对更广阔的公共世界来解释和正当化他们所偏好的政策,以便构筑一个多数派——这一事实对他们来说是合理的"⑤。也即宪法共识发展成为重叠共识中所需要依靠的步骤同哈贝马斯的理论类似,也即公共商

---

① 甘绍平:《应用伦理学:冲突、商议、共识》,《中国人民大学学报》2003 年第 1 期,第 41 - 46 页。
② 后文直接称为共识,这里是明确作为解释的共识与行动的共识之间的区别,并明确行动共识的优先性。
③ John Rawls, A Theory of Justice, Cambridge, Mass: The Belknap of Harvard University Press: 1977, pp.387 - 388.
④ 童世骏:《关于"重叠共识"的"重叠共识"》,《中国社会科学》2008 年第 6 期,第 55 - 65 页,第 205 - 206 页。
⑤ [美]约翰・罗尔斯:《政治自由主义》,万俊人译,南京:译林出版社,2000 年,第 123 - 159 页。

谈。罗尔斯在人的政治关系中探讨人达成共识的可能性,重叠共识则是他设想的一种共识方案。"第一,共识的目标即政治的正义观念,它本身就是一个道德观念。第二,它是在道德的基础上被人们所认肯的,这就是说,它既包含着社会的观念和作为个人的公民观念,也包括正义的原则和对政治美德的解释。"①这种共识能够包容多元化的观点,因为这些观点都有一些最基本的理念的相似性,这种相似能够促成共识。罗尔斯的重叠共识对于解决共识问题提供了新思路:绝对意义上的共识并不是必要的,基于一些最基本的观念基础形成的包容多样性的共识是多元文化下共识的更可能的样态。

(二)哈贝马斯"商谈共识"——共识的形成机制

哈贝马斯的商谈共识的前提是一种商谈的共在结构。在多元分裂的现实里,个体如何实现对于共识的认识,就在于个体是在一种主体间性的共在结构中。个体本身并不完满也不具有自明性,个体是在与他者共在的结构中获得确定性。哈贝马斯将人分为自我、本我、超我三个层面。自我是个性的一部分,其任务在于考察实在和个体无意识行为的动机。而本我则是自我的超越,是一种前理解的无意识自我构成。但本我已经开始转向语言交往。而进入超我则是个体在符号交往过程中获得了他者的认同并获得自我意识。也即个体只有在语言交往中同他者存在的他我相遇,才能获得自我实现性。②而在转向商谈共识的形成时,哈贝马斯用了两个原则来说明在交往实践中,进行价值判断的共识是如何建立并应用的。

U原则:"每一个有效性的规范必须要满足这样的一个条件:这些可普遍化的可以为每一个自由参与者所分享,满足每一个参与者的利益,而且相对于其他可选择的调节规则而言具有优先性。"③这个原则其实说明了规范共识一方面在共同体内为共识提供了基础,另一方面体现了一种中立多元的可接受性。

基于U原则产生的D原则:"一个规范的有效性前提在于:普遍遵守这个规范,对于每个人的利益格局和价值取向可能造成的后果或负面影响,必须被所有人共同自愿的接受下来。"④这个原则规定了参与者的责任与义务,也即普遍遵守并承担后果。

在这个过程中,道德认知的产生不是主体对于客体的认识,不是对于客观世界的描述获得的。道德认知产生于语言交往,共同体的参与者的相互的语言交往,就各自的责任义务形成解释性说明,并在这个基础上形成能够包容多元原则的规范共识。再结合哈贝马斯对于公共交往场域的说明,关于共识的说明可以理解为:个体在共在结构经过语言交往形成自我意识——通过进一步商谈在多元化的共同体形成道德共识——这种共识成为规范共同体的原则。这种机制下形成的共识具有多元的接受性,多元价值观念在这种共识的规定下都要求被同等尊重与公平对待。作为共识达成手段,哈贝马斯的商谈共识则是共识何以形成的可能回答。

(三)伦理委员会共识——共识形成的另一机制

甘绍平在关于应用伦理学的共识问题的解释中,表明了构建社会集体共识的困难性,而是转由伦理委员会进行协商对话以达成委员会内的共识,再进行应用。⑤这里除了可能的精英主义的问题,甘绍平关于社会大多数人容易被情感所牵制以此形成的不理性可能会对共识的内容产生不负责任的后果的担心是有其合理性的。但还需要讨论的是:为什么由委员会所描述的或构建的内容就应该是这样的?又为什么是原则的言说者手握标准?委员会达成的伦理共识也依旧无法解决人行动上的问题,因为人完全可能听一套做一套。而关于应用伦理学的各种问题,例如:安乐死、堕胎等说法的多样性也就很明显

---

① [美]约翰·罗尔斯:《政治自由主义》,万俊人译,南京:译林出版社,2000年,第156页。

② 张向东:《哈贝马斯商谈伦理中道德共识形成的逻辑》,《道德与文明》2009年第4期,第72—74页。

③ J. Habermas, Justification and Application, Polity Press,1993, p.32.

④ [德]尤尔根·哈贝马斯:《包容他者》,曹卫东译,上海:上海人民出版社,2002年,第3页。

⑤ 甘绍平:《道德共识的形成机制》,《哲学动态》2002年第8期,第26—28页,第45页。

看出来想要达成共识的困难。因此这个手段需要结合哈贝马斯的理性交谈,伦理委员会策略不是形成共识另一条独立进路,而是需要与哈贝马斯理性交谈结合起来考虑的。集体理性的难以实现意味着一种伦理委员会所产生的意见或者说可供选择的共识方案是需要的。伦理委员会内部需要通过理性交谈的方式来达成共识。集体可以就伦理委员会达成的共识方案通过理性交谈达成进一步共识。

四、悬而未决的问题——共识何以走向共行

上述三种共识分别解决了共识问题的两个层级,也即可能与形成的问题。但解决"可能"与"形成"不意味着共识必然走向了共行。例如契约作为共识的一种表现形式,即使达成契约,也完全可能因主体对于契约内容的不满而重新构建契约。因此,对于哈贝马斯商谈理论而言,其共识基础在于商谈交往。经由理性商谈达成共识,但理性商谈的结果有可能只能达成理解而不是接受。理解之所以无法解决问题,在于他者的理解无法导致他者会在理解的基础上采取与主体相同的价值判断与行为选择,因为理解不代表个体会放弃原有秉持的价值原则转而接受其他价值原则,理解也无法推出人会做出与理解相应的行动。哈贝马斯给了这种共识一种稳定机制:共识规范形成的共同体。这种规范使得所有参与者共同受益,同时参与者也要承担责任。参与者经过商谈达成共识,这种共识所形成的共同体能够使得所有参与者受益,从而赋予共同体一定的稳定性。哈贝马斯的维护机制是一种尝试,但是维护机制仅仅是共同体这一整体对于成员的承诺,只是对于共同体问题的一种解决尝试。但无法解决共同体内各成员之间的问题,因为这种机制很可能无法在成员间继续存在。除此之外,对于哈贝马斯的 D 原则而言,为什么共同体的所有成员要共同为某个人的利益格局和价值选择所产生的负面影响而承担责任呢? 利益的一致分享(U 原则)与责任的一致承担(D 原则)结合想要产生的结果是"一荣俱荣,一损俱损"。但这似乎很容易产生"搭便车"的问题。

无论是哈贝马斯的商谈共识还是甘绍平的伦理委员会共识,都只是解决了共识何以形成的问题,是一种形成共识的程序的建构。哈贝马斯是双方主体理性商谈形成共识,甘绍平则是以伦理委员会与商谈结合形成共识。但是形成共识没有解决共识如何走向共行的问题,共行也即是达成共识的共同体成员的共同行动。共行意味着共识真正作为实践原则,在现实中实现自身。无法实现自身的共识不具有实践效力。因此还需要回答共识何以走向共行的问题,也就是回答道德共识如何具有落实成为现实行动的可能性以及共识在行动中的维持机制。

五、共在下的共行——共行何以可能

关于共识的"共"需要界定范围,小群体内的共识大概率能够达成,但大范围甚至普遍意义(民族或文化间)上的共识达成具有极大的困难。重叠共识不能完全解决问题,同一文化尚有基本原则可言,对于多元文化之间基础在于一种利益或目的约定,而约定被打破或者事后不满于结果,共识就只是空话。由此共识问题的关键不是仅仅通过对话、契约、约定等建立或能解决的,共识问题最终还是要回归到客观条件上。仅仅通过对话、约定形成的共识还只是一张白纸,因为它还需要面对现实条件的改变,现实条件的改变意味着约定的内容需要重新协商。"为了实现'道德共识'的重建,我们不应该重复以往的知性对立,而是应该到现实社会中去探求和创造使它们得以融合和统一的现实中介。"[①]因此,共识只有在走向共行并实现自身,共识才能具有现实效力。共行意味着与他人同行,基于与他人共在的存在论事实考虑问题,意味着达成共行的前提是良好的共在状态。一个坏的存在状态如霍布斯"战争状态",在"互不伤害"原则未建立起之前,任何共识都无法落实成为现实行动。因此共识的最终落实依旧需要回到共在这一问题上进行尝试解决。

---

① 贺来:《"道德共识"与现代社会的命运》,《哲学研究》2001 年第 5 期,第 30 页。

（一）何谓共行

共识的可能、形成与共行三个向度，不是彼此割裂的三个向度，形成共识的前提与形成共识的过程也是实现共行的过程。只是单纯的形成共识不意味着共识已经走向了共行，因此需要探讨共行的条件。如果说形成共识是需要共同体内部成员理性交谈才能够得到的，那么完成共识的落脚点也必须在共同体内。一个稳定的共在状态是实现共识走向共行的前提。因此问题就转向如何构造一个稳定的共同体。而一个稳定的共同体应该至少包含以下几种原则：

①对等原则（主体间合作所得与损失的对等）；

②合理视角的包容性（也即一切被证明合理的视角都应该被考虑）；

③价值理念背景的大概一致（罗尔斯重叠共识）；

④理性交谈的平台与维护机制（哈贝马斯的理性交谈机制）；

⑤可能的利益互惠或至少无损（可参考互惠的帕累托累进策略）。

对等原则意味着公平性，但对等性存在的问题在于 A 以 X 方式对待 B，B 以同样方式对待 A，对等性只能说明 B 行动的合理性，而不能说明 A 的。因此必须加上对于合理视角的包容性，也即主体行动前必须考虑其他主体的潜在视角与合理意见。而共在之所以能够成立，借用罗尔斯的"重叠共识"的说明，也即共同体必须拥有至少是价值观背景的一致性，否则就会遇到"理解无法推出接受"的问题。而共同体的问题必须要有一个可以理性交谈以达成解决方案的机制。而利益互惠则是主要保证解决方案的可行性问题。因此共行必然包括前两个向度，普遍一致的背景与理性交谈以及公正性的保障是实现良好共在状态的前提。之后主要介绍帕累托累进策略这一利益互惠的方案，利益互惠是良好的共在状态的一个重要条件，在于利益互惠保证了共在的可欲求性。艾克斯罗德博弈论实验也说明了这种合作互惠策略的优先性。

（二）互惠的帕累托累进策略

这个策略的想法来源于赵汀阳老师，他关于和谐状态的说明，以及通过这种策略来达成和谐的想法给了我帮助。①② 互惠的帕累托累进，意味着假设 A 获得了 X 利益，当且仅当 B 同样可以获得 Y 利益。且，当 A 获得了 X+时，当且仅当 B 也可以获得 Y+③，也即双方的利益相互绑定，自己利益增加也会带动他者利益增加。虽然理论上说，B 会努力促成 Y 以及 Y+的实现，但其实这种想法依然有点不现实，因为依旧会面临一个问题，只有当利益能够增加时，才能维持这种状态，而如果 A 无可避免地损失了 X，导致 B 损失 Y，B 很有可能不愿再受损失而选择解除合作。当然，这和策略本身问题无关，因为造成损失并不是这种累进策略的问题。因此我觉得这种互惠型的策略对于共识问题会有一定的帮助。这种互惠的帕累托累进策略的目的就在于，当实现 A 与 B 的利益绑定时，如何得到与增加利益，就成为二者的共识，当然这个策略不是仅仅处理二者关系。而且罗尔斯的重叠共识所认为的多元的参与者也可以有一个共同的目标，在这个策略里也可以有一个很好的体现，也即寻求双方的利益增加是其共同目标。而在这种可能的利益增加的基础上，达成如何实现增加的共识，就需要商谈程序的作用。基于利益互惠的机制，共识的落实成为共行可以得到一定保障。但这个策略很大可能无法成为一个绝对普遍的策略，对于每个主体而言，利益的关注点各有不同。相较于利益互惠而言，利益目标的一致是优先考虑的。利益互惠策略只是在利益目标通过商谈达成可能一致后能够落实成为共行的设想。

① 这个说法最早出自赵汀阳《论可能生活》，北京：中国人民大学出版社，2004 年，第 120 页。原文表述为自由的帕累托累进。在赵汀阳的《每个人的政治》（社会科学文献出版社 2014 年版，第 56-57 页）中具体地叙述了这一策略，这一策略又被称为"和策略"，是帕累托累进策略的改进版本。本文直接采取互惠的帕累托累进这一说法。

② 赵汀阳老师所提出的"互惠的帕累托累进"，按照他的叙述也可称为"孔子改制"，在赵汀阳那里，这种策略的目的是保持一种良好的共在关系。

③ 赵汀阳：《每个人的政治》，北京：社会科学文献出版社，2014 年，第 56-57 页。

（三）艾克斯罗德博弈论——互惠合作何以优先

但是除了利益的可能损失的情况，对于互惠的帕累托累进策略还可能存在一种挑战就是：我可以不选择合作，而是选择背叛、欺骗等形式取代合作进行自我的利益最大化。这种情况并不少见，而且有时可以在不触犯法律规范的情况下实现个人利益最大化。个人利益最大化这一点也是经济学一直以来的"理性人"假设，也即一个理性人的目标在于实现自我利益的最大化。而面对这种情况就意味着：我无需选择合作，既然可以通过尽可能消除或减少其他人对于利益的占有（利益不可能无限，如果存在他者就意味着他者至少也需要一部分利益），同样可以实现自我利益最大化。

面对这种对于合作策略的破坏行为，艾克斯罗德的博弈论结论的 TFT(Tit for Tat) 原则，显示了一个良好的合作者在博弈环境中胜出的可能性。艾克斯罗德在 1980 年进行了一个博弈论实验，这个实验不需要像类似于罗尔斯的无知之幕的原初状态假设，因此更能说明问题。这个实验的博弈环境有几个特点：①博弈者是多样的、理性的或非理性的，这一点相当于避免了"理性人"这一不现实的假设。②博弈的回合数量较多而非极有限的回合数，更能体现哪种博弈策略的有效性。③参与博弈的人员也足够多，可以较为客观地说明一个策略在现实生活的有效性。④博弈可以有相当多的策略，而且并没有设置底线，可自由选择。① 这个实验重复了三次，值得一说的是，在第三次实验时，艾克斯罗德假设了实验者是可以动态更新的，也即实验者可以类似于一代代进化一样，不断地试错、得到经验并调整策略。三次实验都取得最高分数的是 TFT 策略，也即一报还一报策略。

艾克斯罗德总结了 TFT 策略的特点：①善良性——在合作的过程中，永远不先背叛。②可激怒性——对于对手的背叛行为立刻采取报复行动。③宽容性——如果对手放弃背叛，那么重新合作。② 值得注意的是，在前两次同样使用效果不错的一个策略，即哈灵顿策略。其策略采取的是，如果对方一直合作，那么就突然不合作，如果对方报复，那么再次合作，之后又重新背叛。这个策略在第二次实验中排在了第 8 位。但当到了第三次实验，当实验者经过不断地"更新进化"之后，这个策略逐渐被淘汰，不再具有效力。

艾克斯罗德的博弈论实验尽管无法完全同现实贴合，但至少表明了 TFT 策略是在合作中可能的最优策略。而背叛合作选择"利益最大化"的策略往往可能失败。这也说明为什么互惠的帕累托策略能够成为一种良好的支撑合作与共识的策略。因为它首先可以形成一个良好的共在关系与利益共同目标，参与者在这个策略的利益绑定机制下，至少理论上可以保持目标一致来维持共识的稳定性。

因此，仅仅依靠程序共识难以产生一个理想的效果："允许不同的生活方式以及有关好的生活的各种不同的方案可以并列共存，互不侵扰；另一方面，它又能够使各种不同的理念在一个共同的客观的道德视点上得到审视，从而为道德观念的冲突的解决开辟一条出路。"③ 不仅是因为理解与接受的隔阂问题，也存在着"说"与"做"的隔阂。程序共识在解决"说"与"做"的隔阂上的作用是可疑的，因为共识通过程序形成不代表共识是一个硬性要求，人依旧可以选择自己的方案。甘绍平的"理性论证基础上的共识"属于现代社会的范畴，是通过"对论证与反驳的权衡，依靠理性的信服力建构起来的"。④ "理性人"的假设并不是一个可靠的假设，单纯依靠理性的信服力来维持共识的可能同样不可靠，因为没有一个好的共在状态，没有一个实际的利益互惠方案，利益的分歧与理性的信服力就是一个矛盾，或者说理性的信服力所带来的共识可以是一个理论上较好的方案，但不一定会带来一个共行的结果。依靠程序所形成的共识能够落实成为共行还需要一个良好的共在状态的前提。良好的共在状态意味着和他者的良好关系，一种互惠的利益策略所解决的是可能的利益分歧。因此共识问题的三个层级需要整合才可能解

① 赵汀阳：《第一哲学的支点》，上海：生活·读书·新知三联书店，2017 年，第 164 页。
② 周骏宇：《艾克斯罗德重复博弈实验及其应用》，《自然辩证法研究》2005 年第 3 期，第 60－63 页，第 68 页。
③ 甘绍平：《应用伦理学：冲突、商议、共识》，《中国人民大学学报》2003 年第 1 期，第 41－46 页。
④ 甘绍平：《应用伦理学前沿问题研究》，南昌：江西人民出版社，2002 年，第 16 页。

决共识的实际问题。多元文化下的共识可以依靠理性商谈的程序产生,但是共识走向共行需要一个良好的共在状态,而这个状态应该至少符合上述原则。

（四）关于上述策略的补充

互惠的帕累托累进策略有相当多的问题:①条件较为苛刻。"利益互惠策略能够实现的前提是拥有某些巨大且能够分享的共同利益"[①]。②无法回应主体所得差距的问题,也即在一个利益互惠关系下,主体 A 所得与主体 B 所得差距(不患寡而患不均的问题)。③利益互惠关系能够稳定实现的另一前提是不存在另外可供选择的选项,假设另一主体 C 能够提供利益增加量更高,对于主体 A 与 B 而言的互惠合作何以可能? 帕累托累进策略如何解决这一点? 单纯凭借帕累托累进策略是不足以构建良好的共在状态的,没有一个稳定机制维系下的共同体也就不存在共识落实的现实条件。共识的稳定是以主体关系的稳定为前提的,因此共同体稳定的原则就是值得说明的,艾克斯罗德的博弈论说明更多的是体现了合作策略拥有其博弈优势。构建一个良好的共在状态,除了利益互惠原则必须同时考虑其他基本原则。

本文主要的观点在于:共识走向共行才具有意义。共识如果无法在共行中自我实现,共识就没有存在的意义。共行的前提是一个稳定良好的共在状态。本文尝试给出了一定的基本原则来说明一个稳定的共在状态。尽管帕累托累进策略存在问题,但利益互惠对于一个稳定的共在状态而言是一个必须添加的条件,利益互惠至少可以保证共在下的共行是可欲求的。艾克斯罗德的博弈策略也并非与现实情况完全等同,依旧是在限制条件下的实验,只是说明了合作策略的效力。这些都只是说明共识理论存在的问题。一直以来的程序共识或商谈共识,只是将共识作为一种程序的产物,何种程序最为合理就成为解决共识问题的措施,但忽视了共识的现实条件。在一种恶劣的共在关系中,如霍布斯的战争状态,没有人人同等需要自我保存的共识作为前提,何以建立其他共识? 自我保存的共识就是一种互惠(至少是彼此无害)的共识,也即互不伤害原则,凭借此原则建立起的至少是一个和平的共在状态,其他共识才能进入公共领域。因此共识问题的解决需要考虑现实条件,并尽可能提出一个好的策略或多种原则来构建好的共在状态,使得达成共识的共同体保持稳定以此作为共识能够落实的条件,而不是仅凭理性商谈形成共识之后,认为共识问题就已经被解决。值得说明的是,一个稳定的共同体的实现路径更多的是一个政治哲学问题。这里的原则是伦理上对于一个稳定共同体可能的基本要求。因此一个基本的路径可以被概括为:共识—共在—共行。共识因共在这个存在前提而成了问题,而共识最终需要转化为共行,共行是在共在场域中,因此共在也是共行的前提条件。由此可得,共识的最根本的解决方案必须聚焦在共在问题上,也即基于何种原则以及构建成何种共在状态对于道德共识问题是更为关键的,本文给出了可能的原则来说明一个良好的共在状态的基本条件,但一个良好共在状态方案的实现是一个政治哲学的问题,本文主要是强调基于共在、共行对于共识问题的意义。

---

① 赵汀阳:《每个人的政治》,北京:社会科学文献出版社,2014 年,第 48 页。

以法弘德：传统道德资源创造性转化的一种实践路径

李 超*

（南京中医药大学 马克思主义学院·医学人文学院，江苏 南京 210023）

摘 要：我国有着丰富的道德资源，随着近现代中国的社会转型，传统道德资源遭到了严重的破坏，由此造成了一系列的社会道德问题。道德资源的破坏与社会道德问题的产生是互为因果的。从道德资源的角度来分析社会道德问题产生的原因，不仅可以为更好地解决社会道德问题提供更深刻、更有力的资源支持，还能够为重建伦理秩序提供更为广阔的道德视野。因此，道德资源问题理应成为解决社会道德问题的关注点和出发点，如何实现传统道德资源的创造性转化更应成为伦理学关注的重点。在实践上，司法裁判具有以法维德、以法弘德的现实作用，且能够让人们从中感受到公平正义。因此，以法弘德应该成为实现传统道德资源创造性转化的一种切实可行的实践路径。

关键词：以法弘德；道德资源；创造性转化；实践路径；社会道德问题

　　回顾近十余年道德领域的问题发现，社会道德问题主要体现为"缺德""无德"，甚至是"败德"。"一些地方、一些领域不同程度存在道德失范现象，拜金主义、享乐主义、极端个人主义仍然比较突出；一些社会成员道德观念模糊甚至缺失，是非、善恶、美丑不分，见利忘义、唯利是图，损人利己、损公肥私；造假欺诈、不讲信用的现象久治不绝，突破公序良俗底线、妨害人民幸福生活、伤害国家尊严和民族感情的事件时有发生。"①从表面来看，这些社会道德问题表现为各种食品安全、基础设施质量问题等社会道德底线失守现象，各种假冒伪劣产品充斥的低甚至是无信任度现象，以及类似小悦悦事件的道德冷漠现象和类似彭宇案的道德挫败现象等等。从更深的层次来看，这些社会道德问题的产生则是和道德资源的破坏有着不可分割的密切关系，而两者又是互为因果的。所以，从道德资源的角度对社会道德问题进行分析，对解决社会道德问题也会有着莫大的帮助。进入新时代以来，从整体而言道德领域呈现积极健康向上的良好态势，但存在的道德问题依旧不可忽视。如何实现传统道德资源的创造性转化，实现对优秀传统道德的继承和发展就成为一个亟待解决的重大伦理问题。通过《新时代公民道德建设实施纲要》《关于深入推进社会主义核心价值观融入裁判文书释法说理的指导意见》以及近些年的有关引发社会道德评价的司法裁判等，我们发现了一条实现传统道德资源创造性转化的实践路径——以法弘德，即"坚持发挥社会主义法治的促进和保障作用，以法治承载道德理念、鲜明道德导向、弘扬美德义行，把社会主义

　　* 作者简介：李超（1983— ），河北石家庄人，南京中医药大学马克思主义学院·医学人文学院，副教授，哲学博士，研究方向：儒家伦理、生命伦理。

　　基金项目：本文系国家社会科学基金一般项目"先秦儒家伦理的情感逻辑研究"（项目号19ZXB115）阶段性成果。

　　① 《新时代公民道德建设实施纲要》，《人民日报》，2019年10月28日第1版。

道德要求体现到立法、执法、司法、守法之中,以法治的力量引导人们向上向善"①。

一

道德资源与司法裁判的关系问题,说到底其实是德与法的关系问题。众所周知,法律是最低限度的道德。作为底线道德的法律,其运用与践行必然是对社会道德、公序良俗的顺应与弘扬。"司法的公信力取决于司法的道德能力。它内在地包含法官的道德认识和把握能力、道德维护和促进能力以及道德引导和塑造能力。"②如果司法裁判不能很好地体现这种道德能力,那么势必会引起社会讨论。"每当挑动人们道德关切的司法案件出现时,都会引起较为热烈的讨论,在自媒体高度发达的当下,尤其会不断造就社会热点。"③因此,司法裁判必然要注重道德维度,强调道德能力,弘扬道德模范,也要注意保护和弘扬优秀传统道德资源。

道德资源问题作为一个重要的课题,本应受到应有之重视。然而,"迄今为止国内伦理学界尚未给道德资源问题以足够的注意,这一问题不独关乎伦理秩序的重建,而且更长远地看,还关乎'中国现代性'的'道德知识'特性与合法性问题。……令人遗憾的是,我们对道德资源的概念理解似乎并不清晰,而且在很大程度上甚至缺乏道德资源的概念"④。显然,在中国现代化的进程中,尤其是在道德资源问题已成为中国高质量发展不可忽视的问题的当下,对道德资源问题的关注,特别是对道德资源破坏之因的关注就显得尤为重要。⑤

道德资源是一个很宽泛却又难以定义的概念。人类在文明进程中积淀下来的、对社会发展具有促进意义的道德文化可以称为道德资源⑥;也可以将道德经典著作(如《论语》《大学》等)、道德人格权威(孔子等)、优秀的乡风民俗等看作是道德资源;也可视积极的人生信念、对生命意义的正确理解、对存在价值的肯定态度等等为道德资源;也有学者将马克思主义伦理学、中华优秀传统道德及国外道德和伦理学作为道德教育的三大资源⑦。

由于道德是靠社会舆论、内心信念及传统习惯等力量来维系的,故笔者认为,凡是能够对道德加以维系的力量或道德发挥作用的机制都可视作道德资源,并申言本文只是在此意义上来讨论道德资源问题。也就是说,当道德起作用的机制或维系道德的力量如正确的社会舆论、人们固有的内心信念以及传统的风俗习惯等被破坏时,道德资源也就被破坏了。因此,确证了哪些因素破坏了社会舆论、内心信念以及传统习惯,也就澄明了道德资源破坏之因,进而也就找到了社会道德问题产生的道德原因。

"比如,由'彭宇案'所引发的'老人倒地扶不扶'的道德困境,就是一个活生生的注脚。"⑧回顾十余年前的"彭宇案"和"小悦悦事件",作为道德挫败和道德冷漠现象的案例,它们在大众层面给人们的教训是消极而深刻的。它导致人们对助人行善信念的迟疑以及道德意识的冷漠,进一步瓦解了社会诚信体系,更为严重的是对人的情感和心理的伤害;它还间接地杀人诛心,所杀之人为无辜之人!所诛之心为行善之心!但若只是简单地把"彭宇案"看作其后关联事件的肇因,那就犯了相当肤浅的错误,且会是每

① 《新时代公民道德建设实施纲要》,《人民日报》,2019 年 10 月 28 日第 1 版。
② 江国华:《论司法的道德能力》,《武汉大学学报》(哲学社会科学版)2019 年第 3 期。
③ 魏治勋:《司法裁判的道德维度与法律方法》,《法律科学》(西北政法大学学报)2022 年第 5 期。
④ 吴洁珍,万俊人:《伦理秩序与道德资源——关于当前中国社会伦理问题的一点理论分析》,《马克思主义与现实》1999 年第 6 期。
⑤ 关于道德资源在经济或社会发展中的重要性,有国外学者曾指出:"伦理学资源的缺乏大于经济资源的缺乏。……节俭地使用爱好或道德是必要的……它要求,不要太过分地损耗人的道德。"参见彼得·科斯洛夫斯基:《伦理经济学原理》,孙瑜译,北京:中国社会科学出版社,1997 年,第 260 页。亦有国内学者将"伦理学资源"引为"道德资源"以论证道德资源的重要性。参见邓华清:《道德资源合理开发与利用的理论思考》,河南社会科学 2006 年第 1 期。
⑥ 刘喜珍:《老龄道德资源初探》,《道德与文明》2006 年第 4 期。
⑦ 陈泽环:《论当代道德教育的三大资源》,《上海师范大学学报》(哲学社会科学版)2016 年第 5 期。
⑧ 江国华:《论司法的道德能力》,《武汉大学学报》(哲学社会科学版)2019 年第 3 期。

个人和社会的悲哀。这种悲哀在于:"彭宇案"及关联事件作为道德资源破坏的结果,反过来又继续严重地破坏着道德资源,而且还被人理所当然地视为继续破坏道德资源的保护伞。因此,在伦理道德上,它绝不能成为我们见义不为的借口和嘲笑道德的理由。否则,道德资源会在这种荒诞的"借口"和"理由"中继续被破坏,并最终导致道德资源的匮乏,甚至是枯竭。当没有道德资源可以消耗,而且制度也难以及时地产生出新的道德资源时,整个社会就只能支付人性溃败的成本。

我们知道,由于受西方实证主义法学的影响,我国的法学教育流于法学技术思维,只强调其工具价值而背离了人这一主体的目的价值;而马克思主义法学将法作为统治阶级的意志的法学观点,则让我国的法学教育流于意识形态思维。这些都使我们的法学教育甚至法律本身缺乏人文精神,而培养的法律人才缺失伦理思维! 人文精神和伦理思维的缺乏导致了在法律的制定、执行过程中法律和司法人员的不完善。因此,类似"彭宇案"的事件相继发生也就不足为怪了。

综上可知,司法裁判不能不考虑其对道德的影响作用,特别是当其与传统道德资源紧密相关时,更要充分尊重社会的公序良俗,且坚守法律作为道德底线的红线。"伦理上的争议最容易唤起沸腾的民意,人们通过网络平台发表意见,迅速形成公共舆论,这些舆论时常对法院的判决施加了某种无形的压力。近年来社会中出现了大量引发广泛关注的伦理争议案件,从早些时候的南京彭宇案、天津许云鹤案,到近些年的许霆案、药家鑫案、张扣扣案、于欢案、深圳鹦鹉案、天津气枪案、电梯劝阻吸烟案等。其中,很多案件的判决虽然是严格依法作出的,但判决结果却严重刺激了社会公正的道德神经,人们朴素的道德直觉有时候和专业性法律判断会形成某种紧张,这在一些时候会或多或少地迫使法官可能部分地改变或放弃原有的法律立场。"[①]

作为法律案件,"彭宇案"似乎并未考虑到司法裁判对现实伦理道德及社会风尚的影响,即未考虑到司法与道德的关系问题。事实上,"伦理道德观念对司法裁判产生影响,是古今中外司法领域中普遍存在的现象。对这一现象进行深入的实证研究和广泛的理论探索,有助于我们深化对司法与道德之间关系的认识,有助于更好地指导司法实践、构建更优的司法伦理、形成更完善的司法道德体系。"[②]如此,才能让人们在每一个司法裁判中感受到社会的公平和正义。

二

彭宇案及类似案件本身既是道德资源破坏的恶果,又是恶因。这种恶因就直接现实的根源于缺乏人文精神和伦理思维的法律及判决。这种法律及判决不仅破坏了见义勇为的社会舆论导向,而且腐蚀了助人行善的传统风俗习惯,由此就动摇了人们是非善恶的内心信念,从而使得道德得以维系的力量和道德发挥作用的机制遭到破坏。

首先,见义勇为的社会舆论为缺乏人文精神和伦理思维的不公正的法律判决所破坏,使其偏离了扬善的主旨。社会舆论通过思想和观念形式来表现对社会道德生活的事件或现象所持的态度,并在这种态度的坚持中来表现其维系道德的力量。社会舆论的形成是直接来源于人们对现有道德规范、道德原则和道德理想的理解和维护,并以此出发,对那些合乎现行道德规范准则的行为加以褒奖,而对那些违背甚至践踏现行道德规范准则的行为加以谴责。[③] 由此,在人们的道德生活过程中,社会舆论就逐渐成为一种维系道德的外在力量和道德发挥作用的外在机制。当作为社会良心的社会舆论被破坏时,道德资源也必然会遭到破坏。而社会舆论对道德资源的破坏还只是表层的,若不及时加以修正,就会引起深层而内在的破坏,诸如引起内心信念与风俗习惯的破坏,这种破坏最为严重且很难根治。

①　孙海波:《裁判运用社会公共道德释法说理的方法论》,《中国应用法学》2022 年第 2 期。
②　崔永东,宋宝永:《伦理道德观念影响司法裁判的理论探究与实证分析——以刑事司法为侧重》,《法学杂志》2021 年第 3 期。
③　张应杭:《伦理学》,杭州:浙江大学出版社,1991 年,第 255 页。

"彭宇案"发生后,社会舆论作为维系道德的力量和道德发挥作用的社会机制遭到了严重挑战与破坏,而这种挑战与破坏来自国家法律。人们对现行道德规范准则所规定的该做什么不该做什么本都有着正确认识,并以这种正确认识以及由此所形成的舆论来维护着道德规范、道德原则和道德理想,以此达到维系道德并使道德发挥作用的目的。然而,国家以法律的形式判决了"彭宇们"合德性行为的不法性,并以强制性力量对其进行惩罚。在社会舆论看来,这是一次不公的判决。因为其中隐含着这样一种声音:人们啊,你们以往的是是非非、善善恶恶现在都被颠覆了。在法律这里,没有道德善恶! 没有伦理是非! 有的,只有理性的算计! 这种不公正判决是国家司法机关和国家强制力量对是非善恶的判决,更是对影响整个社会风气和道德风尚的人类良心的判决。对于关乎伦理道德、社会风气的人性善恶问题,司法判例有着非同凡响的示范效应。只要了解一下"彭宇案"及关联事件或一些网上调查,便可明白这种司法判例示范效应的严重后果:"社会道德倒退 30 年!"一次不公正的司法判决比多次不平的举动为祸更烈,因为那些不平的举动弄脏的只不过是水流,而不公正的判决则把水源给败坏了,也就是说"从源头上污染了道德",进而会"产生伪善,而伪善是最大的恶"①。不公的判决破坏了见义勇为的主流社会舆论导向,削弱了维系道德的力量,损害了道德发挥作用的机制,同时也背离了法律惩恶扬善、维护社会秩序的目的,并且还使社会舆论偏离了其扬善的主旨。总之,这一缺乏人文精神和伦理思维的不公正的法律判决,是法律制度对道德正义的严重强暴!

其次,助人行善的传统习惯为缺乏人文精神和伦理思维的不健全的法律制度所腐蚀,使其远离了为善的初衷。与社会舆论不同,传统习惯是历史的产物,也是现时的存在,它有着强大的绵延性。传统习惯是由历史发展中重复或沿袭下来具有稳定性的并变成了一种风尚和行为常规的东西,对当下有着潜在而深刻的影响。由于其流传久远而又深入人心,并以民族情绪、社会文化心理、历史风尚等综合而成,故作为道德评价的外在力量,往往对人的行为及行为评价有着根深蒂固的影响力量。因此,如果传统习惯被破坏了,道德资源破坏的程度可想而知。

法律和传统习惯都具有调节社会的功能,但法律是一种消极制裁,而道德是一种积极力量。如果社会有很好的道德风尚,就不会用到法律制裁,法律最好是存而不用。问题是,我们眼前的社会风尚并非"很好",而法律制度又不健全。这种不健全的法律不仅不能判决社会生活的方方面面,而且一两次不公正判决还深深地破坏着本就遍体鳞伤的道德资源。"彭宇案"使破坏道德资源的行为获得了法律的保护,并使类似行为肆无忌惮。尽管"彭宇案"及关联事件的发生有其社会必然性,是我们社会转型过程中所累积下来的种种弊端的后果。但是当我们从法律层面去考虑这些问题时,我们总会陷入一种制度、体制的狭隘思维当中,并在这种思维框架中把问题弄得更加复杂。"彭宇案"的判决结果或许在法律程序上真的是合法的,但问题在于这种合法性是否违背了作为维系道德的力量和道德发挥作用的传承机制的传统习惯呢? 从判决后的社会舆论及民众反映可以看出,回答是肯定的。这种肯定的回答所带来的深刻影响在于,这一法律判决的"合法性"不仅违背了传统习惯助人行善的道德精神,还将深深地腐蚀我们的传统习惯,破坏传统习惯的代际传承,而且这种腐蚀性和破坏性是长远的。从当下来看,这种腐蚀性和破坏性主要体现在一些家长对子女的消极教育中。面对"彭宇案"及关联事件,家长教育子女遇到类似事情不要"多管闲事",不要"惹祸上身",不要"充当英雄"……长此以往,助人行善的传统习惯就在这样否定性教育中渐渐被腐蚀,传统习惯的代际传承就在这种"不要"的消极教育中被破坏。一些人一面抱怨"人心不古""人情冷漠",一面又提醒家人"出门少管闲事""不要和陌生人说话";一面抱怨假冒伪劣商品充斥市场,一面又对廉价仿冒名牌趋之若鹜;一面抱怨公共秩序混乱,一面又随地吐痰、乱扔垃圾、逆行闯红灯,等等。这种相互矛盾、"双重标准"的心态,这种事不关己高高挂起的态度,正是当前道

---

① 樊浩:《道德形而上学体系的精神哲学基础》,北京:中国社会科学出版社,2006 年,第 353 页。

德问题突出的温床和土壤。① 很难想象，这种教育将会给我们的未来传承下一种怎样的传统习惯。

尽管如此，"彭宇案"依然不能阻挡我们的行善之心，它不是我们"缺德"的理由，更不是我们放弃道德的借口，它只是一个"好人被冤枉"的案例。如果一次或几次不公的判决就是见义不为的全部理由，那只能证明我们的社会道德基础是非常脆弱的。即便没有以前的不公判决，见义不为也依旧可能。如何才能更好地促进人们的行善之心、助人美德？法律应有规定：善者褒之，恶者惩之。但可惜、可悲的是，"彭宇案"至今，依旧没有相关法律出台。法律所要做的就是保障行善者不受诬陷，被助者不敢说谎，即不放过一个坏人，更不冤枉一个好人。如此，才能使得人们在遇到类似情形时，不至于只用理性去权衡利弊，而丧失人的道德本能和道德情感，成为道德冷漠的人。"彭宇案"及关联事件让我们认识到法律制度的不健全，这就要求我们的立法部门要加快法律制度健全完善的步伐。否则，会给社会带来巨大波动，不仅会腐蚀助人行善的传统习惯，还会严重破坏传统习惯的代际传承，使其远离为善的初衷，破坏我们的道德资源！

最后，是善非恶的内心信念为缺乏人文精神和伦理思维的不圆融的法律文化所动摇，使其迷离了善恶的判断。内心信念作为社会外在的道德评价得以实现的内在心理机制，其影响道德主体行为的作用形式是道德主体良心上的谴责或良心上的自我满足、自我安慰，即良心作为道德个体内心的"道德法庭"而构成道德评价的内在形式。而作为外在的、异己的评价力量，社会舆论与传统习惯要通过主体的内心信念才能起作用。因此，当社会舆论与传统习惯发生变异时，内心信念也会反映出这种变异，甚至会颠覆旧有的善恶观念、是非判断。此时，人们的内心信念难免会发生动摇，甚至是发生变异。

"彭宇案"及关联事件的相继发生，使得每个人都可能遇到类似情况，那么，该怎么办呢？"见父自然知孝，见兄自然知悌，见孺子入井自然知恻隐，此便是良知，不假外求。"（《传习录》）故见到老人跌倒自然知该扶！这是一种自然而然的正义感。"司法裁判并非是一项纯粹理性的事业，属于情感范畴的正义感构成了法官裁判的重要视角，在裁判工作中发挥着认知和指引的关键性作用。从情感理论上来说，正义感的形成主要赖于移情这一情感现象，而移情的展开需要以无偏私性和信息充分为必要条件，这样才可能导向正义的个案裁判。"②而现实中我们却在不断地丧失这种"自然"之情，开始对"良知良能"③变得迟疑。当我们开始对自身的"良知良能"变得迟疑时，难道说我们的内心信念还没有动摇吗？或许我们对是非善恶的定义依旧坚定不移，可是我们坚定的只是一种认识，一种知识，缺乏的是力行的力量；而动摇的则是践行这种知识的意志，动摇的是行动的力量。内心信念虽然受社会舆论和传统习惯的影响，但它一旦形成往往具有一定的相对独立性。"彭宇案"及关联事件的发生，是否让我们是非善恶的内心信念发生动摇？是否让我们为善去恶的内心信念产生迟疑？当我们在道德认知上判定外在的社会舆论代表了一种错误的舆论导向，通过社会舆论表认出来的传统习惯只是一些陈腐之见时，我们的内心信念是否会如马克思在《资本论》序言中说的那样坚定呢？④ 通过"彭宇案"及关联事件后的一些现实情况和网络调查发现，虽然人们对是非善恶依旧有着正确认识，但对这种正确认识的行动却变得迟疑了。内心信念作为维系道德的内在力量，这种力量更重要的作用就在于行动，就在于实现信念所坚持的正确认识。若从知行合一——"知是行之始，行是知之成"的角度说，我们的内心信念确是发生了动摇。

若仅将"彭宇案"及关联事件发生的原因归为司法不公正、法律不健全似乎还不够深刻、不够彻底，因为这种认识还只是浅层的觉悟，它并没有涉及文化深层的伦理道德维度。只有伦理的觉悟才是更彻

---

① 秋石：《正视道德问题加强道德建设——三论正确认识我国社会现阶段道德状况》，《求是》2012第7期。

② 张超：《正义感、移情与司法裁判》，《北方法学》2017年第3期。

③ 所谓良知良能，朱熹将其解释为："所不学而能者，其良能也。所不虑而知者，良知也。"这种"不学""不虑"的情况就是"自然"。《四书章句集注·论语集注》

④ 马克思说："任何的科学批判意见，我都是非常欢迎的。而对于我从来不让步的所谓舆论的偏见，我仍然遵守伟大的佛罗伦萨诗人的格言：走你自己的路，让人们去说吧！"（马克思：《资本论》第1卷，北京：人民出版社，1975年，第13页。）

底、更深刻的精神、文化层面的觉悟。正如陈独秀所断言:"伦理的觉悟为吾人最后觉悟之最后觉悟。"①当所有人都有了伦理的觉悟时,法律就会名存实亡、存而不用了,"彭宇案"及关联事件也就不会发生。缺乏这种伦理觉悟与道德考虑的司法及法律,自然也缺乏人文精神和伦理思维,这种缺乏就明显地体现在"没有撞人,怎么会去救助"这样的推断言辞上,因而是不圆融的。这种不圆融导致的不仅仅是法律判决的不公正、法律体制的不健全,更为严重的是无法与伦理道德文化相资相用。由此就造成了法律与道德的冲突,特别是法律判决对道德资源的破坏,这种破坏更深刻地体现为它动摇了道德得以维持和发挥作用心理机制——内心信念,迷离了人们对善恶的判断,破坏了维持道德、支撑道德的根源性力量!

三

"彭宇们"作为具有行为能力的人,其行为不只是合不合法的问题,这种行为还是身处于一个共同体中的人与人之间的关系行为,还应当考虑其行为的合德性即合乎伦理道德的问题。由此带来一个尖锐的问题:如果法定权利和道德义务发生冲突,个人该作何选择? 如果说法律追求的是正义,伦理道德追求的是善,那么正义和善该哪个优先呢? 事实上,正义作为善的一种,两者是统一的。

在 2019 年最高人民法院印发的《关于深入推进社会主义核心价值观融入裁判文书释法说理的指导意见》中指出:应当坚持法治与德治相结合的原则,将法律评价与道德评价有机结合,实现法治和德治相辅相成、相得益彰。虽然这一意见是在 2019 年才印发的,但把依法治国与以德治国紧密结合起来的治国方略早在 2000 年时就已明确提出。可惜的是,这一方略或原则在"彭宇案"及关联事件中却没有得到彰显,因而也就无法得到统一。"彭宇案"后,类似事件和类似判决还一再发生,那么众法官是依"彭宇案"这一判例进行判决,还是从法律上为伦理道德正名? 这是一个重要的法律伦理问题,也是挽救濒于匮乏和溃败的道德资源问题,应该给予应有的重视。

将道德资源破坏的原因仅作现实的分析似乎还不够全面,这只是一种表象的考察。也不应只将分析的视角局限于当下,还应作一个历史的考察。笔者认为,中国在"启蒙与救亡的双重变奏"(李泽厚语)的近现代社会转型过程中,国人在深刻反思、批判甚至是否定传统的同时,还不得不对西方化思潮的冲击进行反应。因此,反传统运动及西方化思潮带给我们的消极影响则是道德资源破坏的历史原因。

毋庸置疑,反传统运动和西方化思潮都有其积极的历史意义和启蒙意义。但是,反传统运动和西方化思潮也给道德资源带来了消极的、无法估量的深远影响。如果说反传统运动是内在的破坏力量,那么西方化思潮则是一种外在的破坏力量,这种破坏是"破旧立新"②,而"新"不但没完全立起来,"旧"也被破坏无遗。我们知道,辛亥革命使得传统的道德价值遭到革命性的冲击,新文化运动则是提倡新道德(西方的现代道德)、反对旧道德(中国的传统道德),五四运动更是旗帜鲜明地砸碎传统,"从来如此,便对么"③? 这就是五四人物对传统的最尖锐的讨伐。于是,在这激烈的反传统的背景下造成了道德和伦理的真空状态——原有伦理秩序已经失序而新的伦理秩序仍未确立的无序状态,使得道德资源破坏更为严重。正如有学者所指出的一样:"这种做法不仅打断了中国道德文化谱系的连续性,而且也丧失了丰厚的道德文化的'本土资源'和'历史资源'。"④

历史地看,五四时期激进的反传统运动导致了传统道德经典的失落和道德权威的丧失,而道德"经典的失落就是道德资源的失落",道德权威的丧失就要求道德评价标准的重估。经典失落与权威丧失,

---

① 陈独秀:《吾人最后之觉悟》,《独秀文存》,合肥:安徽人民出版社,1987 年,第 41 页。
② 所谓破旧就是要打破传统观念,特别是打破旧有的传统习惯与内心信念;立新就是要树立西方化思潮中的种种现代新理念,尤其是要从主体内心树立坚定的现代信念,并传承下去逐渐形成具有现代理念的传统习惯。
③ 鲁迅:《鲁迅全集》,北京:人民文学出版社,2005 年,第 451 页。
④ 吴洁珍,万俊人:《伦理秩序与道德资源——关于当前中国社会伦理问题的一点理论分析》,《马克思主义与现实》1999 年第 6 期。

不仅严重地冲击了当时信仰道德经典的传统习惯，而且深刻地改变了人们尊重道德权威的内心信念。这一反传统运动让我们的道德资源变得贫乏，甚至是抛弃了传统道德资源。"激进的反传统，让我们的道德资源已变得有些稀少，难以发挥它作为社会控制的功能。而 30 多年来，在社会的剧烈变迁中它更是一步一步地沦丧。当没有道德资源可以消耗，而且制度也难以及时地生产出新的道德资源时，整个社会就只能支付人性溃败的成本。"①同反传统运动一样，西方化思潮也历史地破坏了道德资源。当我们从现代性的角度去看待西方化思潮时就会发现，历史仿佛是一个圆圈，又或是和我们开了一个玩笑：当我们千辛万苦地践行西方化思潮所引进的某些现代化理念时，时代道德又要求我们回到传统，回到历史。

总之，社会道德问题的产生不仅仅是道德资源被破坏的原因，还有着其他方面的种种因素。但道德资源破坏有其深层的历史原因和表层的现实原因，道德冷漠、道德挫败案件带给我们的伦理启示就是：要认识到道德资源的重要性，透彻分析道德资源破坏的原因，站在道德资源的文化意义上，健全和完善缺乏人文精神和伦理思维的法律体系而成为一种圆融的文化，并重新审视历史上的反传统运动和西方化思潮在近现代中国社会转型过程的伦理意义和历史地位。

应该看到，在道德资源破坏严重的今天，其结果不仅表现为日益严重的道德危机和种种复杂的社会道德问题，还体现在阻碍了伦理秩序的重建步伐上。保护和重建道德资源对解决道德危机、重建伦理秩序是非常重要的措施。保护道德资源重在合理开发和利用传统道德资源，不断培育新的道德资源生长点。而重建道德资源则是一项非常艰巨、难之又难的任务，"重建既非抛开中国历史的另起炉灶，亦非舍弃自身道德文化传统的'全盘西化'，而是基于中国社会的伦理生活实际和文化传统实际的创造性现代转型"②。我们坚信，对传统道德资源的重新诠释以及重新开发会有着光明的前景，它将是一种既符合现代文明理念又充满民族价值意蕴的新的道德资源。

四

事实上，我们在对传统道德资源重新诠释以及重新开发的同时，也应关注另外一种路径，所谓"成也萧何，败也萧何"，既然"彭宇案"及其关联案件对道德资源造成了不可估量的破坏，那么我们亦可以从逆向思维出发去思考这个问题。我们也可以通过司法裁判来回应上述类似的"彭宇案"，即通过以法弘德的路径，为道德资源正名乃至实现创造性转化。

令人欣喜的是，从近几年的司法裁判来看，"审理女童热心助人致伤案，判决善意助人不担责。审理小区保安送老人就医被索赔案，驳回无理赔偿请求。审理医院号贩子逃跑摔伤索赔案，判决追赶者无责。审理高铁霸铺案，判决对公共场所不文明行为曝光无需担责。……通过一系列司法判决……让广大群众知道法治社会提倡什么、反对什么、禁止什么"③，对社会道德问题中存在的"扶不扶""救不救""劝不劝"等公众道德敏感话题进行了强力回应，有力地实现了"通过司法断案弘扬真善美、鞭笞假恶丑"的司法伦理责任，从中我们也发现了实现传统道德资源创造性转化的切实可行的实践路径。

以法弘德的实践路径更为具体的体现就是 2019 年中共中央、国务院印发的《新时代公民道德建设实施纲要》，其中明确指出：加强公民道德建设要发挥制度保障作用，首先就是"强化法律法规保障。法律是成文的道德，道德是内心的法律。要发挥法治对道德建设的保障和促进作用，把道德导向贯穿法治建设全过程，立法、执法、司法、守法各环节都要体现社会主义道德要求。及时把实践中广泛认同、较为成熟、操作性强的道德要求转化为法律规范，推动社会诚信、见义勇为、志愿服务、勤劳节俭、孝老爱亲、

①　石勇：《重建社会道德资源》，《南风窗》，2011 年 4 月 21 日。

②　吴洁珍，万俊人：《伦理秩序与道德资源——关于当前中国社会伦理问题的一点理论分析》，《马克思主义与现实》1999 年第 6 期。

③　周强：《最高人民法院工作报告》，《人民日报》，2022 年 3 月 16 日第 2 版。

保护生态等方面的立法工作。坚持严格执法,加大关系群众切身利益重点领域的执法力度,以法治的力量维护道德、凝聚人心。坚持公正司法,发挥司法裁判定分止争、惩恶扬善功能,定期发布道德领域典型指导性司法案例,让人们从中感受到公平正义。推进全民守法普法,加强社会主义法治文化建设,营造全社会讲法治、重道德的良好环境,引导人们增强法治意识、坚守道德底线"①。同时还强调要"审核道德领域突出问题治理。道德建设既要靠教育倡导,也要靠有效治理。要综合施策、标本兼治,运用经济、法律、技术、行政和社会管理、舆论监督等各种手段,有力惩治失德败德、突破道德底线的行为"。通过近几年的司法裁判实践我们发现,司法裁判对道德资源具有很好的维护和保障作用,以法弘德,已然且应然成为实现传统道德资源创造性转化的实践路径。

---

① 《新时代公民道德建设实施纲要》,《人民日报》,2019 年 10 月 28 日第 1 版。

儒家"德行伦理"的道德评判原则及其现代意义

李海超[*]

（南京大学 马克思主义学院暨中国传统文化研究中心，江苏 南京 210046）

摘　要：儒家"德行伦理"并不是规则主义伦理、德性主义伦理、后果主义伦理等多元伦理学理论的杂糅，而是具有融贯理论根据的、较为中道的"情理"伦理。通过理论上的阐发，此种以仁爱情感为本源，以"缘情用理"为根本方法的德行伦理或情理伦理可以开展出一套集德行评价、德性评价、德操评价为一体的道德评判体系。在以法律和制度规范为治理基础、生活情境复杂多变的现代社会中，此种德行论的道德评判体系比德性论的伦理学更能够认可并激励良善行为，更能够对善政、善法做出公允的评价，更能够修正心性儒学传统对制度规范制定者过高的德性要求，因而具有广泛的时代效用。

关键词：儒家伦理；德行；德性；美德

儒家伦理的特征是多元的，这不仅表现在不同的学派之间，也表现在某些单一的儒学理论中。例如，叶适、陈亮的伦理学偏于强调事功或后果，而程朱理学、陆王心学的伦理学则偏重内在德性；回到先秦儒家，人们会发现，至少孔子的儒学并不完全是事功主义的、德性主义的或者其他主义的，而仿佛是它们之间的某种杂糅状态。陈来、陈继红等学者将此种伦理形态称之为"德行伦理"。德行伦理似乎是一种带有较强习俗遗留、原理性不强或带有杂糅性质的伦理学。不过，在本文看来，这正是儒家德行伦理的特色之处，即它在规则伦理、德性伦理、后果伦理等伦理形态之间取了一个中道，因而可以避免各种伦理形态的偏失。这样一种中道的伦理形态不是各种伦理类型的简单杂糅，而是有其一以贯之的理论根据的。本文将对儒家德行伦理背后的原理进行挖掘和发挥，并在此基础上呈现一种以仁爱情感为本源，以"缘情用理"为根本方法，集德行评判、德性评判、德操评判为一体的儒家德行伦理理论，或者说儒家情理伦理理论，这有助于加深人们对儒家德行伦理及其现代意义的认识。

一、德行伦理"称行为德"的特质

德行伦理并不是一种被当前学界广泛接受的伦理学形态，因此，对德行伦理的特点做清晰的论述是必要的。关于德行伦理的主要特征，陈来、陈继红等学者曾做过详细的辨析，根据他们的研究，德行伦理的主要特点如下：

> 德行伦理中的"德"不仅包含人的内在品德，而且包含人的行为和行为规则。德行伦理致力于道德心理与行为规则的统一，而不是将其中一个方面作为伦理学的绝对的中心。[①]

*　作者简介：李海超，男，哲学博士，南京大学马克思主义学院暨中国传统文化研究中心副教授，研究方向为儒家哲学。
　项目基金：本文是国家社会科学基金青年项目"先秦儒家伦理的情感逻辑研究"（项目号：19ZXB115）阶段性成果。

①　对于儒家德行伦理的主要特点、德目类型、发展历程、与西方伦理学比较中的优势、德行伦理的翻译问题等方面，陈来、陈继红、成中英、郭刚等学者已有一定的研究，其中，陈来、陈继红的阐述最为详致。陈来的研究基本收录于《儒学美德论》一书，陈继红的研究可参见《从词源正义看儒家伦理形态论争——以德性、美德、德行三个概念为核心》（《南京大学学报（哲学·人文科学·社会科学）》2017年第3期）、《儒家"德行伦理"与中国伦理形态的现代建构》（《哲学研究》2017年第9期）、《再论儒家德行伦理学：与黄勇先生商榷》（《东南大学学报（哲学社会科学版）》2021年第3期）等论文。

　　陈来和陈继红在儒家德行伦理的认识上也有一些不同。比如,按照陈来的观点,并非全部的儒家伦理都属德行伦理,他认为孔子的伦理学是德行论,因为孔子所讲的仁、孝等德目延续了西周以来的用法,很多时候都是指人的行为规范,而到了孟子那里,虽然德行的用法还存在,但"传统的主要德目在孟子思想中已经从德行渐渐变为德性"①。最明显的证据就是孟子"仁义礼智,非由外铄我也,我固有之"(《孟子·告子上》)以及"仁义礼智根于心"(《孟子·尽心上》)的主张。这也就是说,孟子的思想基本是德性论,因而不属于德行伦理的范畴了。陈继红则认为整个儒家伦理学传统都属德行论。因为她发现儒家长期存在将德目作为行为原则理解和使用的情况,如"仁,是行之美名"②"行之而人情宜之者,义也"③"人伦日用,其物也;曰仁,曰义,曰礼,其则也"④,等等。于是她将儒学史上偏于内在品质或偏于行为规则的伦理学说看作德行伦理的两种展开方式,而不是两种形态的伦理学。

　　在对儒家伦理形态的归类问题上,由于不同儒家学派的理论观点差别较大,这里倾向于赞成陈来的态度,即对它们做出不同伦理形态归属的区分。即,思孟学派以及继承思孟学派的宋明理学,或者说心性儒学,不属于德行伦理,而是属于德性伦理。原因在于,这些学说的理论核心的确是一种内在的品质,虽然它们也会从行为原则的方面去阐释"德",或者说它们所言之"德"包含"行",但行不是第一位的。正如"在心为德,施之为行"⑤之"行",其在根本上是内在之"德"的外在施行、践行。虽然在宋明理学中,"德"有行为规则的内涵,但此行为规则在根本上属于天命下贯于人的本心、本性,内在品质的特征是非常明显的。另外,心性儒学家虽然主张内在道德心理与外在规范的统一,可是这种统一性得以成立的关键,是外在规范必须合乎人的本心、本性之理,因此内外统一性的重视不能掩盖内在德性的第一性地位。由此可见,要想对德行伦理做出更为清晰的界定,需要对上文总结的特征做出进一步的限定,即:

　　　　德行伦理不能是以内在品质作为德的第一规定,道德心理与行为规则的统一不能是以道德心理为主导。

　　然而,反过来以行为规则为第一规定、为主导可以吗? 不可以。这样的话,德行伦理又成为地地道道的规范伦理了。那么,德行伦理的特质究竟在哪里? 它是德性伦理与规范伦理的中间样态吗? 这种中间样态具有理论的一贯性吗? 或者它只是德性伦理与规范伦理的充满矛盾的杂糅状态? 不可否认,德行伦理在形态上的确类似于德性伦理与规范伦理的一种中间样态。有学者称儒家伦理为"示范"伦理。⑥"示范"这一概念非常形象地表明了儒家德目似指导性原则而又不具普遍约束力的特点,因为能够做"示范"的,在根本上只能是一种行为或行为方式,不是内在的品质和普遍性的原则。

　　"示范"伦理的概念提醒我们注意行为与行为规则的区分,将这种区分纳入德行伦理学,我们或许会发现在德行伦理学中行为与行为规则之间亦存在第一性和第二性问题。即,德行伦理学只有以行为为第一性,行为规则为第二性,才能保证它不是规范伦理学。同样,以行为为第一性,内在品质为第二性,才能保证它不是德性伦理学。通过这种第一性与第二性的划分,我们也能认可在广义上行为、内在品质、外在规则均被称为"德"。所以,德行伦理学的德目可分成三类,一类是行为之德,一类是规则之德,一类是内心之德。在理想状态下,行为之德是基础,规则之德是行为之德的原则化、抽象化,内心之德是行为之德的内化,当然在现实生活中,规则之德与内心之德之间也会发生相互的同化性影响。但按照德行伦理的理想规定,道德心理与外在规则的统一,不是内心之德与规则之德两者间的调和损益问题,而是以行为之德为标准去平衡内心之德与规则之德。这样的话,德行伦理虽类似于德性伦理与规范伦理

　　① 陈来:《儒学美德论》,北京:生活·读书·新知三联书店,2015年,第437页。
　　② 孔颖达疏:《毛诗正义》,载《十三经注疏》,阮元校刻,北京:中华书局,1980年,第337页。
　　③ 程颢、程颐:《二程集》,北京:中华书局,2004年,第1177页。
　　④ 戴震:《孟子字义疏证》,北京:中华书局,1982年,第46页。
　　⑤ 郑玄:《周礼注》,载《十三经注疏》,阮元校刻,北京:中华书局,1980年,第337页。
　　⑥ 王庆节:《道德感动与儒家示范伦理学》,北京:北京大学出版社,2016年,第85页。

的中间形态,却着实不是两者的杂糅,而是可能拥有自己的融贯主张的。不过要将此种可能性落实,还必须为行为何以成德找到一种不属于内在品质和外在规则的根据。

依照孔子"性相近也,习相远也"(《论语・阳货》)的人性论,人固然有其自然之性,但人性也会通过"习"而发生变化,由于孔子本人并不是先天德性论者,因此在孔子那里,德是通过"习"而养成的。基于王夫之关于"习与性成"的诠释,黄玉顺指出孔子这里的"习",指的就是具体的日常生活实践。① 如此,德也就是日常生活实践的一种积淀,也可以说是日常生活实践中积淀的一种习惯性行为。习惯性行为的养成包含着主体情感、理智的参与,也包含着外在规范、知识的学习,整个过程是极为复杂的。孔子所赞成的良好行为之养成,绝不仅仅是简单的外在规范的内化或者内在品质的践履,而是一种基于仁爱情感关照、理智思考、后果考量而适度接受和改变外在知识与规范的积淀过程。只有这样,新的习惯性行为的养成才具有德行生成的意义,德行才具有不断的示范效应。在孔子哲学中,我们当然可以说"仁"是养成良好习惯性行为中最具有源泉意义的因素,但最本源的"仁"绝不是人们通俗理解的已经现成化的道德情感或自然的血缘亲情,它尚不是一种德行和德性,而是在行为实践中人与外在世界相碰撞中产生的不麻木、敏锐的情感反应,正是这种情感反应为理智提供源初的思考方向,将人的内在需求与生活境况结合在一起,从而促成了具有崭新意义之行为的产生和行为习惯的养成。宋儒喜用中医手足痿痹为不仁的说法来诠释仁②,这是把握到了仁之源初的情感不麻木状态的内涵,但他们在理论上将其赋予道德意义并提升到先天的高度,这便违背了孔子的原意。

所以,就仁而言,人自然的恻隐之心、不忍之心原本不是德性,要首先经过一定生活经验积淀成回避观看弑杀牛羊的习惯性行为——德行,然后再内化为持续性的内在的仁爱性情——德性,以及抽象化为不乱杀生、仁民爱物的仁爱规范。孔子曰,"唯仁者能好人,能恶人"(《论语・里仁》),若以非品德化之源初的仁爱为判断基础,辅之以理智的思考,对知识、后果、现有的规范做出综合的分析,这便成为评判习惯性行为之好坏的标准和养成良好的习惯性行为的基础。此方法可以称之为"缘情用理"③的方法,由此方法判定的"行为"标准既不是纯粹内在的品质,也不是现成既有的行为规则,因而足以为上述三德区分的德行伦理提供支持。

以上分析显然是对孔子思想的引申,孔子本人并没有对行为之德、内心之德、规则之德做明确的区分,更没有对仁的内涵做上述区分和分析。但通过上述引申性的探讨,我们能够为德行伦理作为一种区别于德性伦理和规范伦理的理论形态找到更充分的理据。因而可以对德行伦理的特点做更为精准的概括:

　　1. 德行伦理是"称行为德"——以某一类行为为德——的伦理学,它以前德性和前道德规范的行为之德为根本衍生出内心品德和行为规则。
　　2. 德行伦理注重道德心理与行为规则之间的调适,行为之德是调适其他两者的标准和媒介。

二、"德行""德性""德操"的区分

以上论述了德行伦理的特质,这里将详细讨论德行伦理在道德评价之"品德"评价中的应用。

必须指出,品德评价与善恶评价(道德是非的评价)是不同的,因为德更注重习惯、习性的养成,一般情况下不能通过一个偶然的、片段性的行为来做评判,而是需要通过个体一系列的行为来做评判。但并非任何情况下都如此。相对而言,判断一个人无德,要比判断这个人有德更容易,因为一个人一旦做出了一次特别残忍的行为,我们就可以判断他缺乏仁性,或者说缺乏仁的德性。然而,我们却很难通过某

　　① 黄玉顺:《孔子怎样解构道德——儒家道德哲学纲要》,《学术界》2015 年第 11 期。
　　② 程颢、程颐:《二程集》,北京:中华书局,2004 年,第 15 页。
　　③ 李海超:《当代儒学研究中的"情理"概念及其反思》,《国学论衡》第 10 辑,北京:社会科学文献出版社,第 187-199 页。

人的一次善良行为,就说这个人有仁德。而且行为善恶的判断与是否有"德"的判断也是可分离的,一个仁德极为欠缺的人也可能在某种情况下做一次善事。因此我们不能把是否有德的判断与行为是否善恶的判断等同起来。

还要指出,德行伦理学关于是否有德的判断相对比较复杂,德行伦理所认可的德有三种,即行为之德、内心之德和规则之德,那么对践行三种德的行为亦可做三种判断,即是否有德行、是否有德性和是否有德操(操有操守义,这里用来指称对行为规则的持守)。德行伦理学在面对具体的行为时,将根据上述三种情况进行判断。

例如,孔子极少许人以仁德,但面对不守臣节却能匡扶社稷、挽救千万百姓于死难的管仲,孔子却评价他说"如其仁,如其仁"(《论语·宪问》)。这是很高的评价,然而管仲似乎又不值得这样的评价,因为孔子还说过"管氏而知礼,孰不知礼"(《论语·八佾》),于是如何解释孔子的评价便成了难题。朱子对此作了一种变通的解释,他说:"盖管仲虽未得为仁人,而其利泽及人,则有仁之功矣。"[1]这实际是将仁的内在品德与实际的行为效果做了区分。他承认管仲行为的仁德效果,在根本上却不承认管仲有仁德。因为朱子是一个德性论者,他只从内在品质上判断是否有德,管仲有仁之功,却不能说他有仁德。而无仁德的人,却能有仁之功,这似乎也很尴尬。李泽厚则一反朱子的观点,认为孔子就是"从为民造福的巨大功业出发来肯定管仲的,正如将'薄施于民而能济众'的'圣'放在'仁'之上一样"[2]。李泽厚之所以有此观点,主要是因为他是从效果的视角来认识孔子之评价的,而将"仁"德评价完全效果化,就难以对管仲不守规范的一面给予适当的评价。依照上文德行伦理学的判断标准,管仲的行为及其效果确实是合乎仁之德行的,他并未做残忍不道之事,根据已有的资料,我们也无法洞察或推测他有仁爱的性情,故没法判断他是否有德性,但他违背臣子应有的行为规范,确实是无德操。因此,我们说管仲有德行,无德操,不知其德性。这既许之以仁德又没有许之以全部的仁德,如此便与孔子"如其仁"和"管氏而知礼,孰不知礼"的评价相一致了。

假如我们能够通过某些资料发现,原来管仲的一切行为实出于卑鄙恶劣之心,其最终目的只是为了玩弄权术、荼毒百姓,其种种善行不过是其邪恶目的实现之初步的手段,然而纵观其一生,又确实没有任何施展恶行的机会。那么,我们便可以判断说管仲实无德性,而确有德行,然后再根据其遵守规范的情况判断其是否有德操。

当然德性不一定要通过"动机"来评判,德性品质可以是一种修养的圆熟状态,孔子所说"从心所欲不逾矩"(《论语·为政》)指的就是这种状态。在这种状态中,主体没有遵守规范的动机,即不需要内心的克制和持守,却能不勉而行,从容中道。从低处看,这或许只是道德规范熟稔于心的状态;往高处说,也可以将其提升到道德本体境界:"至于一疵不存、万理明尽之后,则其日用之间,本心莹然,随心所欲,莫非至理。盖心即体,欲即用,体即道,用即义,声为律而身为度矣。"[3]程颢对此种境界亦有清晰的论述:"夫天地之常,以其心普万物而无心,圣人之常,以其情顺万物而无情,故君子之学,莫若廓然而大公,物来而顺应。"[4]此种"无心"之境界,即冯友兰所谓"不是出于一种特别有意的选择,亦不需要一种努力"的"天地境界"[5]。在儒家传统中,这种境界只有圣人能够做到,圣人在此境界中的一切行为皆属"无心"之行,但我们不能说圣人是无德性的,圣人不仅有德性,而且还有德行与德操。

圣人兼具德行、德性、德操,这是一种理想的状态。此种理想状态的实现,不仅要求主体人格是理想的人格,而且亦要求主体所生存之世界是理想的世界,即在此世界中,内心之德、行为之德与规则之德这

① 朱熹:《四书章句集注》,北京:中华书局,1983年,第153页。
② 李泽厚:《论语今读》,合肥:安徽文艺出版社,1998年,第334页。
③ 朱熹:《四书章句集注》,北京:中华书局,1983年,第55页。
④ 程颢、程颐:《二程集》,北京:中华书局,2004年,第460页。
⑤ 冯友兰:《新原人》,《三松堂全集》第4卷,郑州:河南人民出版社,2001年,第576页。

三类德目能够协调一致。按照宋明理学德性论的观点,圣人的判断标准只在内心之德的圆满,其身处规则不正义的社会中,所行虽不与行为规则合,亦不妨害其品德的圆满。但在德行伦理看来,于无道世界之中,绝无品德圆满的圣人,因为在这样的社会中没有普遍的行为规则,人们可以在此社会中践履德行、涵养德性,却不可能有德操。所以,在德行伦理学的评判标准中,有德者易出,而圣者难成。欲成大圣,必须本着其在生活世界中体贴积淀之德行,重塑社会之德性标准与德操标准,推动社会从不正义到正义,从据乱世到太平世,如此方可。可见,德行伦理学的圣人标准是从宋明理学德性修养的圣人返回到了先秦"尽伦"且"尽制"、圣王合一的传统中了。当然,圣人不必一定做君主意义上的王,推动理想社会实现的人也不一定是君主意义上的王,"王"强调的是推动社会不断朝着理想进步的责任和实践。在此意义上,德行伦理的品德要求要比德性伦理更加直接地肯定社会中的善行。加之德行伦理能够承认"德行之行"的品德价值,因而更容易接引和鼓励人们走上德行践履之路。

德性伦理当然也要求内在品德的外在实践,王阳明所讲的"知行合一"明确主张"行是知之成"①,这是说,倘若缺乏行的环节,便不能算是良知圆满的呈现。在宋明理学中,阳明学已算是最能鼓动实践的学说了,但在德性伦理的框架下,"知是行的主意"②,必先于"知"(良知、德性)有所领会和造诣,然后才可能有真正的行。可是这先行的领会和造诣本身所需要的努力,就足以牢笼人的手脚了。当然,阳明学中又有"良知自然""良知现成"的一派,这一派主张良知现成存在、自然呈现,于是取消了领会和修养的需要,真真是用全力于行,但因为缺乏"主意"的领会,即缺乏实际德性的涵养,结果只好"掀翻大地,前不见有古人,后不见有来者"③,这实在有盲行的一面。另一面,我们也不能说这些阳明后学的思想完全没有"主意",它们的主意是一片赤诚情意、拳拳"赤子之心"④、自然无伪的"童心"⑤,这实际上有思想解放和启蒙的意义,然而这些不假修饰的"主意"及其实践,实际已经脱离了德性伦理的范畴,是自然人性的彰显,不是道德德性的践履。所以,我们看待阳明学,一定要审清它内蕴的保守德性伦理与颠覆德性伦理的两面性。嵇文甫说,"阳明学派就是这样一个东西,一方面把道学发展到极端,同时却又把道学送终"⑥,此乃卓见。因此,就作为德性伦理的阳明学乃至整个宋明理学而言,"无事袖手谈心性,临危一死报君王"⑦之社会现象的出现不能说与其毫不相关。明清之际儒家经世致用之学的兴起,正是基于对宋明德性伦理之弊端的反思。若德性伦理真能有效激发个体参与社会实践和改造社会的行动,则明清之际以后儒家"走出理学"⑧的发展路向,岂不是无端肇事么!

三、道德善恶(是非)的评价标准

品德评价通常需要综合一个人一系列的行为、性情进行评价,而很多时候,我们需要对某个单一的行为作出评价,这个时候虽有可能涉及品德评价,但更多可能涉及的是善恶评价,或者说道德是非的评价。德行伦理要想成为一种完善的伦理学,不能不对善恶评价的方法和标准作出说明。

在判定品德的时候,我们根据的是"德"的类别而做分别的判定,在善恶判断的时候,我们却不能这样做,因为在三种德不一致的情况下(现实中三者很少完全一致),三种标准判定的结果是不一致的,而善恶判断要求一个确定的答案。那么,如何在德行伦理的视域中探求确定的善恶标准呢?

须知,品德判断与善恶判断固然不同,其不同不在于行为的性质,而在于行为是否是习惯的或持续

①　王阳明:《王阳明全集》,吴光、钱明等编校,上海:上海古籍出版社,2011 年,第 5 页。
②　王阳明:《王阳明全集》,吴光、钱明等编校,上海:上海古籍出版社,2011 年,第 5 页。
③　黄宗羲:《明儒学案》,北京:中华书局,1985 年,第 703 页。
④　黄宗羲:《明儒学案》,北京:中华书局,1985 年,第 763 页。
⑤　李贽:《焚书》,《李贽文集》第 1 卷,北京:社会科学文献出版社,2000 年,第 91 页。
⑥　嵇文甫:《左派王学》,上海:上海书店,1989 年,第 109 页。
⑦　颜元:《颜元集》,北京:中华书局,1987 年,第 51 页。
⑧　姜广辉:《走出理学》,沈阳:辽宁教育出版社,1997 年,第 15 页。

的、一系列的。就此而言,德行伦理判定品德的根本标准是可以用来评判行为善恶的。在德行伦理中,最根本的品德判定标准是德行的判定标准,因此德行的判定标准亦可以作为行为善恶的根本判定标准。德行的判定标准是比较复杂的,需要运用情感、理智综合知识、环境等多种因素,不是一种方便、明确的判断方法,是故我们必须通过一种折中的方式使之简化。其实,在行为之德与规则之德一致的情况下,我们完全可以根据体现规则之德的规则来评判善恶,在此意义上,行为之德或行为之德的评判标准便成为行为规则是否正义的优先判定标准。只有当行为之德与规则之德不一致时,我们才需要返回来用行为之德的判定标准进行裁决。内心之德与规则之德是同一层面的品德,但内心之德不是具体的规范,在判定善恶方面具有模糊性,因此我们不选择将内心之德和内心的动机作为判定善恶的优先标准。这样的话,德行伦理的善恶评判标准可总结为:

> 1. 如果现行行为规则和德性是正当(合乎德行)的,行为的善恶由行为规则和德性判定,前者优先。
>
> 2. 如果现行行为规则和德性是不正当(违背德行)的,行为的善恶由德行判定根据(缘情用理)判定。

上述善恶评判规则尚需做进一步解释。首先,德行伦理优先运用行为规则进行善恶判定,当规则条款不适用时,人们可以启用第二条款,然而为了尽可能地保证善恶判定的准确性,在现实生活中,人们应该尽快运用德行标准修订行为规则,从而尽可能地保证行为规则判定在善恶判定中的应用。这虽与规范伦理具有相近性,但毕竟在判定的根本标准上不是规范的,因而不同于规范伦理学。

其次,运用德行标准判定行为规则之正当性可以通过两种方式进行。第一种方式是根据德行,德行不同于德性(良心),它具有更为清晰的行为范导性,或者说它本身就是一种正当行为的标本。在现有行为规范需要变革的时代,总会涌现出一系列新的德行,这些德行必然是与原有行为规则不同的,因此可以参照德行修改现行行为规则。第二种方式是根据德行的评判标准对现有行为规则进行修订,这适用于旧德行不适用、新"德行"尚未形成的情况。事实上,总有一些普遍性的德行是在任何社会中都适用的,比如"仁者爱人""居处恭、执事敬、与人忠"这样的常德,它们为任何种类的人类社会的基本行为规则奠定了基础。不过,这里主要考虑的是需要变化的德行。德行的评判标准是比较复杂的,要根据人们在新处境中的本真生活领会或情感感受,引导理智和认知,综合现有知识和环境而做出判决。这其实就是上文讲到的"缘情用理"的方法。

不可否认,缘情用理的评价标准并不是一个特别精确的标准,因此判断结果的达成确实要综合社会共同体的共同"情理"。但这种根源上的模糊性在道德情感主义传统中也并非不存在。比如在亚当·斯密的道德哲学中,合宜的善恶评判需要"公正的旁观者"的赞成或不赞成的情感来决断[1],而个体要想将私人的情感提升达到或接近"公正的旁观者"的水平,需要一个戴震式"以情絜情"[2]的过程。此过程如何才算是达到了公正合宜的标准,同样不容易讲清楚。"缘情用理"其实不过是在此过程中明确地加入了理智的因素而已。这并不是说情与理两者始终是割裂的,两者通过融合最终可以积淀为公众的"情理",李泽厚称之为"情理结构"[3],并可以通过理智化语言和情感感受表达出来。由此,德行伦理本质上不过是情理伦理而已。只不过这里的"情理"不是指情感的先天原理,而是"缘情用理"的心灵活动。

最后,德性不被用作优先性条款。这正是德行伦理与德性伦理的不同之处。根据德性伦理,无德性的行为不可能是善的,特别是怀有恶意却导致良好结果的行为不可能是善的。一个想要杀人却阴差阳错挽救了所要弑杀对象的行为怎么能是善的呢? 按照孟子的标准,此行为不基于恻隐之心;按照当代情

---

① 亚当·斯密:《道德情操论》,蒋自强、朱忠棣、沈凯璋译,北京:商务印书馆,1997年,第137-138页。

② 戴震:《孟子字义疏证》,北京:中华书局,1982年,第5页。

③ 李泽厚:《伦理学纲要续篇》,北京:生活·读书·新知三联书店,1997年,第396页。

感主义德性伦理学家斯洛特的标准,此行为并非出于移情性的关心①;故此行为不是善的。难道我们要将偶然导致良好结果的行为称为善的吗?我们知道这种不基于动机而基于后果的善恶判断在德性伦理学家看来是不可能的,但在效果主义伦理学那里是可能的②,在德行伦理学中也是可能的,因为后两者善恶判断的根本不是内在动机。德行伦理与效果伦理也并非在任何时候都是一致的,从根本上来看,效果伦理的判断标准是行为的后果,而德行伦理的判断标准是某种行为模式。根据德行伦理,有时候后果不好,但合乎道德行为模式的行为亦可以被评价为善的。这是德行伦理与效果伦理的不同。

当德行伦理宣称一种无善良的内在品质和动机的行为可以为善的时候,一定要注意,它同德性伦理一样不承认行为主体是有德性的,同时,由于该行为很可能只是一次偶然的行为,我们无法判断行为主体做出此类行为的连续性或习惯性,因此德行伦理也不承认行为主体必然拥有德行和德操。承认行为的善,并不代表承认行为主体有品德。这种品德判断与善恶判断在一定程度上的可分离性,是德行伦理的一大特点和优势,而这是德性伦理所不具备的。为了更好地说明这一点,我们可以再举一个例子。在儒学史上朱熹和陈亮之间发生过著名的"王霸义利之争"。从制度规范制定的视角来看,朱熹认为汉武帝、唐太宗这样的人物,虽然其制定的制度和政策不算太差,但他们的初心是为了自家一姓的私利,因而他们所制定的制度、政策离"王道"相差甚远;而陈亮则认为,"心之用有不尽而无常泯,法之文有不备无常废"③,既然制度和政策的效果是好的,那么王道必蕴含在其中。这个例子反映的是,德性伦理学家特别看重政策制定者的德性,并将其看作判定制度规范正义、优劣与否的标准④,这本质上是"由内圣而外王"这一思维逻辑的体现,对政策制定者的素质要求过高,对善政、善法本身的评价有失公允。陈亮的思想带有较强的效果伦理的意味,但从德行伦理的视角来看,他的评价结论在很大程度上是能够被认可的。

四、结语

通过对德行伦理的特质及其如何进行品德评判和善恶评判的阐述,我们能够清楚地看到德行伦理以行为为中心对行为主体、行为本身、行为规则的分别评判和对品德、善恶的分别评判所具有的优势。相比德行伦理,传统心性儒学之德性伦理将内在德性和动机作为道德评判的核心,这不利于认可和激励改良社会的行为实践的道德价值;对制度和政策制定者过高的德性要求,不利于对善政和善法本身做出公允的评价。现代社会的治理基础是法律和制度,因而在生活中,人们行为的合规范性和范导性会被优先关注和评价,因此,对于现代社会特别是亟需道德规范建设的当下中国来说,德性伦理更适宜作为辅助性的伦理学被推广。如果说现代社会的道德建设需要加强道德主体的品德塑造,那么在内在品质、行为本身和行为规则三者的调和方面,以情感为本源、以"缘情用理"为根本方法的德行伦理("情理"伦理)不失为一种更优的选择。

①　斯洛特:《情感主义德性伦理学:一种当代的进路》,王楷译,《道德与文明》2011 年第 2 期。
②　穆勒:《功利主义》,徐大建译,上海:上海人民出版社,2007 年,第 51 页。
③　陈亮:《陈亮集》,北京:中华书局,1974 年,第 285 页。
④　参见黄勇:《当代美德伦理——古代儒家的贡献》,《四川大学学报(哲学社会科学版)》2018 年第 6 期。

《中庸》"柔远人"：儒家的"他者"交往之道

杨晓薇[*]

（云南大学 政府管理学院　哲学系，云南 昆明 650091）

摘　要："柔远人"作为《中庸》治天下国家"九经"的方略之一，试图将君子"慎独"的修身之道介入到"群治"的公共空间，从而彰显人的主体性，为儒家君臣观、夷夏观的展开提供了有效的路径。而作为一种方法论，"柔远人"是儒家"中庸之道"的具体践行，揭示了儒家的伦理符号、政治原则的形塑是建立在对"他者"的认识与转变中，这一转变也为中华民族多元一体格局奠定了思想基础。

关键词：《中庸》；"柔远人"；儒家"他者"

"柔远人"是儒家"中庸之道"在治国方略中的具体践行，它所揭示的是儒家对"他者"的认识与转变影响着儒家伦理符号、政治原则的形塑，这一过程也折射了儒家对于政治合法性的认识及其转变。如果离开中庸的政治意义与初衷，是很难把握孔子的中庸思想的，作为治国方略的"柔远人"为深入儒家中庸思想的理解提供了有效的路径。本文试图在整个古代中国思想的视野中理解《中庸》，同时也通过《中庸》"柔远人"来理解儒家"他者"的交往之道如何展开、如何影响中华民族"多元一体"的历史文化格局。

一、儒家思想体系中的《中庸》及其"柔远人"

在春秋末年的变革中，面临礼崩乐坏的社会局面孔子提出了中庸思想。他认为社会矛盾重重其根本原因在于人们为了私欲的满足无所不用其极，丧失了人之为人的基本准则。中庸思想的提出则为人们在日用伦常、出处进退、视听言动及修身养性中打开文化的生命。将个体生命通过文修化育自己与他人，从而参赞万物。"中庸之为德也，其至矣乎！民鲜久矣。"（《论语·雍也》）在先秦儒家典籍中这是最早关于"中庸"的记载。有意思的是，在《论语》中仅此一见，唯《中庸》记录了孔子对"中庸"的六处论述，孟荀也没有直接的描述。然而，中庸思想却与孔子整个思想体系紧密关联乃至影响整体中华文化体系的建构与发展。《史记·孔子世家》言《中庸》为子思忧道学失其传而作，"人心惟危，道心惟微，惟精惟一，允执厥中"，人心与道心杂于方寸之间，唯"中庸"贯通道心人心，参赞化育。因此，《中庸》多被理解为儒家传续道统的典籍，它承载了孔门心法传授。西汉刘向、刘歆父子编《七略》（即今传《汉书·艺文志》）《中庸》与《大学》一同被归于《小戴礼记》，颇为历代学者所重。自汉郑康成《礼记正义》疏证始，唐孔颖达、宋朱熹都对《中庸》进行了注疏考据，明清顾炎武、戴震均有专门的训诂辑录。近代以来康有为、刘师培等注家都专注于中庸辞章考辨，古往今来注疏不辍足见《中庸》在儒家思想体系中的重要地位。而《中庸》历史地位的确立与朱熹将它纳入"四书"有直接的关联，他花费毕生精力为《论语》《孟子》集注，为《大学》《中庸》章句辩章学术阐发意蕴。使得《四书章句集注》成为经学理学化的典范之作。随着《四书章句集注》被列入学官，元时更成为科举取士必修科目。这一制度被明、清所继承，逐渐演变为八股取士，自

　＊　作者简介：杨晓薇（1988—　），云南大理人，哲学博士，云南大学政府管理学院哲学系讲师，研究方向为中国哲学、儒学与西南少数民族文化。

　　基金项目：云南省哲学社会科学基金项目《传道授业：云南历史上的书院》（SKPJ202136）。

此，"四书"成为中国古代士人必读经典，其影响力超过"五经"。"四书"中的《中庸》其序在《孟子》之后，历来被视为儒家修身之学的纲领性经典，这样的历史转变一方面反映出历代大儒对儒家道统的重视，另一方面则彰显了"中庸"思想与中国文化精神持久幽深的关联。

《中庸》从形而上的本体论意义为中国文化奠定了思想基础，作为全书的总纲领，乃至儒学总纲领的首章开宗明义："天命之谓性，率性之谓道，修道之谓教。"与第十二章"君子之道费而隐"文本上呼应子思阐发中庸与天命（天道）的关系。中庸的本质在于命、性、道、教四者之间的贯通，正如学者陈赟所言"通过命—性—道—教的文化境域，中庸将上下通达的主题引入到广义的文化的创造与看护过程，而不是限定在个体生命的内在性之中，从而展开了一种'合内外'的生活的可能性……因而，对历史过程中形成的文化世界的接纳，构成了中庸之道的核心。"①在这个意义上，中庸之道所揭示的是从《尚书》到《论语》再到《中庸》《孟子》一脉相承的道统谱系。这一历史悠远的道统谱系构成了"中国"（中国文化）之所以成其为是的基底。人们在理解古代"中国"概念时通常指向作为文化符号体系与思想形态的中国。这是因为在现代意义上的民族—国家产生之前，只有"天下"场域的"中国"而没有"国家"场域的"中国"。"天下"思想直观地反映了中国人对世界的原初认识，在这种认识之上建立人与"天"的关联，由此拓展到人与人之间、个体与族群、国家之间关系的认识。《中庸》不仅在形上意义上贯通天道与人道，而且从人道出发提出了人之为人的秩序（教），儒家修齐治平之旨囊括其中。儒家"八条目"在这里被表述为"九经"：

> 凡为天下国家有九经，曰修身也，尊贤也，亲亲也，敬大臣也，体群臣也，子庶民也，来百工也，柔远人也，怀诸侯也。修身则道立，尊贤则不惑，亲亲则诸父昆弟不怨，敬大臣则不眩目，体群臣则士之报礼重，子庶民则百姓劝，来百工则财用足，柔远人则四方归之，怀诸侯则天下畏之。

（《中庸》第二十章）

显而易见，"九经"是在修身—治人—治天下的框架之下所制定的基本举措，相较于"格物、致知、诚意、正心、修身、齐家、治国、平天下"八条目而言，"九经"更多地指向了天下国家的治理，由内而外、由近及远。同时，《中庸》一反往常"天意"作为政治唯一合法性的表诠，而试图凸显人的主体性。其中包括人君通过自身修养的臻善所获得"治人"与"治天下"的主体性；另则，"九经"包含了对他者的重视，寻求"民意"的正当性而通达内外一致的"中和"。也正如此，"九经"把治天下具体化为可操作的政治方略，"教"的内容进而扩充，内仁而外礼，这与孔子内圣外王的思想一以贯之。孔子向来持"政者正也"的主张，认定政治之主要目的乃是化人，政治与教育同功，而修身是一切之本。"远人不服，则修文德以来之"（《论语・季氏》）与《孔子家语・王言解》中"人君先立于己，然后大夫忠而士信，民敦而俗朴，男悫而女贞。六者，教之致也，布诸天下四方而不怨，纳诸寻常之室而不塞……民怀其德，近者悦服，远者来附，政之致也"都表达了孔子素来以文德怀远人的德治主张与推行王道的政治立场，《中庸》倡导"和者天下之达道也"，治国"九经"把天道、人道、政道具体化，"柔远人"正是在修身—治人—治天下的逻辑框架下展开，怀远人以致"和"以达道。"柔"的态度与主张彰显了中庸执两用中之道，不偏不倚善于变通。

可以说，《中庸》总体上赓续了孔子的政治原则与目标，在家国同构的儒家伦理中，将"治天下"层层推展，上至大臣下至庶民百工，近之修己远及诸侯乃至四方之人。因此，经由中庸通向中国思想谱系来理解儒家文化世界与文化生命，经由"柔远人"来探讨中华文化的主体性及其儒家"他者"的交往之道，无疑打开了深入理解中华民族"多元一体"文化格局与历史逻辑的可能性。

二、"柔远人"：中庸之道的远近之维

在治天下国家"九经"的几个举措中，"柔远人""怀诸侯"在伦理秩序中处于末端。如果依照费孝通

---

① 陈赟：《中庸的思想》，北京：生活・读书・新知三联书店，2007年，自序第16页。

先生差序格局理论来解释，"柔远人"处于"同心圆"结构中的次外围。君子处于"同心圆"的中心，依次向贤能之人、亲人、大臣、群臣、庶民、百工层层外推，远人、诸侯排列其后。但是在这个序列中，并没有将具有血缘关系的亲人排在首位，而是把贤者放在离"同心圆"最近的位置。由此可见《中庸》对"德性"的重视，同时也可以看出从君主自身到百工此七者是"修身、齐家、治国"的范畴，而"远人""诸侯"则转向"平天下"的视域。差序格局注重"推己及人"的过程，"从己到家，由家到国，由国到天下，是一条通路。《中庸》也把五伦作为下之达道。因为在这种社会结构里，从己到天下是一圈一圈推出去的，所以孟子说他'善推而已'"①。费孝通先生既强调五伦在传统社会中的等级差序，又以现代的眼光质疑了鬼神、君臣、父子、夫妇等具体的社会关系，怎能和贵贱、亲疏、远近、上下等抽象的相对地位相提并论。换言之，他所强调的是社会结构中人与人交往网络中所构成的纲纪（伦常）。倘若完全用费孝通先生的差序格局解释则遮蔽了《中庸》对"德性"的重视，原因在于《中庸》的九个维度中贤者被放在亲属的序列之前。因此，采用差序格局来审视《中庸》可以看到儒家推己及人的忠恕之道以及社会结构特征。但中庸"九经"的具体所指、能指，还需回到《中庸》自身。正如赵汀阳所驳斥的那样，"由家庭伦理推不出社会伦理，由爱人推不出爱他人，这是儒家的致命困难"②。当然，也有学者认为这样的观点是建立在两种坚定的基础上，其一是他虚构了一种"陌生人理论"，并从哲学的角度认为陌生人才是典型的他者。③ 陌生人理论否定了儒家"情感本体"的作用，并且否定了儒家的"情感"在中国社会结构"同心圆"当中是可推导的。显然，对儒家"情感本体"的不同理解也构成对儒家政治哲学的差异对待，情感本体则在对"他者"的关照中得以彰显。

在《中庸》"九经"中，"柔远人"集中反映了儒家"他者"之道，而在历代注疏中也颇有争议，对"远人"的贴切阐释可以更好地进入儒家关于"他者"的基本立场以及深入"治国"走向"平天下"政治追求的理解。在原始儒家经典中"远人"有不同的注释，既有专注空间间隔的注疏，亦有人事权力分疏的注解。《尚书·舜典》"柔远能迩，惇德允元"早已成为中国古代政治哲学常用语，柔者，持安也。清代今文经学家皮锡瑞在《今文尚书考证》中提到汉代"柔"多作"渘"，近者各以善近。直至王阳明在御守西南夷时"柔"亦秉持古人持安之义。"夫柔远人而抚夷狄，谓之柔与抚者，岂专恃兵甲之剩，威力之强而已乎？古之人能以天地万物为一体，故能通天下之志。"④"柔"在中国古代政治与文化中始终昭示着与武力相对的安抚之术，劝和而不讨好，非攻而善和。"远人"则在古典文献中随着古人对疆域认识的拓展而丰富。上文所引《中庸》"九经"之"远人"在《荀子》那里意为与本邦国子弟相对应的其他诸侯国。"内不可以阿子弟，外不可以隐远人。"（《荀子·君道第十二》）《礼记正义》中，郑玄注："远人蕃属国之诸侯也。"孔颖达疏曰："柔远人则四方归之，远谓番国之诸侯，四方则蕃国也。怀诸侯则天下畏之。怀安抚也，君若安抚怀之则诸侯服从，兵强士广故天下畏之。"⑤在《礼记正义》注疏中"远人"等同于诸侯。但是，从古汉语对仗的书写来看，《中庸》"九经"所指涉的"远人"并非简单地等同于诸侯。在前述所引"九经"的后文"送往迎来，嘉善而矜不能，所以柔远人也。继绝世，举废国，治乱持危，朝聘以时，厚往而薄来，所以怀诸侯也"进一步印证了这一推论。从这个意义上，朱熹《四书章句集注》对"柔远人"的注解更符合子思在《中庸》中的逻辑展开。朱子将以上引文"柔远人也，怀诸侯也"注为："柔远人，则天下之旅皆悦而愿出于其途，故四方归。怀诸侯则德之所施者博，而威之所制者广矣，故天下畏之。"⑥在朱熹的注释中，远人即是远游四方的宾旅。所谓"宾旅"，明代王夫之作了笺解："宾以诸侯大夫之来觐问者言之，旅则他国之使修好

　　① 费孝通：《乡土中国 生育制度 乡土重建》，北京：商务印书馆，2011年，第29页。
　　② 赵汀阳：《儒家政治的伦理转向》，《中国社会科学》2007年第4期。
　　③ 刘悦笛：《儒家政治哲学当中的"情之本体"——从费孝通的"差序格局"谈起》，《中国文化研究》2010年第4期。
　　④ ［明］王守仁原著，施绑耀辑评《阳明先生集要》，北京：中华书局，2008年，第724页。
　　⑤ ［清］阮元校刻《十三经注疏》《礼记正义》卷五十二《中庸》第三十一，北京：中华书局，2009年，第3537页。
　　⑥ ［宋］朱熹：《四书章句集注》，北京：中华书局，1983年，第30页。

于邻而假道者。又如失位之寓公，与出亡之羁臣，皆旅也。唯其然，故须'嘉善而矜不能。'"①因此，无论从古汉语的对仗、互文见义等原则来看，还是《中庸》上下文的语义关联衔接，"远人"并非直接或者仅仅等同于诸侯这是可以明确的。王阳明在《绥柔流贼》中所言"夫柔远人而抚夷狄"的语境中"远人"是指西南边疆少数民族。显而易见，"远人"的意涵在历代儒学大家及其注疏者视域中愈发宽泛，这与中华民族疆域的拓展不无关系。今人史学家陈柱在《中庸注参》中亦将中庸"九经"之"柔远人"与"怀诸侯"相区分但认为两者相辅相成。② 也就是说，《中庸》之"远人"为中华文化打开了极有弹性的思维空间，综括历代注疏，在《中庸》的语境中，"远人"更趋向于指"诸夏"以外的四方之民，柔远人，则天下之旅皆悦而愿出其涂，故四方归。同时，可以根据《孔子家语》等儒家典籍中把夷狄视为宾客以及古代汉语中"互文"的特殊修辞，有理由认为"远人"包含着夷蛮戎狄四方之民③，"是以蛮夷诸夏，虽衣冠不同，言语不合，莫不来宾"。（《孔子家语·王言解》）

　　从"柔远人"的注解中不难发现，在"修身—齐家—治国—平天下"的逻辑中，先秦儒家的民族观（夷夏观）隐含其中。这也是《中庸》"九经"相比《大学》"八条目"进一步深化了儒家的"天下"思想。"远人"进入公共空间的讨论所涉及的空间视域更广，不限于邦国领地，而是渗透到四方之民的空间延展，正符合孔子和而不同、一视同仁的待人之道，它所指向的是儒家对"他者"主体性的重视。《中庸》第十三章所引"子曰：'道不远人。人之为道而远人，不可以为道'"。"道"是关乎人的存在而彰显的，须臾不可离乎人。这里的"人"同时包含着自身与他者，君子之道展开在与他者的关联之中，由此而言，"柔远人"既是方法论的精神原则又是道之具体践行。值得指出的是，朱子对"远人"的注解更多的是依照具体情境而论，而非给予固定的解释。比如，在《论语》集注中，"远人"指鲁的附属国颛臾。《论语·季氏》："夫如是，故远人不服，则修文德以来之。既来之则安之。今由与求也，相夫子，远人不服而不能来也；邦分崩离析而不能守也。"朱熹注，"远人，谓颛臾。""颛臾，昔者先王以为东蒙主，且在邦域之中矣，是社稷之臣。何以伐为？"④将朱熹两处的不同注解进行对比，意在强调《中庸》"柔远人"的既是作为方法论的精神原则又是功夫论的具体实践，而非拘泥于辞藻章句的训诂。作为方法论的柔远人所体现的是儒家中庸之道的彰显——对"他者"的重视，作为功夫论的柔远人表明君子修身的目的与践行。这样的研判是建立在"远人"在先秦儒家经典中从特指颛项诸侯国到四方之民的泛指，从这个角度来说"远人"的外延是随着中华民族演进的历史而言的。随着对地域范围认识的扩展，"远人"的范围随之外扩，而"柔"的意涵自《尚书》"柔者，持安也"从作为安抚、怀柔之义到平等和顺的待人之道，表明儒家在处理对外关系时既非以武力攻伐，也非一味讨好，而是建立一种对外交往的道德价值体系。此乃"中庸"之"执两用中"的体现。也就是无论是对待诸侯国颛项还是四方之民乃至边疆少数民族，儒家一以贯之践行中庸之道，"柔远人"亦在中华民族发展壮大中获得更为丰富的意义。

　　由于古代中国没有民族国家实体，一切社会关系均由个体的人层层拓展、相互关联形成严密的人际网格。"柔远人"作为先秦儒家夷夏观的方略，亦通过君主修己并由一圈圈人际格局"推"至开来。"柔远人则四方归之，怀诸侯则天下畏之"，远人只有得到安抚才能保证四方之民归顺，给予诸侯怀柔政策天下才得以长治久安。在没有实体民族国家的情况下，四方之民归顺的是统治者，那么，统治者的"德性"则是政治合法性的依据。君王只有修其身，施行仁义方得天下之民的拥戴。在古代中国"天下"思想的影响下，"四夷"被纳入"天下"体系，并且可以经由礼乐教化转而为"华夏"。《春秋左传正义·定公十年》："中国有礼仪之大，故称夏；有服章之美谓之华。""裔不谋夏，夷不乱华。"《尚书正义》对"华夏"的解释是

　　① ［明］王夫之《船山全书》第六册《读四书大全说》卷三，长沙：岳麓书社，2011年，第524页。
　　② 陈柱：《中庸注参》，桂林：广西师范大学出版社，2010年，第34页。
　　③ 夷、蛮、戎、狄之称，其初盖皆按照方位，其后则不能尽然。详见吕思勉：《中国民族史》东方出版中心，第54页。
　　④ 吕思勉：《中国民族史》，上海：东方出版中心，1987年，第169-170页。

"冕服采章曰华,大国曰夏。""中国"则是相对于"四夷"对应的概念,早在《诗经·民劳》"惠此中国,以绥四方"、《诗经·鲁颂》"至于海邦,淮夷来同"就有两者的区分。在先秦儒家"天下"思想中,从区位与政治观念上以"中国"为核心,才会出现"远人""四方""九州"之说,但没有绝对的以区位来隔离诸夏与四夷。

在原始儒家那里,是否合乎"礼"是夷夏之别的关键。《礼记·曲礼上》:"夫礼者,所以定亲疏,决嫌疑,别同异,明是非也。礼不妄说人,不辞费。礼,不逾节,不侵侮,不好狎。"礼规定着天下秩序、国家规范、人伦准则,孔子在《论语·八佾》"夷狄之有君,不如诸夏之无也"①中以夷狄有无"礼"作为准则进行评判。因此,判断一个人是"华"是"夷"主要以是否遵循"礼"作为标准,这一点至少在春秋战国时期极为普遍。《论语·子罕》记载:"子欲居九夷。或曰:陋,如之何? 子曰:君子居之,何陋之有?"九夷之地君子居则化,非闭塞的蛮荒之域,从中可以看出孔子对夷蛮之地的认可。处于诸侯争霸、尊王攘夷、夷夏大防的社会环境下,孔子有此洞见与宽厚的心胸实属圣人之仁道。另一方面,孔子推进了自《诗经》《尚书》以来就形成的思想传统,"观乎人文,以化成天下",通过个体生命的"文"(礼)来化"天下"(文化世界),并试图以中庸之道把人的生命打开在宇宙整体中,从人性深处通达天道,削减诸夏、夷狄之区隔。

此外,在《中庸》"子路问强"一章中,孔子从南方之乐的彰显与赞叹中亦可印证孔子以文化而非地域、血缘来区分夷狄与诸夏的夷夏观。孔子所言南方是周代以来的江汉流域,相对于洛邑为中心的夷蛮之地,这里气候温润,聚居于此的族群在先圣舜、周公、召公等的礼乐教化之下形成中和之气禀,孔子谓之德性之强、君子之强。所谓"宽柔以教,不报无道,是南方之强也"在孔子看来,风土不同,人之性情、审美亦不同,南方之乐"温柔居中,以养育之气"属于"君子之音",北方之乐则"亢丽微末,以象杀伐之气"此乃"小人之音"。通过南方之强与南方之音呈现了孔子的王道、德治之思,此二者构成了孔子夷夏观念的重要内涵。同时,在《中庸》中"强"与"柔"相融相荡,"强"者固执而中,是德性之强、君子之强,"人一能之,己百之;人十能之,己千之。果能此道矣,虽愚必明,虽柔必强"。(《中庸》二十章)进一步强调了君子之学不为己,为则必要其成,百倍其功,择善固执,柔者可进于强。要言之,孔子从修身到治国安邦的思想在《中庸》中形成紧密的关联,从君子"慎独"到"劝学励志"到治国"九经"所蕴含的是君子个体"修身"意识介入到公共空间"群治"。孔子以中庸为至德,"柔远人"即为治国的一种实践智慧,在此过程中将忠恕之道(诚)施行于"他者"。也正是"柔",作为一种不偏不倚的交往态度和顺四方,此为中庸之用也。

《中庸》篇末回到其根基问题——"至诚","凡为天下国家有九经,所以行之者一也"。(《中庸》二十章)引文中"一者"即为"诚",这里子思再次将"诚""至诚"的本体论意义引入治国之道的阐释。如果没有"诚"的参与,治国"九经"只是虚文,可以看出,《中庸》对"哀公问政"的回答,从"政道"转向了"人道"。"人道"的内在逻辑王夫之鞭辟入里地阐释,合乎《中庸》旨意:"此人道二字,自仁义礼推之智仁勇,又推之好学力行知耻,而总之以一,一者诚也。此人道即后'诚之者人之道也',首尾原是一意。先虚言'人道'而步步详求其实,只在'择善固执','己千己百',皆人为之。人所以为道而敏政者在此。"②其中,"诚"贯通了修身与治国之道,进而又勾连了"天道",这是《中庸》的整体逻辑,第二十章文本则是对治天下国家始以修身的全面表述。在这一思路下,"柔远人"作为治国九经的方略,正是君子修身与治国之道的具体内容之一。一方面,通过反求诸己以"至诚"进而"敏政",合内外以达道;另一方面,对他者身份、地位的承认,在上位不陵下,正己而行不求于他人,"君子素其位而行……素夷狄,行乎夷狄"。(《中庸》十四章)这一点与《论语》"言忠信,行笃敬,虽之夷狄不可弃也"相一致,修身乃是正己,正己的目的在于"见而民莫不敬,言而民莫不信,行而民莫不说"。可以说,修身的最终目的在于治国,"唯天下至圣,为能聪明睿智,足以有临也……是以声名洋溢乎中国,施及蛮貊。"(《中庸》三十一章)从这个意义上,《中庸》

---

① 钱穆先生在《论语新解》中结合历史上众多经学家注疏,作了详细的注解,认为社会终可以无君不可以无礼。详见《论语新解》,北京:生活·读书·新知三联书店,2002年,第52页。

② [明]王夫之:《船山全书》第六册,《四书笺解》卷二《中庸》,长沙:岳麓书社,2011年,第141页。

的思路与孔子"修文德以怀远人"的主张一脉相承。儒家差序格局中，因有五伦，而有三事：家、国、天下。自我心性的完成在于齐家治国平天下的无限进程中，亦在对"他者"的观照践行中。

三、"柔远人"方略及现代意义

一个民族的文化生命往往体现在经典中，《中庸》在中国思想中的核心地位并不是说它为中国文化给定了一个范畴与框架结构，而是打开了开放性的思维空间。《中庸》多被理解为儒家传续道统的经典，往往被加深了形而上的意义。但是，如果将《中庸》交付给政治哲学、人类学就不可避免地与"治国平天下""夷夏之辨"等联系在一起，由此获得"道"与"器"的合一。《中庸》"九经"的阐述正体现了这一特征。"柔远人"作为一种治国方略，是君子自身修养的开显，以"仁义"为核心采用安抚、怀柔之术对待作为"他者"的四方之民。"为政以德，譬如北辰，居其所，而众星拱之。"这一举措所反映的是政治合法性有了"民意"的参与，因为四方之民的归顺是"平天下"的基础条件之一。但其前提在于君主能"以德抚远"，推行忠恕之道。对此，费孝通先生把传统社会以"己"推至"他者"的差序格局称之为"自我主义"，一切价值以"己"作为中心，但又不同于拔一毛而利天下不为的杨朱。在费孝通看来儒家的差序格局里公和私是相对而言的，"自我主义"具有相对性和伸缩性。"在我们传统里群的极限是模糊不清的'天下'，国是皇帝之家，界限从来就是不清不楚的，不过是从自己这个中心推出去的社会势力里的一圈而已。所以可以着手的，具体只有自己，克己也就成为社会生活中最重要的德性，他们不会去克群，使群不致侵略个人的权利。"①在这里，我们无意评述费孝通先生"差序格局"理论能否契合《中庸》"九经"中所涉及的九重关系。"差序格局"很好地为我们提供了以"群"与"己"、"公"与"私"的视角来审视中国传统社会圈层结构。但是，基于《中庸》的解读，治国"九经"之间更像是平行的策略，以君主"修身"（仁义）为中心所展开的德治之道。"文武之政，布在方策。其人存，则其政举；其人亡，则其政息。"（《中庸》第十九章）人的主体性得到重视，贤人、亲人、大臣、庶民、百工、远人、诸侯皆是治国平天下不能或缺的举措。

一定程度上，《中庸》"九经"代表了儒家德治主张及具体践行，对古代中国政治政策、民族政策、伦理原则诸多方面均产生了深远影响，在现代社会仍然留有深厚的历史文化印记，当然，当下的中国社会结构、经济基础、社会制度已然发生了翻天覆地的变化。如何汲取儒家文化中合理的思想资源，进行创造性的转化离不开当下社会的时代诉求与精神文化建构，在《中庸》"九经"中如果说君臣观念已经失去了思想基础，父子、夫妇的伦理关系发生根本性变化，那么，"柔远人"可以说更贴近现代语境的转化。如上所述，"柔远人"所指向是的对华夏之外的"夷蛮"（四方之民）的安抚、怀柔。这是儒家夷夏观的集中表达，"远人"作为"他者"被纳入治国平天下的序列之中。这是君子"克己"的修身功夫介入到"群治"的公共空间方略之一，对"远人"的态度是"送往迎来，嘉善而不能"。（《中庸》十九章）朱子集注曰："往则为之授节以送之，来则丰其委积以迎之。"对四方宾旅（少数民族）依据礼节对待，给予丰厚的赏赐接受菲薄的纳贡，这是儒家以仁义为核心的德治的推行，也是中庸所言"诚"的落实。"柔远人"作为君主施行仁政的表现之一，包含着先秦儒家对夷夏观念的基本态度，均在"天道"—"人道"—"政道"的逻辑系统中一以贯之。

儒家"柔远人"是中庸精神原则在"大一统"天下国家的具体践行，影响着历代王朝的政治选择与夷夏关系的张弛。近代以来，中华民族走向民族国家，中庸之道仍影响着国家治理原则，遵循着费孝通先生所言"各美其美，美美与共"的相互尊重、平等互利的交往原则。这些原则表现在对"他者"文化、习俗、信仰诸多方面的尊重，在《原始人的心智》一书中，博厄斯运用实证材料有力地驳斥了白种人生来就在智力上高于其他人种的谬论。他认为不同民族间文化的差异并非因为天生的智力水平造就，而是受历史条件与环境影响所致。因此，要了解特定地区的历史只能从该民族或地区的实际历史发展中获得。依

① 费孝通：《乡土中国 生育制度 乡土重建》，北京：商务印书馆，2011年，第32页。

据博厄斯文化相对论作为一个视角来审视"柔远人"何以可能,为"远人"及其文化找到恰当的理论工具。但是,博厄斯过分强调文化间的异质性,否认不同文化间存在普遍的规律性。这样必然带来一些困厄甚至卷入无法调和的逻辑矛盾。因为"柔远人"尽管凸显了对人的主体性的重视,但也包含着儒家对夷蛮("他者")以德抚远的教化。教化意味着培育四方之民与中原有着共同的价值认同,对原始儒家而言,仁、义、礼、智即是人之为人的准则,这是教化的标准与目的。是否达到这一标准也是夷夏之分的依据。从博厄斯的角度来看,他反对依照唯一的理性辨准来了解别的文化和思想体系。因此,对中国文化的理解,文化相对论作为方法论仅仅供我们窥见一个侧面,它让我们看到并且承认每个民族拥有自身独立的文化和思想体系。中华民族是统一的多民族国家,作为一个自在的民族实体几千年的历史过程塑造了56个民族灿烂的文化,构成了多元、多层次的中华民族文化。而中华民族文化的内在历史动力,无论是苏秉琦先生提出的"满天星斗"概念对中华文明的传神描述,还是赵汀阳在《惠此中国》中论及的"中国漩涡"的解释模型,中国之所以为中国者,与中华文明有着强大的兼容性不无关联。① 儒家思想则为中国文化确立自身找到了依据,并在"中庸"精神原则中打开了广阔的视域。"柔远人"作为治国"九经"方略之一为中华民族多元一体格局的形成奠定了思想基础。

　　儒学在最基础的层面上,不仅仅是经典的诠释,更是中华民族共同体最深层的文化心理结构。它奠定了中国文化的核心价值与道德规范,增强了中华民族的生命力、凝聚力。《中庸》"柔远人"的精神原则在治国理政中激发君子追求"协和万邦"的政治理想,影响着历代王朝的夷夏观。"和合"思想亦在中华民族历史演进过程中促进了各个民族的交流交往与交融,缔造了中华民族共同体"以和为贵"的精神特质与共同体意识。在中华民族与中华文化复兴的当下,中华民族文化的传承应该在传统的基础上以今人的眼光、时代的诉求与历史文本进行创造性对话,"柔远人"的精神原则也应该放在中华民族"多元一体"格局中进行新的阐释与转化,将中庸的实践智慧,注入新时期关注个体的善、社群的善、有益于中华民族共善的践行之中。

四、结语

　　孔子从修身到治国安邦的思想在《中庸》中形成紧密的关联,从君子"慎独"到"劝学励志",再到治国"九经"所蕴含的是君子个体"修身"意识介入公共空间"群治"。孔子以中庸为至德,"柔远人"即为治国的一种实践智慧,在此过程中"柔"的态度与策略将忠恕之道(诚)施行于"他者"。从"柔远人"的注解中不难发现,在"修身—齐家—治国—平天下"的逻辑中,先秦儒家的民族观(夷夏观)隐含其中。"远人"的意涵也揭示了中华民族发展演进中,随着疆域的扩充而拓展,均是对自身与"他者"交往中的认知,并做出合乎中庸之道的行为选择与政治方略。

　　"柔远人"集中反映了儒家"他者"之道,一方面,通过反求诸己以"至诚"进而"敏政",合内外以达道;另一方面,对"他者"身份、地位的承认,在上位不陵下,正己而行不求于他人。即作为方法论的柔远人表明君子修身的目的与践行,中庸之道在对"他者"的重视中得以彰显,从而塑造了中华文化"以和为贵"的特征。如果说"柔远人"是中庸精神原则在"大一统"天下国家的具体践行,影响着历代王朝的政治选择与夷夏关系的张弛,那么,作为儒家"他者"交往之道的"柔远人"它所彰显的是注重人的主体性及其群体的和谐。只有关注个体的善、各个民族的善,才能实现中华民族共同体的"共善"。这既是儒家思想在现代语境下创造性转化并获得生命力的关键,也是中华民族在"和而不同"中发展壮大的关键。

---

① 赵汀阳:《惠此中国》,北京:中信出版集团,2016年,序言第2页。

乱世与失贞:明清女诗人关于贞烈的自我辩护

——以明清女诗人的离乱诗作为底稿

刘倚含[*]

(香港浸会大学 中文系,中国香港 999077)

摘　要: 明清社会中,当直面离乱现场时,女诗人们会以殉死的方式回应妇德规范,但这并不是所有女诗人的选择——事实上,女作家们的绝命诗之所以能够受到世人的关注和审视,相对稀缺是重要缘由之一。因而,在讨论离乱中女诗人关于贞烈的自我阐释时,我们需要关注另外一个群体对于离乱中妇德贞烈的反响:一些女诗人在离乱中为了生存不得不失贞,在自己的诗中会为自己的行为寻找一个相对合理的原因。本文以明清女诗人的离乱诗作为底稿探查明清时女诗人对于失贞的辩护,并从作为"读者"的男性及女性文人的阅读体验中再次肯定贞烈观念的精神束缚对女性的影响,而与之相关衍生出的女诗人关于贞烈问题的思考在一定程度上前溯了女性意识的觉醒,从行为意义上说,女性关于失贞行为的对话在某种程度上亦打破了性别的秩序。

关键词: 明清女诗人;离乱;贞烈书写;失贞

如李因所说,明清两代遭遇离乱时,尤其是战乱时常常会有"白骨城中满,红颜马上多"的场景,女诗人们被贼兵抢掠,或者因为离乱被动流离而失身更是人间真实。从当时的社会语境思考,女性的生活本就处在被妇德束缚的模式下,被教化"妇人贞吉,从一而终也",故而不少人持"女子不幸而被难,惟有一死。至陷身针书,以冀蔡琰之归徒,徒增丑耳"[①]的观点,加之社会又在不断给予她们"殉难才媛"的模板,那么"苟且偷生"的女性为自己的行为找到一个合理的原因与合适的位置就成了女诗人离乱书写中的又一主题。从她们的诗歌中看,她们的回应通常是通过示弱和对比来实现。值得关注的是,这些诗歌得以流传且没有受到太多批判,这表明社会在一定程度上接受了她们的自我辩护。从离乱中男性文人对"失贞"自我辩护的态度,讨论这些女诗人的诗歌接受也是本文的主题所在。

一、示弱:角色演绎

在中国传统社会中,女性一贯被视作弱者。从社会分工到角色定位,女性无不存在于从属的角色中——当然,这既是掌握话语权中心的男性所期待的,也是女性被动接受和主动选择的结果——简单来说,即女性接受了男性给予的"社会性别",并"主动"地扮演好弱者的角色,于是女性需要被男性照顾,需要依靠男性。女性的弱者姿态也常常被呈现在文学作品中,"巧笑倩兮,美目盼兮""娴静犹如花照水,行动好比风扶柳""柔桡轻曼,妩媚纤弱""翩若惊鸿,婉若游龙"等等,这些诗句都是赞美女子的弱质盈盈;但有趣的是,在这种书写中,"香草美人"式的表达占比不少,借用女子的愁怨说自己抑郁不得志,又或者用女子闺事议论朝事屡见不鲜,在这类书写当中,男子常常处于低落、伤感的示弱状态(与之相对应的是男子雄姿英发时一定不会用女子口吻书写自己的伟大抱负);这种化身女

---

*　作者简介:刘倚含(1994—),陕西宝鸡人,香港浸会大学文院博士,研究方向为清代文学、女性文学。

①　(清)王端淑辑:《名媛诗纬初编》,康熙六年(1667)清音堂刻本,第 21.8b—21.9a 页。

子的自喻往往能够得到更多同情和关注,这是得益于"弱者"与"强者"之间的"被同情"和"观照者"的关系——人的天性往往不会对向自己示弱的人产生攻击。这种书写也影响了女作家们的创作,尤其是在女作家叙述自己苦难的创作里。这里需要强调的是,笔者并不是在否定这类苦难创作的叙事性和真实性,而是想表明在"女性"这一弱者的形象中,用"示弱"书写苦难,更容易获得同情怜惜。对于明清被抢掠的女诗人来说,她们的诗中这种"示弱"层见叠出,而这种示弱,为她们没有以死明志、苟全求生博得了话语空间。

虽然她们并没有像贞烈女性以身殉死,彰显坚贞心志。但在她们的诗文叙述中,自己已然是心死之人。比如女诗人王素音为乱兵所掳,在《良乡琉璃河馆壁题诗三首并序》的组诗中写道:"多慧多魔欲问天,此身已判入黄泉。可怜魂魄无归处,应向枝头化杜鹃。"①王素音先是为自己的多慧与多磨难诘问命运,继而便说自己不应徒留人世,后两句感叹即便自己即刻死去,魂魄也无归处,想来是会化作枝头杜鹃,声声啼血,杜鹃是用了望帝的典故,古蜀王杜宇国亡身死,死后魂灵化作杜鹃鸟,年年在暮春时节悲鸣,其声凄厉哀婉,因此历代诗作中被用来记述哀怨、诉说悲苦,如"杜鹃啼血猿哀鸣"②"望帝春心托杜鹃"③等等。王素音此诗,声声句句都是自己哀大于心死的愁苦之情。再如吴芳华,被掠逆旅,有题壁诗写于被掠途中:"胭粉香残可胜愁,淡黄衫子谢风流。但期死看江南月,不愿生归塞北秋。"④这首诗述死意味似乎更大,前两句写女子妆容消残,衣衫素简,尤是第二句,用了"淡黄衫子郁金裙"⑤和"从今而后谢风流"的典故,柳词是写歌舞升平的酒宴,淡黄衫子是饮宴上歌女所着衣衫,而用在一个被掳的女子身上自然已不再合适,因此她用"谢风流"三字表示自己再无意穿戴美丽了。后两句中吴芳华明确表明自己愿意死在江南,也不会由人将自己强掳至塞北,王端淑在评价此四句时也说:"呜呼!沧桑后如芳华者,可胜叹哉。三四句有不愿生入玉关之意。"⑥在诗中如此诉说自己形如槁木,心志全死并表现自己想要赴死的心志,又让人如何去指责她没有以死明志呢?值得说明的是,笔者所谓的示弱不是否定了作者袒露自己真实心境,毕竟被掳的生活甚是悲苦,她们一方面受到了身体的伤害,另一方面心志亦会被摧残,形容枯槁、心如死灰是经历这些伤痛后真实的反应,但这种死志的表达之后常常伴随着诗人的怨责,其实表现了她们的求生意愿,如吴芳华题壁诗的后四句便写道:

> 掩袂自怜鸳梦冷,登鞍谁惜楚腰柔。
> 曹公纵有千金志,红叶何年出御沟。⑦

王端淑在说完"三四句有不愿生入玉关之意"之后,又责其立志不坚:"后复矛盾。甚矣,有终之难也。"⑧是因为后两句中满满都是求赎之意,作者首先用了文姬归汉的典故⑨,继而用了御沟红叶的典故⑩,表达自己渴望良人,可以得到救赎。如她这样用曹孟德典故表述求赎心意的,还有金陵宫人宋蕙

---

① 这组诗在《国朝闺秀正始续集》中只收录了前两首,《闺秀词钞》中多了一首即《减字木兰花》,载(清)恽珠:《国朝闺秀正始续集》附录,清道光十一年(1831)红香馆刻本,第3b-4a页。

② (唐)白居易:《琵琶行》,顾学颉校点《白居易集》,北京:中华书局,1979年,第242页。

③ (唐)李商隐《锦瑟》,(清)彭定求编:《全唐诗》卷五百三十九,北京:中华书局,1979年,第6144页。

④ (清)王端淑辑:《名媛诗纬初编》卷,康熙六年(1667)清音堂刻本,第21.8a页。

⑤ 柳永:《少年游》,唐圭璋编:《全宋词》(北京:中华书局,1965年)第32页。

⑥ (清)王端淑辑:《名媛诗纬初编》,康熙六年(1667)清音堂刻本,第21.8a页。

⑦ (清)王端淑辑:《名媛诗纬初编》,康熙六年(1667)清音堂刻本,第21.8a页。

⑧ (清)王端淑辑:《名媛诗纬初编》,康熙六年(1667)清音堂刻本,第21.8a页。

⑨ 汉代才女蔡文姬在汉末乱世流亡中被匈奴所掠,后嫁与左贤王,在匈奴一住十二载,曹操感文姬之父蔡邕无嗣,遂以千金将文姬赎回。

⑩ 御沟红叶又称红叶之题、御沟流叶,根据唐代孟棨《本事诗》的记载,顾况在洛阳游苑的流水中看到宫女写在红叶上的诗,他便也写诗于红叶上,二人以此结缘,由水波之红叶传情,终修正果。

湘的"谁散千金齐孟德,慇慇遣使赎文姝"①,湘江女子②的售市诗也有此愿:"情识郎非薄幸郎,其如无计觅鹣鸰"③直接表述了她希望能够得到有识之士赎买的愿望,可即便是她做出将自己的诗歌让小童售卖于市这样挣扎求生的事情,在后两句,她仍然还要向世人表白自己的贞洁意识,她写:"几番叮嘱鳞鸿字,韵骨柔心试刃锉。"湘江女子如此小心翼翼一边表述自己求生的欲望一边诉说自己的死志,王端淑之类的评说者仍然会有"魏武千金赎琰,自是英雄本色。究之珠还剑合,等于阿闪,孰若一死之为快耶"④的说法。即便看到(甚至感受到)她们如此苦难的漂泊生活和唯想活着的愿望,评论者仍然坚持妇德之守高于生命的观点,觉得一死为快更为上策。王素音在其题壁诗的序文中,也直陈了自己希望被救赎的愿望:

> ……嗟乎,高楼坠红粉,固自惭石崇院内之妹,匕首耀青霜,当誓作金将(徐乃昌《闺秀词钞》中作"兀术")帐中之妇,天下好事君子,其有见而怜子乎。许虞侯可作沙叱利,终须断头陷胸,昆仑客重生红绡妓,不难冲垣奋壁。是所愿也。敢薄世上少奇男,窃望图之,应有侠心怜弱质。⑤

她的这篇序文,相较于上述几位诗人娇滴滴的恳求多了一些自持味道。她先以绿珠坠楼殉石崇的典故对比自己,她用"自惭"二字表明自己明白自己没有选择自尽的"不当之处"——她这样坦白,自己说自己的不好,于是旁人也就很难再开口批判她不好。继而,她像其他女子一样表述自己希望得到搭救的愿望,她并没有用的曹孟德等常见典故,反而是用了许虞侯、昆仑客这样的侠义之人。⑥并发出"敢薄世上少奇男"的感叹,她用如此英勇的人物与当世的男子做比,得出当今世上如这样勇敢侠义之男子实在少见的结论,这种多少带了些许责难意味的感慨,想来当时男性读来该有百种滋味萦绕心头。

不论是诉说自己心死的意志,还是恳请男性在她们遭遇离乱时搭救自己的愿望,都是将男性放在"强者的位置上",她们先是在诗歌中营造自己遭遇危难的画面,继而表述自己应当(或者想要)完成男性对她们的期待和想象(比如以死殉节),最后再肯定男性能够救赎他们的高位角色,使得他们成为救赎者和被救赎者的关系,这种互动性的自我表达,很容易引导读者(尤其是男性读者)接触诗歌之后进入诗人所设置的行为确认中,那么他们很容易就能代入到这些女诗人心志坚定、渴望得到救赎的情境中,但是作为她们的"保护者",自身群体又没有做到保护她们,当这种柔软的示弱与抱怨被男性接受后,又如何能再去指责女子呢?需要强调的是,笔者在此并不认为这是女性诗人刻意而为之的,在中国传统的社会文化和语境下,男女的强弱关系与女子的示弱是常态演绎,因而女诗人的如是表达仍然是真情大过意图。

二、对照:传统与典故

要解读一首诗,就必须回溯诗中的对先前各种文学与非文学文本的典故,影射,借用,沿袭,继承,变更。而且回溯到另一个文本又会带出一连串的文本,这个过程是无限衍义的一种特殊

---

① (清)王端淑辑:《名媛诗纬初编》,康熙六年(1667)清音堂刻本,第1.12a-1.13a页。
② 《名媛诗纬》中讲述了她的故事:"闽士韩元璋曰:蒙难被掠。赋诗三章。命小童售于市,以明必死。有楚人赠赀赎还,姬得不死。"载(清)王端淑辑:《名媛诗纬初编》,康熙六年(1667)清音堂刻本,第21.8a页。
③ (清)王端淑辑:《名媛诗纬初编》,康熙六年(1667)清音堂刻本,第21.8a-21.8b页。
④ (清)王端淑辑:《名媛诗纬初编》,康熙六年(1667)清音堂刻本,第21.8a-21.8b页。
⑤ (清)恽珠:《国朝闺秀正始续集》附录,清道光十一年(1831)红香馆刻本,第3b-4a页。
⑥ 许虞侯是章台柳故事的第三主角,安史之乱里,诗人韩翃安排其爱妾柳氏于法灵寺避难,在此期间,韩柳写下了那首著名的"章台柳,章台柳,昔日青青今在否,纵使长条似旧垂,也应攀折他人手"。当叛乱平定,韩翃归来时柳氏已经被藩将沙叱利所取,幸有侠义之士许虞侯,从沙叱利手中救回柳氏,韩柳二人终得团聚。而昆仑客是唐传奇"昆仑奴"的故事,他先是帮助崔生与一品家中红绡女相会,党红绡女向他请求救赎时,他立时答允并救出红绡女。

类型。①

在上文中其实也多次提到，这种自我辩护的诉说中，女诗人会引用典故，典故的使用也是她们能够继承和沿袭相关事件的评论。如上引所言，解读她们的诗作便要理解其使用典故的衍意，用典意味着她们认为自己所经历的一部分事件与典故中的事件存在着一定的关联。在她们的相关诗作中，典故对象的选择相对来说较为单一，集中在昭君和蔡琰二人身上，这当然与二人的生活经历和离乱遭遇同这些女诗人们相共情有关。单从二人的行为来看，蔡文姬委身匈奴王，复而再嫁董祀；王昭君作为汉宫宫人远嫁匈奴，又依从胡制再嫁其子，她们选择此二人为对照的对象，想必也是希望通过与先烈女来减轻自己的负罪感、消弱文士们的批评言论，这又何尝不是她们对自己妇德贞烈名声的自保和争取呢？讨论她们诗歌中的相关典故，自然要回溯到昭君和蔡琰二人的经历：

> 单于自言愿婿汉氏以自亲。元帝以后宫良家子王墙字昭君赐单于。单于欢喜，上书愿保塞上谷以西至敦煌，传之无穷，请罢边备塞吏卒，以休天子人民。……王昭君号宁胡阏氏，生一男伊屠智牙师，为右日逐王。呼韩邪立二十八年，建始二年死。……复株象单于复妻王昭君，生二女。②

离乱中女诗人以昭君为典的不在少数，与"不留青冢在单于"的杜小英这样决绝自沉的女子不同，更多女诗人用昭君的典故是为了诉说自己与昭君相同的命运。金陵宫人宋蕙湘在《邺城题壁》以"盈盈十五破瓜初，已作明妃别故庐"③说自己和昭君一般大的年纪被掠北归；如王素音在《琉璃河题壁·其一》中道："朝来马上泪沾巾，薄命轻如一缕尘。青冢莫生殊域恨，明妃犹是为和亲。"④诗中用明妃对照自己，前两句写自己被掠后漂泊无依的日子，说自己命薄如尘，最后一句却别有旨意：王昭君远行匈奴，是因为国家动荡而产生的和亲需要，而她明明是被清兵掳掠，却将自己之行与昭君和亲的行为类比，一方面是对昭君民族大义行为的肯定，同时也是将自己的命运与家国命运相关联，即自己被掠北上，亦是因为国之不定，世道动荡，将焦点转移到国族问题上。李惠仪因此提出了"私情化公"的难女情缘之论说，但笔者想强调的是，这种将自己命运放大至家国命运的表述的目的是为了对自己没有"不留青冢在单于"的行为进行辩护，诗的第三句体现的非常清楚：这句既可以看作是明妃异域青冢，无法魂归故土衍生出来的故园之思，亦可以说是她在被动流离漂泊中不知魂归何处的伤感，还可以解读为明妃为了和亲委身于匈奴，身辱而心贞，若作者也委身清兵，亦可以像昭君一样被理解为因家国之大义的献身——诚然这种解读许会被做过分读解，但王氏之生平确已无可考。不过，她在自序中曾说道，"匕首耀青霜，当誓作金将帐中之妇"（徐乃昌《闺秀词钞》"金将"中作"兀术"），兀术指的是金将完颜宗弼⑤，此句之上她说自己与绿珠相比很是羞愧，再用兀术帐中之妇的典故表达有些奇怪，如果她真要言说自己的坚贞不屈心志，实可用乐羊子妻、赵娥这些常被提起的不屈于贼人的烈女，而不是"身辱心贞"的帐中之妇。那么，她是否已如帐中之妇一般委身于乱兵呢？不论是否辱身，用帐中之妇的坚贞和昭君的为国所屈为自己辩护，将自己的命运选择与国难紧紧关联，打破了公与

---

① 赵毅衡：《文学符号学》，北京：中国文联出版社，1990年，第124页。

② （汉）班固：《汉书·匈奴传》，北京：中华书局，2012年，第3263页。《汉书》提到昭君为"墙"，此字与"嫱"为通假字。另，王昭君的故事最早记录在《汉书·元帝本纪》和《汉书·南匈奴传》中，初始的相貌并不丰富，至后来蔡邕《琴操》、石崇《明君辞》才更细致化，《后汉书》中昭君又成了自请为国出嫁，这让昭君的身上更多了一份爱国情操。葛洪《西京杂记》的故事里，王昭君不愿向匈奴的风俗妥协而吞下毒药身亡，这番书写俨然将王昭君塑为贞烈典范。再至马致远的《汉宫秋》，更是将其对国的忠和对情的贞融合在一起，作者加重笔墨渲染元帝和昭君之间的情爱，言说昭君未到匈奴便跳江自尽。可以说，随着时代愈近，昭君的故事愈被注入贞烈的成分，这种不断的演绎与第一章所讨论的贞烈观念的细化有关，世之传颂王昭君，各朝文人自然要将自己笔下王昭君的贞烈观念与时代同步，同时，宋元明清以来，历代都有外族侵犯，王昭君的烈行亦可作为文人民族意识的投射。

③ （清）王端淑辑：《名媛诗纬初编》，康熙六年（1667）清音堂刻本，第1.12a-1.13a页。

④ （清）恽珠：《国朝闺秀正始续集》附录，清道光十一年（1831）红香馆刻本，第3b-4a页。

⑤ 完颜宗弼喜欢一个兵士的妻子，杀死该兵士，将其妻纳入营中，有一夜他惊醒，看到该女子手持匕首欲杀死自己，为夫报仇。他认为该女子不能留在自己身边，可他没有杀掉她，而是让她在自己的其他兵士中选择一人成婚。

私的界限，她的行为，便成了国之动荡的牺牲，至于妇德之守，自然放在了国之大义之后。再如赵雪华在《沐水旗题壁》中所书：

> 不画双蛾向碧纱，谁从马上拨琵琶。
>
> 驿亭空有归家梦，惊破啼声是夜筇。
>
> 日日牛车道路赊，遍身尘土向天涯。
>
> 不因命薄生多恨，青冢啼鹃怨汉家。

赵氏在这首诗中直接点明自己的怨。她以昭君自比，句句都是被掠途中的"归家梦"，用昭君的"汉家怨"表达自己对时局之怨，和身为女子的红颜薄命之恨。她在用昭君为自己自画的时候，说自己不画眉、满身尘土，这一定程度上当然是被掠途中天涯漂泊的辛苦写实，但所谓"女为悦己者容"，赵氏在此诗中借昭君之态描述自己的形如槁木，言下之意是指自己已然心死，这些人中，没有"悦己者"，从这个角度讲，这也是对自己"贞"的辩护。诗的后两句说昭君因汉廷将她送去和亲，葬身塞外含恨而终，反映在赵氏自己身上，她的际遇远不如昭君，相较于昭君"明知的悲剧"，她不知自己身往何处，命归于何处，她怨恨国家，怨恨离乱的世道，昭君因为两族的征乱成为政治的牺牲品，而赵氏认为自己亦是如此：昭君是为国家大义奉献自我，这是汉廷软弱的表现，赵氏被掳北上，她的命运悲剧在于国家的不作为、男性的无能。她的这些埋怨，矛盾直指男性和国家，若男子无法守护她们的安危荣辱，又怎么能再去指摘她们的贞烈与否呢？

蔡琰亦是被常用来比照的对象：

> 陈留董祀妻者，同郡蔡邕之女也，名琰，字文姬。博学有才辩，又妙于音律。适河东卫仲道。夫亡无子，归宁于家。兴平中，天下丧乱，文姬为胡骑所获，没于南匈奴左贤王，在胡中十二年，生二子。曹操素与邕善，痛其无嗣，乃遣使者以金璧赎之，而重嫁于祀。[1]

如果说王昭君是女诗人的精神寄托，蔡文姬便是现实的梦想。[2] 与"汉家怨"相比，女诗人在借蔡琰对照自己时，会由家国之怨转至君子之怨，由君子之怨再转世道之怨，辗转幽恨，令人再难指摘，比如被至清风店，题诗于壁的女诗人宋娟有《题清风店》一诗：

> 妾命如朔风，飘然振落叶。不入郎罗帏，乃逐尘沙陌。
>
> 妾本良家儿，流落平康劫。十三工秦筝，十五好笔墨。
>
> 尊前柔声歌，泪湿江州褶。人谓妾颜好，妾开前生孽。
>
> 武林遇公子，知心不徒悦。忽尔天地崩，遂令山川别。
>
> 一为俗子羁，再为干戈绁。哼哼破车中，尘土满鬟髻。
>
> 塞马嘶寒风，玄冰真惨裂。披掷一羊裘，皱肌冷如铁。
>
> 昼则强怀笑，夜则潜哽咽。谁谓文姬哀，文姬犹返阙。
>
> 谁谓明妃怨，犹能封马鬣。而我薄命妾，终当染锋血。
>
> 胡不即就死，心为公子结。公子尔多情，岂忘西湖月。
>
> 公子尔多智，岂不谅我节。公子尔任侠，忍妾委虎穴。

---

① （南朝）范晔：《后汉书》，北京：中华书局，2007年，第824页。

② 同王昭君相比，蔡琰身上少了政治意味，她生逢乱世，几度颠沛流离，后来被曹操重金赎回，又嫁给董祀，后来她感慨乱离，悲愤中写下悲愤诗二首，她的际遇，既有民族交际的困顿，又有流离命运的笼罩，因此成为离乱中女性发声的先驱者。但从贞烈的角度看，蔡文姬二嫁之行自然算不得"贞"，也因为她的再嫁经历，围绕着她贞节问题的讨论从未停止过。比如晋袁宏"若夫洁己而不污其操，守善而不迁其业，存亡若一，灭神不毁者，此亦操之士也"，或如唐史学家刘知几"徐淑不齿，而蔡琰见书，欲使彤管所载，将安淮的？"同昭君一样，蔡文姬的形象也发生着变化，李德瑞（Dore J Levy）在《蔡琰艺术原型在诗画中的转换》一文有所讨论，详见李德瑞（Dore J Levy）作、吴伏生译：《蔡琰艺术原型在诗画中的转换》，《中外文学》，第十一期，1994年4月，第112-116页。

> 公子尔多交,交岂无豪杰。媒妁扇上诗,颠沛不忍■。
>
> 忍死一相待,悲酸难再说。又闻洞山方,风流当世杰。
>
> 尔既善顾郎,何不一救妾?①

李惠仪在《明清文学中的女子与国难》一书中以诗中所怨公子的身份延伸至丁耀亢《西湖扇》,该剧以南宋为背景,杂合了宋娟与宋蕙湘二位女子的经历,探讨了难女故事中的政治情缘,诚然,从当时的社会价值观来看,女子的辱身是男子向新政权妥协很好的影射,但这是从更大的视角去讨论的,笔者在此处更多的是基于宋娟题壁的文本及处境关注她为自己贞洁辩护的方式。宋娟在诗前自序,大致内容是自己流落平康与曹子顾结盟西湖,王师南征后她被掠至清风店,题壁以书盼曹子顾②相救。不论宋娟与曹子顾情缘官司如何,从诗文内容看,此诗的确是寄给具体某位公子的。诗歌一开始便说明自己被掳的处境,接着回忆自己生平,直到说至自己生逢世变,便开始通篇哭诉,她用破旧的周遭烘托自己处境的难堪——破败的车子,满是尘土的发髻,寒风凛冽的天气,皴裂干枯的肌肤,用来取暖的羊裘,强颜欢笑的窘迫等等。她为自己辩解表现在"夜则潜哽咽",说自己只是强忍着为苟活而强懂笑,实则内心痛苦,每每深夜痛哭,这种下意识的解释反而流露出她内心渴望世人体谅的想法。王端淑在《名媛诗纬初编》中评此诗:"哀愤似蔡琰,而情思缠绵,语不求工,然亦何必工也。"③宋娟在诗中也自对比文姬和昭君,用两句"犹能"表现自己比她们更难堪的情境,这似乎在说,蔡琰能委身于匈奴,而自己在比她们更难的处境下,假使她委身于贼人,亦是无可奈何之举。接下来的文字她再为自己更进一步的解释道:自己不是不愿意立刻赴死,只是心系情郎。如此一来,她人设便成了心贞的痴情女——她痛苦,一心向死,可苟且的活着,只是因为她心里有情郎。她用情动人,从男性读者的阅读来说,一位羸弱的、被伤害的女子向自己哭诉自己没有即刻赴死是因为惦记着心里的情人,这种女子爱慕之情的传达,很容易激发男性的怜爱,当读者沉浸在乱世才子佳人形象的美化下开始同情弱小的她时,她再经转笔絮絮埋怨,埋怨公子多情,是否已然忘记她,用痴情女和薄情郎再加深自己弱小可怜的形象,引人怜惜,继而又弱弱道,您是如此聪明的人,应该会谅解我没有殉节的行为,这样的撒娇,谁人能忍心再苛责呢?当完成示弱后,她将自己的惨状归因道:公子侠义、多交,为世之豪杰,为什么不救我这样弱小无助的女子走出豺狼窝呢?这样的归因,又回到第一节的讨论中。总之,从宋氏的这首诗中可以看出,虽然她用了蔡琰的典故,仍为自己是否会被同蔡氏一般议论德行有亏的担心,在延平女子的《题壁诗》(并序)中也有这样的体现:

> 妾闻峤名家,延平着姓。十三织素,左家赋娇女之诗;二八结褵,新妇获参军之配。何异莫愁南国,得嫁阿侯;庶几弄玉秦楼,相逢萧史。方调琴瑟,顿起千戈。夫死于兵,妾乃被掠。含羞归故里,魂消剑浦之津;掩面强登舆,肠断西陵之路。兹当北上,永隔南天。爰题驿舍数言,聊破愁城百叠。嗟乎!昔年薰香染翰,粉印青编,今日滴血濡毫,绡封红泪。秋坟鬼唱,哀似峡猿三两声;青冢魂归,恨拟胡笳十八拍。诗云:
>
> > 野烧猎猎北风哀,细马毡车去不回。
> >
> > 紫玉青陵恨已矣,泉台当有望乡台。
> >
> > 那堪驿舍又黄昏,桦烛三条照泪痕。
> >
> > 想象延津沈故剑,相期青冢一归魂。

---

① (清)王端淑辑:《名媛诗纬初编》,康熙六年(1667)清音堂刻本,第7b—8a页。另外,此诗亦收录在谈迁《枣林杂俎·义集·彤管》第578条及丁耀亢《西湖扇》卷首,李惠仪在《明清文学中的女子与国难》一书中将丁本与谭本中差异词句做了对照和标注。但是笔者阅读王端淑所辑,■处字迹模糊,有作撇,亦有作彻,又谭本和丁本有所出入,因而在此标示出。

② 曹子顾即清代著名诗人曹尔堪(1617—1679),与宋琬、沈荃、王士禛、施闰章、王士禄、汪琬、程可则相唱和,世称"海内八大家",又与山东曹贞吉并称"南北二曹"。

③ (清)王端淑辑:《名媛诗纬初编》,康熙六年(1667)清音堂刻本,第21.7b—21.8a页。

昨夜严亲入梦来,教儿忍死暂徘徊。

曹瞒死后交情薄,谁把文姬赎得回。

不道临时死亦难,强为欢笑泪偷弹。

同行女伴新梳里,皂帕蒙头压绣鞍。

庚申季秋,延平张氏题于沂水县垛庄驿。①

此首诗写于康熙十九年(1680 年),时值三藩之乱之末,根据序文中以及诗中所写,可知张氏为福建人,丈夫曾参军,又死于兵乱,由于再无资料,只能大致推测这场乱事是盘踞福建的耿精忠在福建、江西、浙江的征战,而三藩之乱先定耿精忠,再至尚可喜,最后是吴三桂,平乱的方向是由东向西,由北向南的,三藩之乱始终未过长江,但诗中却说自己一路被北掠,题壁处的沂水县为山东辖内,由此可知,所掠延平张氏的大致是清军。回归到诗歌本身,前六句都是在说自己路途上的辛苦以及自己对家乡的思念,七八两句用唐代唐暄《赠亡妻张氏》"峄阳桐半死,延津剑一沈"②的典故,为亡夫殉节的死志的表达在第一节中已做探讨,此诗妙在接下来她为自己的辩护:她说自己没有立刻去死,是因为梦到了家人,他们规劝自己,希望自己能够暂且忍耐。她是否梦到家人未可知,但这给了她一个很好的求生借口,下一句她又用了曹孟德千金赎文姬的典故感慨自己无人搭救的命运,求生意愿明显。诗末,她又说自己忍辱偷生,更用同行女子梳洗打扮、装点自己的行为与自己皂帕蒙头的模样对比,借此来表现自己与她们的不同,这何尝不是对于自己虽然被掳,但仍然重视自身妇德名节的挣扎呢?

李惠仪在《明清文学中的女子与国难》一书中曾提到"身辱心贞"的概念③,她在文后提出了"达节"这个与"失节"、"守节"相对应关联的概念,但同时也留下了问题:"问题是失节与守节之间存在的不稳定的平衡,谁有权利和权力决定其间分野,是始终存疑的难题。"④的确,如李惠仪所言,我们无法界定其间分野。笔者认为在当下时代,也不需要再为其做定义,"心贞"与否作为后人我们无法判断,但女性的自我辩护之言从目的性来看,她们正是因为重视自身的名节才作此番陈情。再这种目的性之下可以想见在贞烈的妇德的话语笼罩下,女诗人们日常生活里的小心翼翼以及离乱中的精神困境。

三、接受:读者与写作者

上文已经讨论了女诗人为自己在离乱中被掳走后妇德操守问题的辩护,她们用示弱的方式期待获得同情,在与前代列女的对照中,她们用自己与其相似的经历甚至超过她们苦难经历将自己的行为合理化,不论这种合理化是有意识或无意识,其本质都是在向强者示弱。因而,本小节便从读者的角度探讨上述相关作品的共情与接受。

基于上述女诗人们的多方辩说,在某种程度上她们的苦难经历被关注、被誊写的现象本身就是一种她们自我辩护的成功——这意味着她们的文字和情感将读者带入了她们描绘的情境当中,进入了她们的行为期许。比如上文提到的女诗人王素音,王阮亭有词《减字木兰花》相题,词曰:"离愁满眼,日落长沙秋色远,湘竹湘花,肠断南云是妾家,掩思难裁,楚女楼空楚雁来。"⑤词中满是对其遭遇的同情。而再如黄永《卖花声·长店访刘峻度中适遇方孝标兄弟以清风镇宋娟诗见示》:

佳句不堪听,墨迹犹新。章台今属叱将军。相对厌厌空叹息,几箇书生。

五欢忽峻嶒。此恨难平。座中摩勒问何人,愿署风流新院主,牛耳鸳盟。⑥

① (清)王蕴章:《然脂余韵》,民国九年(1920)上海商务印书馆铅印本,第 4.28a 页。

② (清)彭定求编:《全唐诗》,北京:中华书局,1999 年,第 8825 页。

③ 她以李渔的小说戏剧切入,探讨被掳的失身女子是否与寻常失节同日而语。

④ 李惠仪:《明清文学中的女子与国难》,台北:台大出版中心,2022 年 6 月,第 381-389 页。

⑤ 陈维崧:《妇人集》,上海:商务印书馆,1936 年,第 27 页。

⑥ 南京大学中国语言文学系《全清词》编纂研究室:《全清词·顺康卷》第五册,江苏:南京大学出版社,2002 年,第 2853 页。

　　这阕词满满都是诗人的叹息,他感慨宋娟诗中的恨难平,但虽是因为宋娟经历所引起的讨论,其着眼点已超过她本身,诗人更感慨的是她诗中的无为书生,关注的是一种放置在她身上的历史痕迹,这种焦点的转移让我们意识到,这些难女身上的流离失落、无家可归、命不久矣的苦难,对于男性文人而言,更大的价值在于她们是离乱史中的重要意象。他们鲜少回应她们所陈述和辩白的内容,是因为内心被更大的家国情谊所覆盖——对于他们而言,女性的遭遇是国难的一种表现,也就是说,像他们笔下的战马、金戈、落日一样,她们的苦难只是一种离乱的意象,他们将她们写在诗中,关注她们的悲痛难过,但更多的是藉她们的遭遇感怀时代的变迁,这种书写还有许多,比如夏完淳的"江南一片伤心月,多少琵琶马上弹"①、"琵琶马上愁胡语,青冢年年恨未消"②,再如孙枝蔚《难妇词(四首)·其二》"自到前旗多姊妹,笑声一片是扬州"③等等。而这意象背后她们所在意的、反复申述的内容,却不是男性文人所在意的,因而,有关于她们是否贞洁的回答并不多。这种被意象化似乎使得女诗人们对自己贞烈的辩说无法达到其期许的价值,但从另外一方面来讲,她们对于自己"苦难者"角色的建构却是相当成功,虽然她们没有获得预期的关注,但被当作了离乱的标签,从结果来看,她们少有被定义、批判——这似乎是她们需要的结局。

　　自然,批判之声也存在,比如汪源仙。根据王端淑《名媛诗纬初编》载:"为楚陵某尚书之妾,美■色,善属文,不幸为左兵■将所获,……仙为书言志诗,以见其哀愤"。其诗作曰:

　　天■落魄鬓苍苍,数载浮沉叹渺落。梁燕已非当日侣,春花不是旧年芳。
　　萦人诗句徒抛水,老我丝桐竟慰藉。逢此不辰家国事,何堪回首水云乡。④

　　王端淑评她"偷生苟免,世所最鄙。有才无德,千古名言也。今既委身他?何志之可言"。此言在当时朝代,对于女子而言可谓狠绝。但是从王氏诗作看,她并未像上述诸女一般示弱和对照,在她的诗反而多了些认命的味道,她坦然地说出自己已非当日的她,时过境迁,自己已经白了头发,数载浮沉自己也不是当日芳华,她几乎没有为自己辩护,坦白地说出自己委身他人的事实,没有解释,只是淡淡地说自己遇见了不得其时的乱世,又感慨自己再也无法回望昔日时光。她诗中有哀,也有愤,但都很淡,似乎在她心中,这些被掳的日子像投进一汪水中的石子,随着一圈圈水花不断淡去,最后沉入了心底,也许是认命后的心如死灰,也许是时迁事易后的淡然接受。但不论如何,这样真诚接受了自己"失贞",将自身的行为世俗化并公开化,较之上述的自我辩护与尽力美化,显得更为真实,而这样的发声,则更应该获得尊重。

结语:

　　中国封建社会向来重视男女间的人伦关系和夫妇定位,"正位于内"的女性被规范品德、被教化才智,在提及女子道德质量时,离不开"贞"与"节"二字。明清时期"崇尚节烈"之风郁起,离乱是殉死等行为发生的重要场域,一些女诗人在殉死之前会留绝命诗于世,彰显其坚贞心志。但并不是所有的女诗人都能选择慷慨赴死,在社会给予了"殉难才媛"的标准模板下,为自己"失贞"行为找到一个合理的原因、为自己寻找一方合理席位成了女诗人离乱书写的主题之一。女性的自我辩护之言,不论是诉说自己的苦难得到同情,还是征引古之烈女将自己的行为合理化,从目的性来看,她们是因为重视自身的名节才作此番陈情,她们希望自己仍然被视作"良人"。在离乱如斯的状况下,她们仍然深受妇德女训的束缚,连苟全求生也要为自己找到合适的理由。由此可以想见,在贞烈的妇德的话语笼罩下明清女诗人们的精神高压。但值得欣喜地是,即便她们深处如此环境中,仍挣扎着为自己发出微弱的声音来,这种为自己活下所作的贞烈辩护,从行为意义上说,值得肯定。

---

①　(明)夏完淳:《感旧步仲芳先生韵六首》其一,载《夏完淳集笺校》,上海:上海古籍出版社,2016年,第328页。
②　(明)夏完淳:《春兴入首同钱大作其七》,载《夏完淳集笺校》,上海:上海古籍出版社,2016年,第288页。
③　(清)孙枝蔚:《溉堂集》,清康熙十六年刻六十年增刻本,第8.21b页。
④　(清)王端淑辑:《名媛诗纬初编》,康熙六年(1667)清音堂刻本,第21.5a—21.5b页。

驯化与野化

——西南藏区山地的农业实践与道德化的作物

胡梦茵[*]

（浙江财经大学 法学院 社会工作系，浙江 杭州 310018）

摘　要： 云南省迪庆藏族自治州德钦县茨中村的葡萄种植实践为理解当地的农业生产活动中日常伦理的实践提供了较好的经验例证。农业伦理被视为一种关乎人与自然之间的流动方向以及人与自然（物种）相对位置关系的观念。通过驯化（主动）以及野化（主动或被动）的过程，葡萄这一作种得以进入或者离开当地村落社会生活的场景。驯化可以被看作是这一物种进入当地文化中合适位置的过程，是一种文化性的调试，也整合了社会中的多个系统。而野化的过程也对应于文化性因素的变动与调整。详细剖析葡萄在当地藏区社会中被选育与驱逐以及回归的过程背后的社会动因可以揭示出当地社会场景中对于葡萄的道德化表述与伦理定位。

关键词： 驯化；野化；农业实践；农业伦理；道德化作物

　　"驯化"一词由生物学或者农业研究进入社会科学的话语视野之下主要是由西方学者在新闻传媒领域提出的"驯化理论"，比如格雷维奇[①]提出要对外国新闻进行"驯化"，以便方便本国的受众进行理解。其后的学者在此基础上进行生发，但大多在"外国新闻—野生"的前提之下，讨论如何有效地使其融于本国或者本地的受众的关注视野，从而脱离其"野生"的概念[②]。由此可以看出，"驯化"在挪用到社会科学的研究之后，是与地方文化语境强烈相关的概念。而伴随着"驯化"的理论化，"野生"状态也作为"前驯化"的阶段或者与"驯化状态"相对立的概念一同存在。由此我们可以和斯科特所言的"野蛮"以及Zomia群体的"自我野蛮化"[③]进行对比。不难看出两者所讨论的主体并不一样，斯科特更多关注某种意义上主动离开"文明"语境的社会与人群，而"野生"的概念则更多指无法嵌入某一地方文化体系的"物"，与"驯化"的对象保持一致。然而在一些学者看来，无论是"野生"还是"驯化"都并非只作用于人和物的关系之上，物，或者说技术完全可以将人作为自身驯化的对象[④]。正如西尔弗斯通专注于那个时代电视这种新进技术对人的影响，网络和新媒体的技术也同样引起了学者们的关注，并且在"驯化理论"上

* 作者简介：胡梦茵（1991—　）江苏扬州人，浙江财经大学社会工作系讲师、博士，研究方向为生态伦理、环境与历史、农业文化遗产、宗教人类学。

基金项目：本文是国家社科基金重大项目"农业文化遗产保护与乡村可持续发展研究"（20&ZD167）的阶段成果。

①　Gurevitch Levy, "The Global Newsroom", *British Journalism Review*, 1990, 2(1), pp.27-37.

②　Cohen, *Global Newsrooms, local audience: A study of the Eurovision news exchange*. Libbey, 1991.

③　詹姆斯·斯科特：《逃避统治的艺术》，王晓毅译，上海：生活·读书·新知三联书店，2016年。

④　罗杰·西尔弗斯通：《电视与日常生活》，陶庆梅译，南京：江苏人民出版社，2004年。

做出了新的发展①。

本文使用"驯化"这一术语是试图将新闻传播领域对于驯化理论的发展延伸到人类学的农业研究之中,并且用文化语境和技术手段的视角重新审视生物学意义上的驯化过程,即农业实践本身。因此,本文聚焦的还是农业对象的选种育种过程,而这一过程不仅仅让生物物种适应于当地的气候环境,还成功被当地人识别和认知(正如国外新闻被本国听众最终理解一样),获得一种文化意义上的存在。同时驯化的手段以及相应的农业技术本身也是"驯化"研究中的重要部分,即在当地的社会机制之下构建起这种文化存在的必要手段。与之相对的"野生"状态也不仅仅是一种断裂的状态,而且还变成了"驯化"的逆向过程,即存在着一种主动的"野化",将文化语境中的存在进行剥离或者消除的过程。这一对相对立的过程除了在农业实践上有所体现,也在当地生活的道德话语里体现出来。物种在驯化的过程中不断地赋予道德的属性,同时也在野化的过程中转换着这些道德的可能。在这些道德表述之中,人围绕在物种周围的生活状态以及两者之间的影响也在此显露无遗。因此,如果将驯化看作是这一物种进入当地文化中合适的位置的过程,那么这一社会机制相互作用的过程之中是如何产生出特定的道德属性的?这些道德表述又与其他的意义体系如何联系在一起?本文从云南省迪庆藏族自治州德钦县茨中村的葡萄种植实践历史过程出发,试图对以上的问题进行分析和回答,并且探讨在"驯化"和"野化"的过程之中葡萄的道德化表述与伦理定位。

一、被驯化的"玫瑰蜜"与神圣隐喻

茨中村位于云南的西北角,是澜沧江河谷边上一处较为平坦的"坝子"上的小村子。其后由于处于河谷位置,同时海拔较低,所以比较干热。但由于澜沧江夏季丰水期水流量很大,因此全村有相当多的农田是水田和旱浇地,农业用水比较丰沛,因此主要粮食作物也是一年一熟的水稻,而非其他周边村落常见的青稞玉米。全村多民族混居,但主体是藏族和纳西族。与其他周边的村落很不同的一点是村中有一处醒目的矗立在村落中央的天主教堂,同时村内还有着相当数量的天主教村民。同样独特的是茨中村是澜沧江河谷一线最早种植葡萄以及酿造葡萄酒的地方。事实上,葡萄这一当地原先非常陌生的物种曾经两次进入茨中村,第一次是伴随着天主教传教士的进入而进入,第二次则是在德钦县农业部门的推动之下,作为经济作物在全县的沿河气候适宜领域全面推进。在笔者的田野调查过程之中,这两次进入茨中村的葡萄被村民们以庞大的道德表述进行了严格的区分,而葡萄生物性的品种与属性也都成为一种道德性的表现,并且与茨中村的社会进程紧密相关。

虽然传教士最早进入滇西北藏区传教的历史可以上溯到1868年左右,但是茨中村的范围内开始种植葡萄明确的起点则在1906年至1909年这一时间段里。起因是1905年阿墩子(德钦)教案爆发,原先的茨中天主教堂被毁,1906年开始重建,并且留存至今。而今天教堂外围的葡萄园被村民们公认是最早种植葡萄的地方,因此教堂及其葡萄园建成的1909年大约可以看作是一个明确的起点。茨中村的天主教此时主要是由法国巴黎外方会(Paris Foreign Society)派驻传教士与神父进行管理。同当时其他的天主教传入地区一样,茨中村的宗教活动特别是弥撒类的仪式需要用到大量的葡萄酒。很快茨中的神父们就意识到在当地只能靠骡马脚力进行运输的情况下,葡萄酒的运输成本过高。因此,茨中村的葡萄园修建以及葡萄种植的活动便是在这一考虑之下开展起来的。

茨中村在20世纪初引进的葡萄品种叫玫瑰蜜,据传是由外方会的传教士从法国南部的葡萄庄园带到藏区。但茨中的葡萄种藤应该是负责重修茨中教堂的王神父(Jules Van Elslande)在那段时间从当时比较重要的传教枢纽——阿墩子、芒康县以及打箭炉等地引种过来的。此前四十多年的活动期间,仪式

① Haddon, "Domestication Analysis, Objects of Study, and the Centrality of Technologies in Everyday Life", *Canadian Journal of Communication*, 2011, 36(2), pp.311-323.

用的葡萄酒也是从上述地方运送过来的。由于葡萄的耕种栽培以及采摘酿酒活动需要大量的人力,因此当地的天主教村民们被组织起来在葡萄园内进行劳动,神父只是负责监督和管理工作。茨中教堂的葡萄园由两部分组成,一块位于教堂前,规模较小,面积在一亩左右。第二块则是在教堂后侧,面积有三四亩。有村民说最早的葡萄园只有教堂前的这一块小园地,而后面较大的葡萄园的建成时间则很晚,甚至到了1930年左右这片大葡萄园才出现。

显然这样的时间差反映出了当地天主教传教的一些情况。茨中教堂重修时,因为距离教案的发生仅仅一年,王神父显然对当地的天主教发展进行了保守的估计。小型葡萄园已经能满足为数不多的神父的需求到了1930年左右,茨中村的天主教村民数量已经翻了数倍,同时茨中也逐渐发展成滇西北藏区的重要传教点,小葡萄园的葡萄产量已经远远跟不上仪式用酒的需求,葡萄园的扩建也被提上日程。

玫瑰蜜葡萄在茨中最早的驯化过程已经没有留下清晰的史料可靠,但是据村中年长的老教友回忆,他们的父辈便是最早一批被传教士组织起来进行葡萄种植的人。由于气候原因,每年5月中旬开始对苗木进行插杆、施肥和掐芽,在这一过程中需要时刻保持土壤的湿度。虽然当地早晚巨大的温差对于葡萄果实的着色和糖分的累计有好处,但在发芽的早期,晚上的低温随时可以冻死苗木。当时修建给葡萄爬藤用的支架全部为木质,如果有损坏每一年都需要进行修补或替换。而到了8月底,葡萄果实开始逐渐成熟,此时过多的雨水会让果实成串腐烂脱落,因此也是最耗心神的一段时间。9月中旬便可以收获了。由于茨中教堂的葡萄全部用来酿酒,不会作为水果食用,因此收获的葡萄紧接着就被移到教堂的庭院之中开始破碎、挤汁、浸渍和过滤发酵,最终装入酒桶之中移入地下贮藏。

对于此时的天主教村民来说,玫瑰蜜葡萄如同这里的神父一样是一种与天主教有着紧密联系的存在。无论是同村的藏传佛教村民还是他们自己,都并未将这种葡萄视为作物的一种或者是一种平常的食物。老教友们回忆当时传教士们判断玫瑰蜜葡萄品质的好坏,大部分情况之下是依据其色泽。在仪式之中,葡萄酒代表的耶稣的血液,在祝圣之后进入神父和修士们的身体时,被视作具有和当初历史场景之下同等的神圣效力。因此对他们来说,玫瑰蜜葡萄的皮色素沉着越接近血液的暗红色越佳。虽然过深的颜色可能预示着过高的单宁含量而使得酒本身的口感变得苦涩,但当时对于色彩的追求压过了一切。

而对于那些辛苦酿酒的天主教村民来说,整个过程都与他们所熟悉的用青稞等粮食酿酒的步骤完全不同。血红的颜色让他们感觉到惊异且陌生,并也因此对于圣血的解释深信不疑。在今天的茨中村,神父在圣餐礼时虽然会分发圣体(无酵小饼),但是并不会将作为圣血的葡萄酒进行分配。由此可以想见,在百年前的茨中村,葡萄酒作为重要的仪式物品也几乎局限于神父和修士等神职人员的群体。在圣餐仪式上,这些葡萄的种植者同时也是葡萄酒的酿造者们大部分情况下都是葡萄酒的观众。他们被划定了与神圣世界的距离。从另一方面来说,尽管葡萄这一物种对他们而言是陌生的,但是农业场景和酿酒的场景却是他们非常熟悉的领域。因此,发生在葡萄园和教堂庭院中的过程,他们看见了某些含混着涂尔干所言的平凡琐碎的"凡俗"的属性[①]。然而当他们注视着葡萄酒离开了这些熟悉的"凡俗"的场景,在仪式上被神圣化,从而进入绝对对立很难接触与触碰的空间之后,这是一场事实意义上的成圣过程,同时也蕴含着他们对于未来的期许——他们也能像曾经手中的葡萄或者葡萄酒一样,脱去凡俗的特质,进入神圣的空间。而这,正是天主教一直试图为他们建立的对于未来的许诺。

因此对于天主教的村民来说,玫瑰蜜葡萄除了可以成为他们自身的隐喻之外,能够捕捉到的特性其实并不多见。其独特的气味可能算是其中的一种。玫瑰蜜葡萄如同今天可以买到的玫瑰香葡萄一样,颗粒小而椭圆,气味芬芳馥郁,除了葡萄本身的气味以外还有一种类似于"玫瑰"的花香,与其他的葡萄品种有着较大的区别。因此这种独特的香味成为村民们判断玫瑰蜜葡萄品质的重要依据。同时气味的

① 爱弥儿·涂尔干:《宗教生活的基本形式》,渠东、汲喆 译,北京:商务印书馆,2011年。

记忆是连续的,从有着花朵香气的果实,再到剥离出的玫瑰皮在院落当中堆积曝晒之后产生的发酵气味,以及最终装进酒桶时闻到的常年浸泡酒液之后的木头气息,气味变成一个连续的图景。当地的村民会将这种气味图景与他们所熟悉的青稞酒酿造过程进行区别开来,新鲜蒸出的青稞酒的气味引发的是"馋",以及饮酒的场景——多为聚会之下人的状态——热情、自在、友情或亲情的亲密无间。而葡萄以及葡萄酒的香气则让他们感受到"和教堂里(的焚香)一样",疏离但代表着自身家族的身份传统,以及可能的宗教许诺的未来图景。

但就气息这一点而言,在历史上曾经出现过一些变化。1928年云南铎区的宣教工作由巴黎外方会转交给了瑞士的西多教团。与不苟言笑的外方会传教士不同,西多教团的神父们就要随和并且情绪化得多。据记载,西多教团的神父喜欢饮用葡萄酒,不仅仅在仪式场合才使用葡萄酒,甚至在每餐都需要有葡萄酒进行搭配。而一些神父,比如安德烈(Georges Andre),甚至常常醉酒,并且会在醉酒之后打骂做错事的教友。因此玫瑰蜜葡萄进入茨中的过程中,葡萄作为一个外来物种进入当地的自然环境之中,但是其被"驯化"的过程则是完全依附在天主教体系之下进行的。其出现并且存续的场景都是明确的天主教的空间,比如教堂前后的葡萄园、教堂的庭院以及储藏室,还有便是在教堂或者教友家中举行的弥撒等仪式场景中。因此,葡萄的适宜的文化"位置"便是地理空间上的教堂附近以及象征意义上的差会/修团周围。它是一个可以在抽象的空间之间移动的物体,是神圣的差会群体与更加接近凡俗的教友群体之间的联接,也是一种成功过渡的隐喻。而它的生物属性,完全受到宗教意义体系的约束和筛选,最终色泽和气味成为重要的特征和标志。此时它与其他作物的巨大差异落进了天主教的叙事体系,关于天国/世界的分野成为最简单的一种好/坏的分辨。原先的外方会神父们鄙夷和摒弃醉酒的状态之下身体的快感、欲望的反馈以及身体的懈怠,而葡萄酒与青稞酒截然相反的性质代表了一种可贵的谦恭和敬虔。这种复杂的神学话语最终演变成了村民们口中的"葡萄酒好,不会喝醉人"。

二、"赤霞珠"与国家市场

2002年,德钦县政府开始在全县范围内推广葡萄种植,并且将其作为增加当地农民收入的重要经济作物。加里波从生态政治学的视角做了详尽的分析①。葡萄的大面积种植,并且逐步取代原先的粮食品种,这对于当地的农业生态来说,无疑是极大地增加了他们依附于国家和市场的程度。并且作为一种经济水果,葡萄对于当地村民来说,产生经济效益的主要途径在于将收获的葡萄果实出售给酒业公司用作酿造葡萄酒的原料。即使有着政府的农业监管以及最低收购价的保护,单一的作物模式相比于原先藏区多样且组合型的生计模式来说,其脆弱性大大增加。不过就德钦县提供的数据来看,2000年左右当地人均年收入为2 000元,到了2008年已经提高到8 000元。

这次葡萄推广并非偶然的政策,从1997年开始,德钦县政府就鼓励农民种植经济作物,并且配套了一系列土地开发优惠政策。2002年的葡萄推广也是德钦县发展农业经济的延展。但在这一过程中,当地的一家酒业集团也在推波助澜。作为原本主推青稞酒的酒业公司,在偶然的机会下该公司和法国轩尼诗酒庄的专家合作考察了澜沧江一带适宜种葡萄的区域,并且选择了阿东村兴建了酒庄。虽然这个酒庄直到2012年才开始有成品酒出售,但2002年的这次考察使得葡萄酒产业进入这家酒业公司以及德钦县的视野之中。因此,通过与政府农业部门的合作,该公司在澜沧江河谷沿岸一共确立了14个葡萄种植点,由公司的技术顾问和德钦县葡萄经济开发办公室的人员统一管理这14个点的种子销售、病虫害防治以及葡萄采摘和收购工作。葡萄的统一收购价为每一年当年的市场均价上下浮动10%左右,并且设置了最低收购价以保护种植农户的利益。这次推广选定的品种为赤霞珠。赤霞珠葡萄个大皮薄

---

① Brendan Galipeau, "Balancing Income, Food Security, and Sustainability in Shangri-La: The Dilemma of Monocropping Wine Grapes in Rural China", *Culture, Agriculture, Food and Environment*, *The Journal of Culture & Agriculture*, 2015, 37(2), pp.74-83.

水分含量多,糖分含量适中,属于既可以当水果也可以作为酿造原料的葡萄。同时这个品种成熟快,挂枝率高,单串果实多。但是,这一品种也有着明显的缺点,那就是容易受病虫害的侵扰且非常惧怕雨水。因此,除了一季 6 次定期喷洒农药以外,还需要随时根据天气情况进行处理,及时监控葡萄状况以及督促农民完善应对措施。每年的 9 月底至 10 月中旬就进入赤霞珠的收获时期,此时果农只需要将葡萄采摘下来放进筐中,再运到村门口的酒业公司的收购车之上就可以。具体的采摘日期由酒业公司制定并且通知到每个村的农户。葡萄酒的酿造也全部由酒业公司进行车间标准化操作。收购车运走后,农民这一年的劳作便告一段落。

茨中村在 2002 年之后也有大量的村民开始种植赤霞珠葡萄。原先的教友则有些选择从茨中教堂后的葡萄园中直接移栽玫瑰蜜葡萄进行种植。当地的教友吴公地是最早进行玫瑰蜜葡萄移栽的人。他认为移栽葡萄相比于种植其他经济作物简单得多,只要搭好支架让葡萄藤缠上去就可以。而且移栽过来的葡萄并不需要等待 1—3 年,次年就可以结果。吴公地的玫瑰蜜葡萄移栽很快也获得了经济作物的认证,他得以把家门前山坡上的土地开辟成为新的农业用地。当地其他几家天主教的村民见状纷纷效仿,而由于移栽的是教堂周围葡萄园的葡萄,所以藏传佛教的村民并没有参与。他们随后选择了加入酒业公司的葡萄栽培点。然而对于吴公地来说,令他没有想到的是,他种出的玫瑰蜜葡萄被酒业公司拒绝收购,理由是这些玫瑰蜜葡萄达不到酒业公司对于酿酒原料葡萄的要求标准。随后吴公地以及其他那些种植玫瑰蜜葡萄的天主教村民选择自己酿造葡萄酒并拿到集市上去售卖。同时在 2008 年茨中教堂来了新神父之后,他们还将自家酿造的葡萄酒转卖给神父,以便他在仪式中使用。

在这一次的葡萄进入茨中村的过程中,尽管有学者将其全然视为一种威胁型的物种(相对于当地原生物种以及稳定互补的生计体系而言),但是依然需要看到至少在茨中村的语境之内,两种葡萄处于完全不同的属性认定之中。个头小、单串果实较少、皮厚且单宁重的玫瑰蜜葡萄在酒业公司的评判体系里面属于“不好”的分类。而在种植这些玫瑰蜜葡萄的天主教村民眼中,这一品种却以其“经济实惠”而远胜于赤霞珠。这种经济实惠一方面指的是培育成本低廉,并不需要过长的时间成本或者人力投入,只需要移植过来就可以结果。另一方面指的是由于玫瑰蜜在近一个世纪的时间内已经适应与当地的气候环境,因此在照料的过程中并不需要特别提防病虫害以及雨水。这种“防虫防病”的特性使得无论是在人力照顾还是在成本投入(购买农药)方面都显得比赤霞珠更加“经济”。但对于那些刚刚开始种植赤霞珠葡萄的村民而言,他们所面临的处境与 100 年前并不相似。而他们对于自己种植出的葡萄的理解,也与此前的玫瑰蜜葡萄大不一样。

笔者在茨中村做田野调查期间正值葡萄收获的季节,但是在种植赤霞珠葡萄的村民家中,却很少能像在那些玫瑰蜜葡萄的种植者家中一样,品尝到葡萄和葡萄酒。起初笔者以为是因为收购的因素所以不愿意浪费,但后面通过了解才知道,村民们对葡萄这种水果并无好感。他们向我解释道,这些葡萄“打了很多农药,吃了会拉肚子”。而那些玫瑰蜜葡萄,虽然无需打农药,但是在他们眼中也是“太酸了,不好吃”。这虽然是对实际情况的描述,比如频繁的农药喷洒,比如酸涩的口感,但葡萄隐约在这个语境之中变成了一种模糊的“不好的”意象。而同样不悦的情绪延伸到了葡萄酒之上。酒业公司的技术员小杨表示,在首批葡萄收购并且酿成酒出品之后,他曾经拿着酒回到每个村子,请那些种葡萄的农户品尝。但出乎他意料同时也让他比较失望的是,这些村民对他拿回来的酒反应平淡,甚至“有人一小杯都没喝完”。

村民们对于葡萄酒的谨慎态度或许可以和玫瑰蜜葡萄进入茨中时的情景形成一种对比,在这个场景之下,葡萄很显然不再是神圣空间和凡俗空间的过渡或桥梁。但是其外来属性依旧清晰。这一次,葡萄背后暗含的是作为市场象征的酒业公司以及德钦县代表的国家基层治理力量。因此有理由相信在加里波担心的生态政治学意义上的脆弱性以外,茨中的村民也已经清晰地感受到了村落外部的在场。因此葡萄生病的意象中既包含了容易生病的葡萄(要求多用农药),也包含了容易使人生病的葡萄。并且这种病痛出现在村民与国家/市场接触的场合之下——葡萄此时成为村落空间与国家/市场空间之间的中介，只是不同于此前传达出的对于未来的美好许诺，这一次的意象已经转为一种陌生的依附关系。从某种意义上来说，这些赤霞珠葡萄的种植者已经从农民变成了农业工人——18世纪之后的现代农业的产物。这种转变使得当地原先的家户生产被打破，葡萄也无法在原先的村落空间中找到自己的位置——要么是原先无法开垦的山地，要么则是将原先种植水稻的土地推掉重新种上葡萄，而选择后一种方式的人在茨中村少之又少。因此赤霞珠葡萄的进入是被排斥的，因此也是悬而未决的。它事实上代表着一个相反的过程，即国家和市场借由着葡萄将茨中村纳入了自己的体系之内。这里我们可以对应上电视以及其他媒介技术对人的"驯化"的理论。因此，当下场景之下，是赤霞珠葡萄对当地的村民进行了"驯化"，将其变成自己产业链条中的一员。是人在葡萄酒工业之中获得了自身的位置。因此在茨中村展现出来的对于葡萄的负面表述是一种被驯化过程中的反馈，它也预示着如同斯科特所言的"自我野蛮化"进程一样的"自我野化"的出现。而无论是玫瑰蜜葡萄还是赤霞珠葡萄都经历了这样的"野化"。

三、野化与野蛮

在酒业公司拒绝吴公地家的玫瑰蜜葡萄时，提到的理由中有一点值得思考，此时吴公地家中的玫瑰蜜葡萄株已经是退化之后的产物。它的果实不但达不到现代酒厂的原料标准，甚至和一百年前的状态也相差很大。而这种退化是茨中天主教出现空白和中断之后的结果。

1952年，茨中最后一名修会的神父离开。此后漫长的三十年中，天主教消失在茨中村中。1982年，随着宗教政策的逐步放开，教友们开始恢复在教堂诵经的活动，但是其他的宗教仪式依然不能按时举行。在2007—2008年，茨中教堂被列入文物保护单位获得修缮，同时也由大理教区派驻了新的神父，茨中村的天主教仪式才重新恢复正常。吴公地从茨中教堂的葡萄园移走葡萄株的时候，葡萄园已经荒废四十余年，其中杂草丛生。吴公地描述当时的场景为"有的掉到地上，被他们捡回去喂猪，剩下的都烂在藤上被鸟吃了"。而此时茨中的葡萄在自由授粉无人打理的情况之下，一些性状也发生了变化。果实变得更小，同时对于气候和病虫害的应对能力也更高。

显然当天主教被从茨中村的语境之中剔除出去之后，葡萄也随之被放逐。虽然没有被特意铲除，但无论是停止耕种或者停止酿酒，都意味着葡萄以及葡萄酒在茨中村的语境之内消失了。同村外的山林一样，茨中教堂的葡萄园属于自然野生的地方，不应该贸然进入。与之同时，从物理空间来说，葡萄生活的区域也与村民的家户完全隔绝了。正是在这样一种野生的状态下，玫瑰蜜葡萄获得了新的属性，包括它退化的甜味、减小的个头以及更好的适应能力。福柯讨论了那些看上去获得了自然的祝福的狂暴的疯人实际上被视为上帝神迹和荣耀的见证[①]，而从自然野生状态之下再次回到茨中村的生活场景的玫瑰蜜葡萄也如同那些疯人一样，身上带着的种种与人类社会不相匹配的属性（不好的口感、很少的产量以及不需要人照顾的独立性）也被视为一种神圣的证明，正如百年前它的属性一般。葡萄在漫长的放逐之后荣耀地回归。因此在茨中村的天主教友口中，玫瑰蜜相对于赤霞珠形成的好坏对比，不仅仅是前文所述的成本的计较以及评价体系的博弈，而且还延续了原先神圣空间与凡俗空间的对立。由此也解释了为什么两种品种在种赤霞珠的藏传佛教的村民那里缺乏一种必要的区分，而笼统地以负面的"葡萄"进行归类。

相对于玫瑰蜜这样一种被野化又重新回到文化语境之中的葡萄而言，赤霞珠的种植者们才是被驯化的对象，而他们也开始运动野化的方式进行反抗。这个过程牵涉到另一种作物——玉米。玉米在整个澜沧江河谷沿岸的藏族村落中，和青稞一起构成了原先本地的重要的粮食来源。不过与青稞主要用作主食不同，玉米晒干之后还担负了牲畜饲料的功能。在德钦地区，几乎每户人家都养牲畜。鸡、猪主

---

① 福柯：《疯癫与文明》，刘北成、杨远婴译. 上海：生活·读书·新知三联书店，2019年。

要在家户内饲养,而牛、羊则主要依赖于赶到山林中放牧。在当地人家中,鸡和猪的饲料主要就是玉米。它们保证了稳定的家庭肉类蛋白的供给,以及婚丧嫁娶等重要场合之下的使用。而牛羊很多时候会被看作是一种重要的资金储备,在遇到要用钱的情况下卖掉以获得一笔大的收入。因此当酒业公司选定了 14 个合作点时,原先计划的所有粮食用地全部转为葡萄田并没有完全实现,准确来说是玉米并没有消失,而是转化为一种随时会使得葡萄退化的威胁留在了村中。

按照酒业公司的设计,葡萄田的支架之间的距离要保持在 1.5—2 米,这样可以保证足够的采光,而使得葡萄的品质达到最佳。然而几乎所有的村民都无视了这一要求,他们在已经留好的支架中间种起了玉米,使得作物之间的行距缩小到不足一米。同时由于玉米迅速长出了高大的主干,葡萄挂果时期的日照以及雨水都受到了影响。因此,开始几年德钦的这些村子给出的葡萄的品质始终不能达到一个非常理想的状态。最后酒业公司不得不通过调整不同品质葡萄的收购价格来敦促农民们砍掉他们间种在葡萄园的玉米,以便产出品质更好的葡萄。对于农民而言,他们种玉米的理由是"可以喂猪",也就是他们在接受了主粮全部是从外购买的情况之下,依然坚持饲料由种植的玉米提供。从经济以及生活需求的角度去理解他们保留玉米而放弃青稞的行为,或许两者和葡萄之间的关系可以是一个更加重要的原因。相比于高大挺拔的玉米,青稞作为禾本科植物,只有 60—80 厘米高,甚至还略矮于葡萄架的高度。间种青稞的结果往往是青稞无法得到足够的阳光而产量减少。因此,当地村民间种玉米的行为或许并非农科站人员理解的缺乏对葡萄种植要求的理解或者是"小农思想",而恰恰在于他们了解间种对于葡萄本身的影响。这是一种让葡萄失去其关键特性的尝试。同时在葡萄田覆盖了原先的属于青稞的土地之后,高大的玉米在其中又将这片土地重新回到家户经济的图景之下。

玉米提供了一种野化的可能性。虽然这种可能性并不会真正的实现,而物种退化所需要的条件也并非村民们理解的阳光和水分的剥夺,但是在高大的玉米叶之下,葡萄被遮蔽了起来。整块土地被玉米重新标记了,已经在场的葡萄似乎被成功地驱逐了出去,从而完成了野化的想象。因此与微妙且负面的葡萄一词在当地语境中的属性不一样,玉米在当地被赋予了极多的正面意象。村民们向笔者强调玉米对于他们的重要性,喂牲畜带来的成本节约以及延伸出去的牲畜的极佳品质。在鸡和猪身上,对现代工业的鄙夷再次出现。村民们强调从小吃玉米长大的鸡和猪,风味绝非吃饲料长大的能比,并且更加富含营养。一个我们很熟悉的建立在传统—现代对立的前提之下的食物话语权力体系便出现了。只是在这里,村民的重点在于强调玉米的优良品性以及他们和这一作物之间长久不衰的互惠情谊以及亲密关系。

无论是在被动野化但最终重新被驯化的玫瑰蜜葡萄的例子中,还是被村民们试图用玉米进行野化的赤霞珠葡萄的例子中都可以发现,"野化"都是一个富含社会意义和解释的过程。物种的消失或者有意的遮蔽使得"野化"很大程度上成为一种社会想象的变化,以及某一段社会历史的重新表述。因此,围绕着"野化"的道德表述与"驯化"一样,是一种应对性的机制和反馈。

四、小结

在茨中村的语境之中,葡萄的驯化意味着当地对于葡萄的性状与特性形成了一套自身的理解方式,也意味着一套农业技术被纳入地方的知识谱系之下。在茨中,保种和选育的过程几乎隐而不见,在玫瑰蜜葡萄那里,这个过程被有意地放弃了;而在赤霞珠葡萄那里,这个过程被从他们的生活中剥除,发生在他们不能知晓的地方。因此,对葡萄的种类的理解时而凸显,时而模糊,最终转化成了带有道德性的种种的性状表述。人们在日常生活之中使用这些表述,来对他们的生计实践以及身份认同等过程进行阐明和回应。同时有意的"野化"作为一种相对过程,不仅仅是一种单向度的自然的表征,而是同样承载了道德性的表述。"驯化"和"野化"的过程共同构成了当地农业实践中的伦理观念的体现。

道德多元化与道德能动性：

以中国网商的商业伦理之争为例

钱霖亮*

（东南大学 社会学系，江苏 南京 211189）

摘 要：针对当代中国社会道德状况的研究，长期以来存在一个学术分歧：一些学者与公众的观点一致，认为中国社会正在经历道德危机；另一些学者则认为传统的道德观念在当下一直有所延续，或者在中断后复兴了。网商是近些年中国社会中新兴的职业群体。尽管在经济上崛起了，这一人群在政治、社会和文化背景方面与其他普通中国人并没有太大的差别。文章通过考察这一群体在经商过程中的道德轨迹，发现了相较于上述学术分歧更复杂的道德状况，即道德、不道德和道德分裂的主体同时存在于这一群体的道德理念和实践之中，反映了中国社会道德状况的多元化。这种多元化的形态植根于个体的道德能动性，它产生于一个相对自由的社会空间，而这一空间的生成又是中国社会转型与普通人日常生活策略共同造就的结果。

关键词：商业伦理；道德；道德能动性；电子商务；道德人类学

一、导论：道德多元化与道德能动性的微观政治

在过去的二十年里，学界对中国社会的道德伦理议题越来越感兴趣。有不少学者认为当代中国社会正在经历不同程度的道德滑坡。[①] 例如刘新发现，自 20 世纪 80 年代以来，陕北农村的不道德行为一直在增加，地方社会内部的不诚信行为已经造成了家族和邻里之间的紧张关系。家庭内部的孝道也开始式微，年轻一代对长辈和祖先缺少应有的尊重。[②] 在黑龙江的一个村子里，阎云翔也观察到了孝道的危机，年轻一代不孝敬父母的行为时有发生。由于年轻人往往强调个人权利和利益，忽视自身对社会以及其他个体的义务，阎云翔将他们描绘成了"无公德的个人"。[③] 在城市地区，这两位学者也观察到了一些不道德的行为，如商业贿赂、碰瓷、生产和销售有毒食品等。[④] 大众媒体也广泛报道了类似的事件，引发了一场关于中国正遭受道德危机困扰的公共讨论。

---

* 作者简介：钱霖亮（1987— ）浙江义乌人，东南大学社会学系副教授，澳大利亚国立大学博士，主要研究方向为社会文化人类学。

① 在整个田野调查工作中，我发现我的研究对象总是把"道德"和"伦理"这两个概念混用，乃至把它们放在一起使用。这与许多西方人类学家殊为不同，后者总是在努力区分这两个概念，参见 James Laidlaw, *The Subject of Virtue: An Anthropology of Ethics and Freedom*, New York: Cambridge University Press, 2014. 作为格尔茨"从当地人视角出发"立场的支持者，我在本文中采纳了研究对象的看法，交替使用"道德"和"伦理"。中国学者对中西方道德人类学看法上的差异，参见李荣荣：《伦理探究：道德人类学的反思》，《社会学评论》2017 年第 5 期。

② Xin Liu, *In One's Own Shadow: An Ethnographic Account of the Condition of Post-Reform Rural China*, Berkeley: University of California Press, 2000.

③ 阎云翔：《私人生活的变革：一个中国村庄里的爱情、家庭与亲密关系（1949—1999）》，龚小夏译，上海：上海人民出版社，2017 年。

④ 流心（刘新）：《自我的他性：当代中国的自我系谱》，常姝译，上海：上海人民出版社，2005 年；Yunxiang Yan, "The Good Samaritan's New Trouble: A Study of the Changing Moral Landscape in Contemporary China", *Social Anthropology*, 2009, 17(1), pp. 9-24；Yunxiang Yan, "Food Safety and Social Risk in China", *The Journal of Asian Studies*, 2012, 71(3), pp. 705-729.

　　然而另一些学者认为中国社会的传统道德观念一直有延续，或者虽然一度中断但后来复兴了。[①]例如根据欧爱玲（Ellen Oxfeld）的研究，"良心"这一概念始终在中国人的心目中占据重要的位置。无论是迁徙到城市，还是留在农村，她研究的广东梅州的乡民一直非常重视家庭关系，尤其是家庭成员之间以及村落成员之间的相互责任。[②]在家庭和地方社会之外，许多学者还考察了慈善事业和志愿服务的兴起，从中发现了有助于构建中国市民社会的普世主义道德观。[③]虽然也有学者对此提出了异议[④]，但阎云翔的后续研究部分支持了这一看法，认为"80后"一代相比于老一辈人更少地持有特殊主义的道德观。[⑤]这些主张道德延续或复兴的研究挑战了以往强调道德危机存在的学术与公共话语，引发了新一轮的争议。

　　通过考察不同网商个体遵循商业伦理的状况，我发现自己获得的田野素材可以同时支持上述两种观点。这反过来也说明了这两种观点可能都没能对中国社会的道德全景做出充分的概括。虽然从事一个新兴的职业，我研究的网商在政治、社会、文化背景上都是中国社会普罗大众中的一员，因而我相信他们的道德观念和实践能够部分反映中国人在道德选择上的大致状况。有些研究对象严格遵从国家和大众媒体所倡导的商业诚信，但也有一些人选择了连他们自己都认为不道德的行为。在这两种立场之间，更多的人努力过着道德的生活，但有时却有意识地偏离其道德理想，造成了道德上的"分裂自我"（divided self）。[⑥]针对这第三类人群，他们在日常生活和商业活动中反思性地面对道德挑战，有时甚至会形成一个"共谋共同体"（community of complicity）。在这个共同体中，他们会刻意保持低调，采取不道德的策略来实现自身的目标。[⑦]当其不道德行为暴露时，他们又会强调自身所面对的困难处境，以便为自己的行为辩护。有些人还可能通过重新定义道德意涵来使自身的行动合理化。

　　网商群体这一道德多元化的状况挑战了那些在道德危机或道德延续/复兴两类观点之间二选一的研究。实际上，现有的另一些文献也暗示了上述道德多元化的趋势。尽管有抱负远大的学者意图揭示

　　①　Hok Bun Ku, *Moral Politics in a South Chinese Village: Responsibility, Reciprocity and Resistance*, Lanham: Rowman & Littlefield Publishers, 2003; Daniel Roberts, "Same Dream, Different Beds: Family Strategies in Rural Zhejiang", In Charles Stafford (ed.), *Ordinary Ethics in China*, London: Bloomsbury, 2013, pp. 154-172; Gonçalo Santos, "Technologies of Ethical Imagination", In Charles Stafford (ed.), *Ordinary Ethics in China*, London: Bloomsbury, 2013, pp. 194-221; Jun Zhang, "(Extended) Family Car, Filial Consumer-Citizens: Becoming Properly Middle Class in Post-Socialist South China", *Modern China*, 2017, 43(1), pp. 36-65.

　　②　欧爱玲：《饮水思源：一个中国乡村的道德话语》，钟晋兰、曹嘉涵译，北京：社会科学文献出版社，2013 年；Ellen Oxfeld, *Bitter and Sweet: Food, Meaning, and Modernity in Rural China*, Berkeley: University of California Press, 2017.

　　③　Andre Laliberté, David Palmer, and Wu Keping, "Religious Philanthropy and Chinese Civil Society", In David Palmer, Glenn Shive, and Philip Wickeri (eds.), *Chinese Religious Life*, New York: Oxford University Press, 2011, pp. 139-154; Outi. Luova, "Charity Paradigm Change in Contemporary China: From Anti-Socialist Activity to Civic Duty", *China Information*, 2017, 31(2), pp. 137-154.

　　④　Gladys Pak Lei Chong, *Chinese Subjectivities and the Beijing Olympics*, London: Rowman & Littlefield, 2017; Lisa Hoffman, "Decentralization as A Mode of Governing the Urban in China: Reforms in Welfare Provisioning and the Rise of Volunteerism", *Pacific Affairs*, 2013, 86(4), pp. 835-855; Yang Zhan, "The Moralization of Philanthropy in China: NGOs, Voluntarism and the Reconfiguration of Social Responsibility", *China Information*, 2020, 34(1), pp. 68-87.

　　⑤　Yunxiang Yan, "The Good Samaritan's New Trouble: A Study of the Changing Moral Landscape in Contemporary China", *Social Anthropology*, 2009, 17(1), pp. 19-20. 考虑到其早先对中国青年作为"无公德个体"的描述，阎云翔的这一论断似乎有前后矛盾之处。但他在后续研究中已对中国人的道德状况做出了更细致的评估，强调道德的复杂性，甚至也提及了道德多元化的趋势，认为这是社会变革（包括政治管理上的放松和西方价值观的引入）带来的新现象，见 Yunxiang Yan, "Between Morals and Markets: The Diversification of the Moral and Social Landscapes in China", In Caroline Y. Robertson-von Trotha (ed.), *Die Zwischengesellschaft. Aufbrüche zwischen Tradition und Moderne?* Baden-Baden: Nomos, 2016, pp. 131-145. 但我认为道德多元化一直存在于中国社会，其他国家在任何时期亦复如是，只是多元化的程度有所差异而已。后文所引的道德人类学文献也证实了这一点。除此之外，不同于阎氏所强调的结构性变化对道德多元化的影响，本文更关注个人在扩大道德选择方面的能动性。

　　⑥　Arthur Kleinman, "Introduction: Remaking the Moral Person in a New China", In Kleinman Arthur et al. (eds.), *Deep China: The Moral Life of the Person*, Berkeley: University of California Press, 2011, p. 5.

　　⑦　Hans Steinmüller, *Communities of Complicity: Everyday Ethics in Rural China*, New York: Berghahn, 2013, p. 217.

中国社会总体的道德状况,但大多数现有文献都是一时一地的个案研究。在探讨相似群体的道德状况时(例如农民或者年轻人),研究者们的研究发现往往存在差异,有时甚至有天壤之别。① 也有一些研究揭示了中国城市和农村居民在道德认知上的差异,② 以及人们对不同职业群体道德状况的认知差异。③ 新近的民族志研究更进一步表明,处于不同阶层的个体可能会援引不同的道德话语来论证他们自身的道德选择。④ 在这种纷繁复杂的状况下,声称中国人都在经历道德滑坡或者完全延续/复兴似乎都难以成立。

为什么会出现这种情况呢?人类学家刘新的研究或许能提供一些思路。在解释陕北农村道德危机发生的原因时,他指出 20 世纪风起云涌的革命摧毁了当地原有的地方性权威,而这些权威是传统社会中保障基层社会道德秩序的中坚力量。改革开放以后,随着国家权力的退出和市场力量的进入,村民被悬置于一种高度不确定的社会状态之中。虽然刘新就革命和改革对村民在道德观念上的影响持负面的看法,但他观察到改革后相对的权力真空令普通村民开始在自身的私人生活乃至公共生活方面掌握更多的话语权,这一点是以往从未发生过的。⑤ 这种新获得的自主性令人们在行使自身的道德能动性时免于国家、社会和家庭的压力。⑥ 其结果是大部分村民出现了刘新所描述的那些传统道德框架认定为不道德的行为,但他们实际上也有可能是符合其他非传统道德框架的道德主体,甚至他们自己就生产出了新的道德框架。⑦ 与刘新笔下陕北农村的状况相似,我认为也是一个相对宽松的社会空间的存在令我所研究的网商们能够做出自身的道德选择,并最终导致了这一职业群体的道德多元化。⑧

自由和能动性是道德人类学的核心概念,我相信它们也是理解中国网商道德观念和实践多样性的

---

① 例如关于村民的道德价值观,本土人类学家谭同学就提出了与阎云翔截然相反的观点,见谭同学:《桥村有道:转型乡村的道德、权力与社会结构》,北京:生活·读书·新知三联书店,2010 年。当阎云翔批评年轻人不孝时,另一位学者发现他们对孝道的理解可能与年长一辈非常不同。与其说他们不孝顺,不如说他们是在用自己的方式实践这一美德,见 Yuezhu Sun, "Among a Hundred Good Virtues, Filial Piety is the First: Contemporary Moral Discourses on Filial Piety in Urban China", *Anthropological Quarterly*, 2017, 90 (3), pp. 771-799.

② Christine Avenarius and Xudong Zhao, "To Bribe or Not to Bribe: Comparing Perceptions about Justice, Morality, and Inequality among Rural and Urban Chinese", *Urban Anthropology and Studies of Cultural Systems and World Economic Development*, 2012, 41(2/3/4), pp. 247-291.

③ Carolyn Hsu, "Cadres, Getihu, and Good Businesspeople: Making Sense of Entrepreneurs in Early Post—Socialist China", *Urban Anthropology and Studies of Cultural Systems and World Economic Development*, 2006, 35(1), pp. 1-38; William.Jankowiak, "Market Reforms, Nationalism, and the Expansion of Urban China's Moral Horizon", *Urban Anthropology and Studies of Cultural Systems and World Economic* Development, 2004, 33(2-4), pp. 167-210.

④ John Osburg, *Anxious Wealth: Money and Morality among China's New Rich*, Stanford: Stanford University Press, 2013.

⑤ Xin Liu, *In One's Own Shadow: An Ethnographic Account of the Condition of Post-Reform Rural China*, Berkeley: University of California Press, 2000, pp. 155-156.

⑥ 其他学者可能会就国家权力是否完全退场提出异议,乃至认为国家看起来的退出让充满道德感的公民进行自治实际上都是一种新的国家治理形式,见 Gladys Pak Lei Chong, *Chinese Subjectivities and the Beijing Olympics*, London: Rowman & Littlefield, 2017; Lisa Hoffman, "Decentralization as A Mode of Governing the Urban in China: Reforms in Welfare Provisioning and the Rise of Volunteerism", *Pacific Affairs*, 2013, 86(4), pp. 835-855; Yang Zhan, "The Moralization of Philanthropy in China: NGOs, Voluntarism and the Reconfiguration of Social Responsibility", *China Information*, 2020, 34(1), pp. 68-87. 但不论如何,我相信他们还是会承认,与改革开放之前的年代相比,国家权力在当下对私人生活的干预是相对减少的。即使是在革命年代,历史学家也认为普通人并没有完全服从国家权力,而是经常在日常生活中挪用国家的意识形态,想方设法地表达不满,从而挑战国家的道德权威,见 Jeremy Brown and Matthew Johnson (eds.), *Maoism at the Grassroots: Everyday Life in China's Era of High Socialism*, Cambridge: Harvard University Press, 2015.

⑦ Xuan Dong, "Capital in Transition: A Case Study of Migrant Children in China's Martial Arts Schools", *Asian Journal of Social Science*, 2018, 46(6), pp. 706-724.

⑧ 本文所说的"道德多样化"是指个人从现有的道德框架中选择不同的价值观,或提出更新的道德观念来指导或解释他们自身行为的动态过程。我在最广泛的意义上使用"多样化"这一概念,涵盖了网商们作为个体和群体在道德观念和道德实践上的差异。为了保障他们的道德声誉,电商平台也不断开发新的机制来监督网商们的商业行为,以便保护消费者的权益,见郑丹丹:《互联网企业社会信任生产的动力机制研究》,《社会学研究》2019 年第 6 期。

重要切入点。① 人类学家贾勒特·齐根（Jarrett Zigon）曾以俄罗斯人在日常生活中持有和实践多种道德观念来驳斥其他学者建构的具有同一性的苏联或后苏联道德体系。尤其在苏联解体之后，虽然俄罗斯的国家权力依然强大，但各种宗教和全球资本主义在该国的蔓延已为俄罗斯人提供了诸多可替代的道德资源，令他们建立起自身异于正统的道德框架。② 约珥·罗宾斯（Joel Robbins）也发现，巴布亚新几内亚的乌拉普米人在面对激烈的文化变迁时会随着情境的变化不断调整自身的道德准则。③ 谢丽尔·马丁利（Cheryl Mattingly）和詹森·思鲁普（Jason Throop）强调人类是与他者（如其他人类、物体、事件和世界）紧密相连的关系性主体（relational subjects）。他者的多重性和复杂性势必要求个人在做出道德选择时有更多的灵活性。④ 而当个体面临急迫的道德选择时，主体需要对自身已有的道德惯习和外在社会的道德话语加以整合深思后再行动。⑤ 由此产生的道德选择往往是多样化的，不仅因为每个个体都有其建构自身道德世界的独特经历，也因为促使他们做出选择的情境各不相同。⑥ 当一个社会中的许多成员都持有不同的道德观念，并且会依据不同的情境做出不同的道德选择，这个社会存在道德多元化也就不足为奇了。

本文尤其想强调个体在解读情境和个人经验以形成道德选择过程中的道德能动性。齐根和马丁利都将情境和个人经验视作建构人们道德世界的源泉，他们用其研究对象事后的回忆论证了这一点。⑦ 我在这里想进一步指出的是，个体进行道德选择的情境并不是简单给定的，他们对生活经验的理解也非一成不变。当情境和经验影响到人们的道德主体性时，它们发挥作用的前提人们如何看待它们。如果人们想在他们选择的道德框架下采取道德的行动，他们往往会强调支持其道德选择的情境与个人经历。当他们做出不道德的选择时，他们又可能会强调那些可以帮助证明其选择正确性的情境和个人经历，哪怕这么做会遭到他人的谴责。其他的可能性包括人们通过重新解释特定的情境和自身经验来重新定义什么是道德上正确或错误的事，从而使他们的行为合理化。本文下面的案例将涵盖所有这些可能性。而造成所有这些可能性的关键是道德主体拥有对情境和个人经历进行（重新）编撰的自由，并用编撰出来的叙事服务于自身的道德选择。值得一提的是，作为一名人类学研究者，我并不打算像很多政治学家和社会学家那样去评估中国社会实际的自由度，而是关注人们在特定社会环境下对自由的主观理解如何影响他们的道德选择。我认为，当人们自认为有行动的自由时，他们便有可能汲取和挪用各种不同的资源来建构其道德主体，甚至提出新的道德框架，而所有这些最终都服务于他们根据自身意愿做出的道德选择。

---

① 在本文中，"自由"指的是个人根据自身的意志进行决策的权利。在康德的道德哲学中，自由被认为是道德行为的基础，并且只有理性主体的自由行为才被认为是道德的。相比之下，涂尔干将道德视为社会用来强迫其成员为集体谋福利的行为规则。由于道德控制着他们的思想和行动，个体就此失去了自由。当前的道德人类学研究已经超越了上述两极化的范式，聚焦社会的结构性约束和能动的个体之间的互动与妥协，见 Rasmus Dyring, "On the Problem of Freedom in the Anthropology of Ethics", *HAU: Journal of Ethnographic Theory*, 2018, 8(1/2), pp. 224-226; James Laidlaw, *The Subject of Virtue: An Anthropology of Ethics and Freedom*, New York: Cambridge University Press, 2014, pp. 16-23. 为了获取自由，个人既需要自主性（autonomy，即人们可以独立行动的客观条件），也需要能动性（agency，即人们做出选择并加以实现的能力）。本文后续将进一步展示，个体的自主性和能动性是可以互相交融促进的。

② Jarrett Zigon, *Making the New Post-Soviet Person: Moral Experience in Contemporary Moscow*, Leiden: Brill, 2010.

③ Joel Robbins, "Between Reproduction and Freedom: Morality, Value, and Radical Cultural Change", *Ethnos*, 2007, 72(3), pp. 293-314.

④ Cheryl Mattingly and Jason Throop, "The Anthropology of Ethics and Morality", *Annual Review of Anthropology*, 2018, 47, pp. 475-492.

⑤ Jarrett Zigon, *Making the New Post-Soviet Person: Moral Experience in Contemporary Moscow*, Leiden: Brill, 2010, pp. 23-27; Tsipy Ivry and Elly Teman, "Shouldering Moral Responsibility: The Division of Moral Labor among Pregnant Women, Rabbis, and Doctors", *American Anthropologist*, 2019, 121(4), p. 859.

⑥ Jarrett Zigon, *Making the New Post-Soviet Person: Moral Experience in Contemporary Moscow*, Leiden: Brill, 2010, p. 31.

⑦ Jarrett Zigon, "Within A Range of Possibilities: Morality and Ethics in Social Life", *Ethnos*, 2009, 74(2), pp. 251-276; Cheryl Mattingly, "Moral Selves and Moral Scenes: Narrative Experiments in Everyday Life", *Ethnos*, 2013, 78(3), pp. 301-327.

二、田野地点与研究方法

自 2013 年起,中国就超过美国成为全球最大的电子商务市场。截至 2018 年,中国电商产业直接和间接带动的就业人数就达到了 4700 万人。[①] 以往的研究发现,电商产业的发展不仅有助于农村减贫,也提高了城市中从事相关职业的农村移民的经济地位。[②] 伴随着物质条件的改善,网商们的社会价值观也发生了深刻的变化,包括拥抱市场竞争意识、渴望现代化的生活方式、放弃传统的日常生活节奏等。[③]

在网商们所有的价值观变化中,他们的商业伦理最容易引起公众的关注。大众媒体广泛报道了部分网商侵犯消费者权益的行为,这对整个电商产业、电商平台和电商从业者群体的形象都有负面的影响。我在田野调查期间也遇到过有负面网购经历的顾客,他们认为中国的电商平台上充斥着黑心网商,销售着成千上万的假冒伪劣商品。一些心怀不满的顾客甚至认为这是中国社会面临道德危机的另一个标志。在海外,关于假货和虚假交易的争议也对在境外上市的中国电商企业的声誉造成了冲击。[④] 然而,除了媒体曝光的案例和消费者的个人经历,我们对网商们的道德状况总体来说知之甚少。他们是否都如媒体和顾客描述的那样缺乏商业操守? 他们又如何理解和回应公众对其缺乏商业伦理的批评?

为了解网商们的商业活动和日常生活,我从 2015 年起便在浙江省义乌市进行田野调查。义乌是位于浙江中部的县级市,以小商品批发市场闻名遐迩。也是得益于批发市场带来的优势,该市在近 20 年内逐渐发展成了中国最重要的电商产业聚集地之一。截至 2019 年底,全市共有电商从业人员超过 20 万人,他们在淘宝、天猫、拼多多等平台上销售各式各样的小商品,创造了 2 768.9 亿元的交易总额。[⑤] 网商的大量聚集也在义乌形成了许多电商产业聚集区,其中最有名的莫过于青岩刘村。2014 年,时任总理李克强曾造访该村,并将其誉为"中国网店第一村"。在田野调查期间,我曾在两个网商聚集的城中村定居,通过邻里和社区关系以及参加电商培训班、创业论坛等方式来寻找研究对象,最终访谈了 136 人,并对其中 15 人的网店进行了参与式观察。[⑥] 在调查过程中,关于伦理道德的话题经常出现在我和研究对象的日常交谈中,诚信经商的话语和媒体对不道德商业行为的曝光创造了一种有利于讨论和反思的氛围。与此同时,许多网商自己也是网购爱好者,当他们上网购物时,部分人也遇到过产品质量差、服务态度不好等问题,这也促使他们中的一些人开始审视自身的经营方式和待客之道。

然而商业伦理只是网商们在日常工作和生活中遇到的一类与道德相关的议题。作为中国社会普罗大众的一员,他们中的很多人也相信中国社会正在经历道德危机。例如不少网商来自内陆省份的农村地区,他们离开家乡外出务工或经商后都有被陌生人欺骗的经历。因为担心再被陌生人讹诈,他们此后

① 商务部:《中国电子商务报告 2018》,北京:中国商务出版社,2019 年。

② 阿里巴巴集团:《中国淘宝村》,北京:电子工业出版社,2015 年;Chiu-wan Liu, "Return Migration, Online Entrepreneurship and Gender Performance in the Chinese 'Taobao Families'", *Asia Pacific Viewpoint*, 2020, 61(3), pp. 478-493; Linliang Qian, "The 'Inferior' Talk Back: Suzhi (Human Quality), Social Mobility, and E-Commerce Economy in China", *Journal of Contemporary China*, 2018, 27(114), pp. 887-901.

③ Geng Lin, Xiaoru Xie, and Zuyi Lv, "Taobao Practices, Everyday Life and Emerging Hybrid Rurality in Contemporary China", *Journal of Rural Studies*, 2016, 47(B), pp. 514-523; Linliang Qian, "The Art of Performing Affectation: Manufacturing and Branding an Enterprising Self by Chinese E-Commerce Traders", *Asian Studies Review*, 2021, 45(3), pp. 509-526.

④ Kathy Chu, "Alibaba's Fake Shoppers Hard to Beat, US Academics Find", *The Wall Street Journal*, 2 April 2015, https://blogs.wsj.com/digits/2015/04/02/alibabas-fake-shoppers-hard-to-beat-us-academics-find/.

⑤ 义乌市统计局:《2019 年义乌市国民经济和社会发展统计公报》,《义乌商报》2020 年 4 月 25 日第 3 版。

⑥ 在挑选研究对象时,我会考虑网商的性别、年龄、籍贯、教育水平、网店规模和销售产品种类等因素,然而所有这些背景因素似乎都不足以解释他们在道德观念和实践上的多样性(例如女性未必比男性更有道德感、年轻人未必比中年人更诚信)。因此,本文不会对网商的商业伦理进行人口学意义上的分类,而是关注他们不同的经商轨迹以及在此过程中形成的不同的道德主体(道德的、不道德的或道德分裂的)。我将提供三个有代表性的案例,这些案例均来自我对研究对象的深度参与观察,但其出现在本文中的姓名皆为假名。

更倾向于和亲戚、朋友及同乡往来,依靠熟人网络相互支持。① 但是这些熟人一旦开始合伙做生意,他们之间的信任关系很快就会瓦解。我的一些研究对象向我详细讲述了他们的亲戚、朋友和同乡如何在合伙做生意后变得斤斤计较、变得贪婪,最终结论几乎都是"人有钱了就变坏"。

　　网商的聚集使义乌成为研究这一职业群体社会文化观念和日常行为绝佳的田野点,但鉴于一篇论文的容量有限,本文还是将讨论的重点放在他们的商业伦理争议上。我将提供三个有代表性的案例,分别展示网商们作为道德、不道德与道德分裂主体的经商轨迹。开篇是王先生的故事,它讲述了一位企业家如何在不道德的商业世界中寻求成为有道德之人的经历。接着是周先生,一位同行眼中的"投机主义者",告诉我们如何用不道德的手段赚钱并论证其"合理性"。最后是黄先生,他在观念上自认是一名道德主义者,但又时常在日常行动中偏离自身的道德准则。通过呈现上述网商在道德观念和实践上的多样性和复杂性,本文揭示了个体的能动性在重构道德叙事进而建构道德主体性上的重要作用。

三、"当其他人都不道德的时候,做一个有道德的人变得格外重要"

　　王先生老家在重庆山区,高中毕业后来到沿海省份打工。他曾在无锡的工厂里做过工人,接着在杭州做过销售代理,2008 年到了义乌后开起了网店,销售批发市场上的小商品。在接下来的几年里,他的生意迅速增长,2014 年的销售额达到 300 万元,这一业绩奠定了他在义乌当地电商圈里的名声。除了业绩以外,王先生还被他的朋友们视为电商界的道德楷模,他自己也把诚信经营奉为经商座右铭。在我对他的访谈和日常交流中,他强调自己做生意除了保证产品质量、为顾客提供周到服务以外,还有一个很重要的方面是他不刷单、不进行虚假交易。所谓刷单是指网商请人(如亲戚、朋友或专业的刷单手)假扮顾客到自己的店铺购买商品,并且给予好评。这种做法有助于增加店铺销量,让其在平台的搜索排名上更靠前、更容易被真实的顾客看到。同时,大量的好评也有助于吸引这些真实的顾客购买。刷单这一现象出现的原因是目前中国大多数电商平台(包括淘宝、京东、拼多多等)在设计产品搜索排序权重时都以产品销量为主要指标;淘宝平台还考虑 DSR 服务评级系统评分(detail seller rating,评分项目包括产品描述与实际相符程度、卖家的服务态度和物流速度)和转化率等几项指标,而这几项指标完全可以通过刷单的方式来人为地控制。而刷单的最终目的是促进真实购买量。对于普通消费者而言,在虚拟的电商市场上购买商品,在看不到摸不着实物的情况下,决定他们是否购买某个产品的因素,除了产品本身的描述之外,参考最多的就是销量、信誉与评价。因此,如果一家店铺的产品这三项评价指标的数据都很漂亮,它就更容易赢得买家的信赖,成交率自然也就上去了。在电商平台规则和消费者消费行为模式的双重影响下,刷单几乎成为我进行田野调查期间网商们基本的商业运作手段,甚至有不少人认为开网店的核心就是刷单。

　　当几乎所有的网商都在用刷单提升自身网店的业绩时,王先生声称自己决不刷单的行为显得颇为特立独行。他当然知道身边很多人,包括他的一些朋友都在刷单,有时候他们甚至会请他帮忙,王先生说自己都是拒绝的。我就问他这会不会影响他和朋友之间的友谊,王先生认为最开始拒绝比较困难,等于不给朋友面子,他们会不高兴;但是他对所有人一视同仁,谁的网店都不帮忙刷,但朋友在其他方面遇到困难时他会施以援手,久而久之大家都知道他的脾气和原则,也就不会有人再开口让他刷单了。在拒绝帮朋友刷单的同时,王先生也会劝他们不要刷。按他的说法,首先这种做法违反了商业诚信的原则,在侵害消费者权益的同时也造成了网商之间的恶性竞争,损害了市场正常的交易秩序。尽管王先生的观点通常能够引起朋友的道德共鸣,但后者往往会强调道德作为一种理想和现实之间有差距:在一个人人为己的社会里,相对于公德,利益对大多数人来说是更重要的。针对刷单的问题,我就曾听王先生的

---

　　① 张鹏:《城市里的陌生人:中国流动人口的空间、权力与社会网络的重构》,袁长庚译,南京:江苏人民出版社,2014 年;Roberta Zavoretti, *Rural Origins, City Lives: Class and Place in Contemporary China*, Seattle: University of Washington Press, 2017.

一位朋友这样自我辩护:"别人都刷我不刷,我的产品肯定无法在搜索排名里靠前,这也就意味着别人有生意,我没有。我连饭都吃不饱,还谈什么道德? 道德能当饭吃吗?"

面对这个司空见惯的回答,王先生会搬出他的第二个理由,即刷单已经引起了有关方面的警惕,是电商平台和政府部门重点打击的商业欺诈行为,刷单的网商一旦被抓,随时可能面临平台的处罚乃至法律的制裁。王先生的说法并非没有依据,中央电视台就曾多次曝光电商平台上的刷单现象。每一次曝光,政府部门和主流媒体都将刷单定义为严重的商业欺诈行为。官方的曝光行动往往还会在普通消费者中引起巨大的反响,后者进而通过微博等社交媒体造成舆论压力。在国外,中国电商平台上的虚假交易也引起了他国投资者对运营这些平台的上市公司公信力的质疑。① 这些压力迫使电商平台加强了对刷单行为的监管和打击力度。然而对于网商们来说,尽管他们也会因为日趋严格的平台管理而惴惴不安,大部分的人还是继续刷单,只是会降低频率、减少单量,以及采取更隐蔽的方式进行。究其原因,有位王先生的朋友就指出,"刷单找死,不刷单等死,做生意本来就是要冒风险的"。他们同时也给自己找了另一个理由,即平台和政府出台处罚措施只是为了回应国内外的批评,并不是真正要封禁所有的刷单行为,运动式的打击总有结束的时候,结束之后一切又将恢复正常。按照这些网商的说法,淘宝平台的年销售额有三分之一是刷单的结果,这种虚高的销量不仅创造了市场繁荣的景象,吸引更多的顾客到该平台来购物,也为平台本身创造了巨大的利润。他们声称类似的逻辑也适用于政府,因为官员也需要漂亮的数据来维系民众对国民经济的信心。② 这些说辞令网商们相信自己和电商平台、政府有着共同的利益,所以只要他们做得不是太过分,刷单还是被容忍的。在这种情况下,他们通过自身的想象建构出了一个相对自由的空间,让他们可以采用非道德亦非法的手段来推广自己的生意。

如果刷单确实是开网店必要的运营手段,那么声称自己不刷单的王先生是如何维系自己的生意的呢? 这个也是他的朋友们一度非常感兴趣的问题。按王先生的说法,刷单只是一种急功近利的短期策略;长远来看,一门生意是否能够长久,归根结底还是要看产品质量和服务。每当王先生的朋友问起他不用刷单也能做好生意的秘诀时,他总会毫无保留地花几个小时向对方介绍如何选择合适的产品、如何设计产品包装、如何装修网店、如何撰写客户友善型的产品说明、如何改进客服沟通、如何申报电商平台的促销活动、如何经营与客户的长期关系等等。王先生的朋友在听完他的讲授之后总是对他的商业才华大加赞赏,但同时又会认为他的商业模式复制起来太困难了,实践者需要付出巨大的努力钻研电商生意的每个环节,他们觉得自己承受不起,也没这个耐心,于是就打了退堂鼓,回到刷单的老路上去。王先生每次跟他的朋友交流都有一种喜忧参半的感觉,喜的是他希望自己的经验能够对他们有所触动,启发他们改变粗放而不道德的商业模式;忧的是每次交流完后,他都会发现自己的期望落空了。在他看来,朋友们拒绝他的电商模式有着另一层重要的道德启示,那就是:"现在的人太浮躁了,总想马上成功,一点苦都不想吃。"

从不刷单到扎实研究开网店的有效模式,王先生将自己所做的事情理解为树立自我道德主体性的体验。他认为驱使他去寻求这种体验的动力既包括人性本身的善良,也包括社会环境的影响。王先生时常批评当下的社会风气不好,人人为己,为了利益不惜采取一切手段,亲戚朋友也能大打出手,甚至最后闹上法庭。这种社会氛围时刻提醒着他追寻道德主体的重要性,如他所说:

　　　　社会的污浊已经使人和人之间完全没有情义和道义可言了,只有利益。但是我觉得正常的社

---

① Kathy Chu, "Alibaba's Fake Shoppers Hard to Beat, US Academics Find", *The Wall Street Journal*, 2 April 2015, https://blogs.wsj.com/digits/2015/04/02/alibabas-fake-shoppers-hard-to-beat-us-academics-find/.

② 类似的观点也出现在人类学家周永明关于北京私人网吧的研究中,不少网吧老板认为中国政府为了不过分冲击市场活跃度而对违规网吧进行有限的管理,参见 Yongming Zhou, "Privatizing Control: Internet Cafes in China", In Li Zhang and Aihwa Ong (eds.), *Privatizing China: Socialism from Afar*, Ithaca: Cornell University Press, 2008, p. 224.

会和正常的人都不应该是这样的。在一个不正常的社会里做一个正常人，当其他人都不道德的时候，我觉得做一个有道德的人变得格外重要……因为有道德的人，他的行为符合自己的道德准则，不做亏心事，人的心态就能保持在一个比较正常的状态，自我感觉会比较好。同时这和人善良的天性是一致的，符合天性的行为会有一种自然的愉悦感。反过来，经常做亏心事的人，成天也要担心自己被别人坑，搞得忧心忡忡，反而心理会出问题。

然而在考虑自身感受、追寻真实自我的同时，王先生尽力成为道德的人也有一个利他的面向。他希望把自身的道德理念传递给身边的人，其中就包括将自己的生意经传授给他人，鼓励他们放弃刷单而采用正当的商业手段。这样做实际上有一定的风险，因为他的朋友中也不乏跟他卖相似产品的网商，如果他们真的采取他的做法或者在他的做法之上创新出新的营销理念和手段，很有可能会对他的生意造成一定的威胁。但王先生认为这点损失还是值得的，他说：

> 首先，人活着不应该只为自己谋利益，能让别人发财，同时又有助于净化社会风气，我觉得是一件好事。其次，别人用了我的方法成功了，乃至在我的方法上继续创新，说明我的方法是有效的。他们的成功也会给我造成良性的竞争，刺激我继续去改进和创新自己的方法。而且如果他们真的领会了我的理念，他们也会跟我分享切磋他们的做法，这对我个人和对整个电商行业运营技术的更新都会有很大的帮助。

细思王先生的叙述，我们很容易发现他挪用了某些情境和个人经验来支持他的道德主张，例如国家和公众反对刷单的道德话语。他以其他人的不道德作为参照物，把成为一个有道德的人视作追寻真实自我的手段，这可以说是儒家道德修养的最终目标。[①] 他对中国社会负面道德状况的反思性评价并以此为基础来反向塑造自身道德主体性的做法，也与我在田野调查期间遇到的大多数网商截然不同。尽管如此，当王先生不遗余力地向他的朋友介绍自身道德的电商运营模式时，他从未提及过在他2008年初刚开网店的时候，当时的网商根本没有必要用刷单这类方法来推广自己的产品。我在访谈其他几位2009年前就开始做电商生意的网商时发现，那时候的网店运营要比现在简单得多，网络市场的竞争也不像今天那么激烈。彼时，电商新手们可以只去批发市场拍些照片放到网上，等上一两天就有客户来下单了。他们甚至不需要提前备货，也不需要打折促销。一旦网店有了基础销量，更多的客户就会纷至沓来。我的其他研究对象告诉我，2009年底之前他们都没有听说过"刷单"这个词。但到那时，王先生的电商生意已步入快速发展的轨道。他自觉或不自觉地避免提及这一情境，这对塑造其自身作为一名正派企业家的形象是大有裨益的。

四、"当别人都不道德的时候，你讲道德，在商场上输的肯定就是你了"

在王先生的叙述中，我们很容易就能注意到不道德他者的存在对他追寻道德自我的重要影响。与此相反，王先生的朋友却常常把那些他者视为自身在道德溃败社会中求存的榜样。人们有意识地做出不道德的选择，这一点挑战了现有的道德人类学研究从其他社会与文化中提炼而来的一些基本假设。例如齐根曾指出，大多数的莫斯科人"大部分时候都认为自己和别人是道德的人，因而不会细思自己或他人的行为是否符合道德准则"，只有到了道德争议迫在眉睫的时刻，他们才会"有意识地思考一个人必须怎么做"。[②] 而我遇到的许多网商一开始就非常清楚自己的一些想法和做法是不符合正统的道德框

---

① Wei-ming Tu, *Confucian Thought: Selfhood as Creative Transformation*, Albany: State University of New York Press, 1985.

② Jarrett Zigon, "Moral Breakdown and the Ethical Demand: A Theoretical Framework for an Anthropology of Moralities", *Anthropological Theory*, 2007, 7(2), p. 133.

架/规范的,甚至可能是违法的,但他们并不在意。① 通过解释他们为什么如此思考,本文接下来的部分将呼应道德人类学研究的最新趋势,即从人们的不道德举止来重新审视何为道德。②

周先生是"不道德他者"中的一个典型。在我熟识的电商圈子里,来自福建的他以"头脑灵活"著称。有不少网商认为他善于发现和把握商机,很有赚钱的手段。但在王先生眼里,周先生是一个不折不扣的"投机主义者":他既做淘宝、微商,也当刷单手,还赌球,但凡有钱可赚的生意他都上手,为了赚钱坑蒙拐骗无所不用其极。王先生将周先生的投机主义归因于他的福建人身份,其他欣赏周先生经商才能的人则认为他体现了福建人的精明能干。周先生很清楚业内人士对他有着很不同的评价,但他说自己根本不在乎,"人家说我好,我不会多一块肉;有人说我坏,我也不会少一块肉"。

在我调查期间,周先生经营着几家淘宝和微商店铺,其中一家淘宝店因为销售假冒的曼秀雷敦产品被淘宝平台封店了。我去他办公室访问的时候,周先生跟我开玩笑说还有几箱假冒的洗面奶在仓库里,问我要不要拿两瓶去用。我问他真的能用吗,他说反正他自己是不敢用的。在访谈过程中,我问到店铺被封的经济损失,周先生说损失是有一些,但不算很大,因为假货的成本本身很低。此外,他早就预估到卖假货可能会被封店,所以刻意不屯很多货,即使被封了店他也不觉得很惋惜,毕竟已经赚到钱了。体会到周先生言谈间表现出的轻松,我想自己也许可以问一些敏感话题。

> 问:你那么大方地承认售假,难道不担心别人指责你不道德吗?
>
> 答:(笑)做生意嘛就是赚钱,讲什么道德。
>
> 问:但是有人会说卖假货是不道德的。
>
> 答:不道德又怎么样? 那么多的人都在网上卖假货。我来告诉你一个市场规则,当别人都不道德的时候,你讲道德,在商场上输的肯定就是你了。
>
> 问:那平台规则和法律呢? 你不担心被人举报吗?
>
> 答:担心当然担心,这次不就是因为顾客举报才封店的嘛。但是最多也就是封店,不至于真的坐牢什么的。淘宝上几万个店铺,卖假货的也不少,平台哪里管得过来,只有那些做出销量来的店铺,售假的影响面比较广,才会引起官方注意,很多顾客举报了,平台真正来查才会出问题。最后闹到法律层面的,有政府部门介入的还是极少数。那种情况只能自认倒霉,这就是做生意的风险啊。做什么生意没有风险呢?

将平台规则和法律的惩戒视为商业风险,周先生对此可能还有一丝忌惮;但对于商业伦理,他从一开始就持无视的态度,因为在他眼里道德对当代中国社会几乎没有任何约束力。我曾尝试与周先生交流他对当前社会道德状况的看法,他一听到我的问题就笑了,说:"你们这些学者就是读书太多,脑子里成天想些虚的东西。"比起道德,他更愿意跟我谈与生意有关的东西,包括让我跟他合作做代购生意,卖国外的奢侈品、苹果手机和奶粉,而如何降低成本和避税是他考虑最多的问题。有一次他谈到避税的时候,我问他理论上纳税不是公民的义务吗? 周先生又笑了,说中国商人的传统就是能偷能漏的税都尽量偷掉漏掉,揣在自己口袋里的都是利润。讲到代购,周先生就谈到了在我田野调查期间社会争议颇大的跨境电商和海外代购征税问题。他的理解是官员们看到了跨境电商的红利,就用征税的方法来分一杯羹。电商平台也看到跨境代购的红利,就开起了自己的官方直营店,抢夺

---

① 这里所说的"正统的道德框架"(the orthodox moral framework)指的是国家和公众共同提倡的道德标准。在我田野调查期间,政府正在推广"社会主义核心价值观",希望每个公民都拥有爱国、敬业、诚信、友善等品质。"诚信"这一品质在商业领域中尤其被强调。我遇到的许多网购消费者也高度关注网商们的商业诚信,因而我认为它是构成中国正统道德框架的重要理念之一,也见 Erika Kuever, "Moral Imaginings of the Market and the State in Contemporary China", *Economic Anthropology*, 2018, 6(1), pp. 98-109.

② Ivan Rajkovic, "For an Anthropology of the Demoralized: State Pay, Mock-Labour, and Unfreedom in a Serbian Firm", *Journal of the Royal Anthropological Institute*, 2018, 24(1), pp. 47-70. Yunxiang Yan, "The Good Samaritan's New Trouble: A Study of the Changing Moral Landscape in Contemporary China", *Social Anthropology*, 2009, 17(1), pp. 9-24.

中小卖家的生意。他说:

> 那些有权有势的人看到别人赚了钱就眼红了,想尽办法用自己手上的权力来分一杯羹,结果像我们这样的小卖家最多只能吃一点他们剩下的残羹冷炙。他们说话都是满口道德的,贪官会跟你一样说纳税是公民的义务,平台会说它是打击假冒伪劣,给消费者提供更有保障的境外商品,但说到底还不是为他们自己牟利?

将政府官员和电商平台都视为不择手段的逐利者,周先生将自身描述成了一个受到打压的、为生存苦苦挣扎的弱者。这也为他采取不道德的商业手段提供了道德基础,因为这个社会和市场上的强者都是不道德的,弱者执着于道德只会愈加弱势。他接着说:

> 等赚到钱了,你可以选择做道德的人了。实际上现在很多满口道德的商人,你都不知道他以前做过多少龌龊的事情。他现在讲道德,一是为了求心安,二是为了给后面的人设置障碍,这样他们就不能跟他竞争了。没有钱你就去做一个道德的人,在这个不道德的社会里,饿死的就是你!

用生存逻辑来理解道德存在的社会意义,周先生彻底否定了王先生所相信的道德天性论。在他的眼里,人的道德观念并不是与生俱来的,而是由其经济条件所决定的:当一个人贫穷时,他可以而且应该采取任何可能的方式求生存;只有当他富裕了以后,他才需要考虑自己所用的手段是否符合社会的道德规范。在关于中国官员和商人的民族志研究中,刘新也发现了类似的观念,并认为这种道德的阶段论和经济条件决定论反映了儒家伦理的精神,即"仓廪实而知礼节,衣食足而知荣辱"①。周先生的论调在很大程度上与刘新的解释相似。但在周先生的例子里,我想强调他本人所用的"选择"一词。通过使用这个词,他暗示了一个人即使富裕了,他的观念和行为也并不必须是道德的。即便他"选择"了道德,他的道德口号背后也可能有着更不道德的动机:为了自我安慰而非真正忏悔自己过去的罪孽,抑或仅仅是为了防止他人和自己竞争而设置的障碍。就此,周先生通过想象为富人们创造了一个富有弹性的空间。在这个空间里,他们可以完全根据自己的意愿做出道德选择,无需顾虑太多外在的压力。

周先生自称年收入有 20 万元,按任何标准应该都不能算是穷人,但他却总是把自己描绘成一个还在为生存挣扎的小卖家。通过将自身界定成为社会中的弱者,他赋予了自己可以用任何方式赚钱而不被道德所束缚的权利。与此同时,正如上文已经揭示的,在周先生的想象中,富人也一样可以不受道德的约束。唯一对他还有些约束力的恐怕只剩下电商平台的规则和国家法律了,但他认为法律及其执行者离他很远,他被国家盯上的概率极低。换句话说,如果他能避开来自电商平台的惩罚,他就能摆脱所有的束缚。而不受外在力量的约束,完全按照自身的意愿行事,恰恰就是周先生所期望的。在他的网店做参与式观察期间,我有一次听到他和他的朋友在讨论一个女演员和一个有权势的男性的恋情。那位朋友批评女演员不知羞耻和不道德,但周先生却为她辩护,反问朋友"什么是道德? 她想做什么就做什么,不受别人的约束,这才是真正的道德"! 从那时起,我开始相信,这种个人中心主义(egoistic)的道德框架才是周先生真正的思想框架,他用这个框架来指导自身的行动。

那么周先生是如何避开来自电商平台的惩罚,让自己在做不道德的事情时毫无约束的呢? 这与电商平台本身有很大关系。以淘宝为例,尽管该平台有时会处罚那些有违规记录(如刷单、售假、进行虚假宣传等)的网店,但它的处罚措施有很大的灵活性。例如在处罚刷单的网店时,平台第一次和第二次发现其有刷单的迹象,如果刷单量少于 96 笔,网店就不会受到正式的处罚,而只有警告处分。从字面上来看,平台这么做意味着给网商们两次改过自新的机会,但是像周先生这样的人却从另一个角度来理解平

---

① 流心(刘新):《自我的他性:当代中国的自我系谱》,常姝译,上海:上海人民出版社,2005 年。

台的规则:网商们有至少两次刷单被抓而不被处罚的机会,每次他们可以刷最多 96 笔。这可以被理解成是平台在鼓励有限度的刷单。那 96 笔的刷单处罚线更是值得玩味。有一次,当我们在讨论平台规则时,周先生脱口而出:"如果淘宝真的想打击刷单,那么只刷了一单的网店它也应该打击。为什么要从 96 笔开始算起? 我觉得这是在告诉我们,'刷单可以,但别太过分了'。"由此,许多像周先生这样想象力丰富的网商认为,只要他们不刷得太过分,他们就可以获得刷单的自由。而后他们看到许多刷单的网店依然活着,并且生意很好,这样的观察进一步巩固了他们的想象。简言之,通过对电商市场的生态、电商平台的规则以及自身的行商经验进行创新性的解读和分析,周先生这样的网商构想出了一种让他们可以少有顾忌商业伦理的自由。

对平台规则的创造性利用只是周先生扩大自身商业自由的一种方式,他还有一些更露骨的战术。我在前文已经提到,周先生在售卖假货时只屯少量的库存,这样做既可以降低日常的成本,又可以防止网店被封后造成大的损失。但那假货的销售价格却是与正品一样的,所以周先生的利润实际上很可观。除此之外,每当媒体开始报道电商平台上的假货或者刷单现象时,周先生就会降低刷单的频率,减少刷单量,以便躲过接下来的平台清理运动。这一做法已经成为他网店风险管理策略的一部分。当有顾客抱怨他的产品有质量问题,或向电商平台举报其售假时,他总是试图用贿赂对方的方式来解决问题,并且这种做法的成功率非常高。贿赂的金额取决于问题的严重程度。如果顾客仅是抱怨有质量问题,周先生便只给他们一点钱(比如 10 元),以确保他们最后给个好评。由于假货的成本很低,他仍然可以从那几单生意中赚取利润。如果遇到发现产品是假货并声称要举报的顾客,那么周先生会给对方更多的钱,通常等于或略高于对方购买产品的价格,不少顾客拿到钱后也就不再追究了。周先生这样解释他的策略:

> 中国消费者有一个特点,喜欢贪便宜。你给他们一点钱,他们就会给你写好评,即便他们实际上对你的产品并不满意。他们不会关心其他人是否会因为他们的评论而买了假货。对我来说,任何能用钱解决的问题都不是真正的问题,10 块钱不能解决的,那就 20 块、30 块、100 块。

当然不是所有的顾客都买周先生的账,他的网店最终还是因为一些不愿妥协的消费者向淘宝举报而被封禁。但是周先生很快又另起炉灶,拿别人的身份证开了一家新店,卖一样的假货。在其刷单团队的配合之下,这家网店一个月内伪造了数百单的销量,很快又冲上了平台搜索的前端。①

五、"讲道德是一种理想的生活方式"

我遇到的更多的网商在道德选择的谱系上介于王先生和周先生这两个极端之间。他们认同商业伦理的必要性,但在实际商业活动中更倾向于按照自身的意愿来行事。如果他们的意愿与正统的道德框架/规范相符,那么其道德选择既遵从本心,又合乎社会期待。但是如果两者并不相符,他们便更可能采取不道德的策略,并将自身的做法说成是"没办法的办法";又或者将特定的道德观念加以改造,以便使自身的行为合理化。

黄先生是这一类网商中的典型。作为一家电商培训机构的导师,为了能够在课堂上向学生传授电商运营的实操经验,同时也多赚点钱,他在 2011 年正式进入电商行业,开了一家淘宝网店销售休闲零食。2015 年,他名下的网店发展到了四家,最大的那家年销售额超过了 400 万元,并在店铺等级上达到了"金冠"(即有五十多万客户给他网店打了好评)。由于黄先生是其所属培训机构中唯一的金冠卖家,他成了那里最著名的创业导师。

---

① 在我田野调查期间,网商们刷一单的成本大概在 10 到 13 元(包括快递运费)。由于周先生本身有合作的刷单团队,他能享受到折扣价,每单的成本只要 5 元,由此节省了一大笔钱。

黄先生将自己的成功主要归因于他的商业伦理，其次才是他的电商运营技术。在他眼里，包括诚信、勤奋、自律、社会责任感在内的商业伦理是"道"层面的东西，是一切商业活动和日常生活的根本。相比之下，电商运营技术只是企业管理的"术"。黄先生认为，一个掌握了"道"的网商，哪怕历经千辛万苦，最终都会成功，因为他已经洞悉了经商和处世的规律，剩下的那些"术"可以慢慢学。与此相反，一个熟悉"术"但缺乏"道"的网商终将失败，因为他没有正确的理论指导。在其他时候，黄先生也会自诩是一名儒商，强调做生意要兼顾"义"（对社会和他人的责任）和"利"（个人利益），因为践行"义"是获得"利"的基础——举例来说，网商们需要通过为消费者提供高品质的商品和服务才能赢得他们的顾客忠诚，才能实现企业的永续发展。

我在田野调查中目睹了黄先生想尽办法推销他这套道德家的理论。在培训机构每次开课的第一堂讲座，他都会花一两个小时来讲商业伦理。学员们被告知"做生意，首先要学会做人"，"要成为一名成功的企业家，你应该有服务顾客和社会的志向，赚钱不能只为了满足一己私欲"。在他的微信朋友圈中，学员们也总能看到许多批评国人道德沦丧的内容，例如"淘宝上很多卖家，包括不少我的学生，卖的都是垃圾""微商都是骗子""拼多多、拼得多、骗得多""国人越来越自私，道德越来越堕落"。而要革除这些"社会弊病"，黄先生认为不能只靠国家的道德宣传和法律制裁，而是要每个人都从自身做起，学会自律，践行美德。那些有道德觉悟的个人还应该先进带后进，通过各种方法向其他还未"开悟"的社会成员传播他们的道德理念。他在课堂上这样阐述自己的观点：

> 我认为普及商业伦理很重要的一点就是要在社会生活的方方面面都重视它。比如你是一个投资人，你可以只把你的钱投给那些有品行的人。如果你是一个雇主，你可以只雇那些有品行的人，开掉那些没品行的人。如果你是一个顾客，你可以只去那些真正有信誉的商店消费。这样一来，我们的社会就能形成一种氛围，鼓励人人都做有道德的人，社会才能变得越来越好。

黄先生已经开始在自己的网店招聘中践行上述的理念。他在访谈中告诉我，他的网店面试特别注重申请人的品行。在正式聘用之前，他会花一个月时间来考查每个员工。为了确保团队成员的品质，这种考查甚至会延续到聘用合同签订之后，那些心术不正、自私自利、投机取巧的人都要清理出去。黄先生将这一做法视为其企业人力资源管理的一种策略，也是他个人道德高尚的一个标志，所以他时常把这类内容放在微信朋友圈里分享，让所有认识他的人都看到。此外，他还经常发一些有关商业愿景和客户好评的内容，为自身打造出一幅值得信赖的企业家形象。

在进入他的团队做参与式观察之前，黄先生在我看来是一位绝对主义的道德家。刚开始观察了一段时间，我发现他的日常商业运作似乎也和他塑造的道德形象一致。然而很快就发生了一些事件，让他看起来跟原本展示的形象有了差距。譬如有一次，一位顾客从他的网店买了几包零食，过了两天来打了一个差评。黄先生发现对方也是一个销售休闲零食的网商，就断定这是同行捣乱，破坏他的网店声誉。当天晚上，他联系了10位住在不同城市的朋友，让他们去对方的网店购买零食，收到货后都打差评。这一招吓坏了那位同行，对方几天后打电话来向黄先生道歉，并承诺删除自己的差评，希望黄先生也能这样做。黄先生斥责了竞争对手不道德的行为，但没有许诺删除差评。他告诉他的团队成员，他打算保留那些差评，给对方一个教训。当我问黄先生是否担心他的同行向平台举报时，他回答说："他没那个胆子，也没有证据，我从来没承认过我做了那些事。"他也不认为他的反击是不道德或不合法的，而是将其定义为以其人之道还治其人之身。"别人来害你，你反击是正当防卫，在道德上没有问题，就是俗话说的'害人之心不可有，防人之心不可无'。"

黄先生对他的电商生意保护意识非常强，经常和他的批评者做斗争。虽然他总说要为顾客提供热情周到的服务，但这样的服务仅限于那些给他好评的顾客。那些打差评的消费者很可能会收到他的责骂电话或短信。当被问及这么做是否与他的服务理念不一致时，黄先生开始抱怨他已经对那些不道德的顾客忍无可忍了：

> 我确实没办法了。有些顾客太讨人厌了。比如今天就有个人想退掉他买的零食，因为他觉得不好吃。我问他："你知道按照淘宝的规定，开封的零食是不能退的吗？"他说他不管，不好吃就要退，不给退就打差评。有的顾客要求我们好评返现（意思是他们打了好评后，网商支付给他们一定的酬劳），有的甚至开价很高，并且威胁不给就打差评。前几天有个人打了个差评，说我的姜茶"姜味太浓了"。我气个半死，在评论里面回复他说："如果你想要味道淡的，建议你去便宜的店买，那些化学品适合你。"对这些无良的顾客，我还能说什么？他们的行为实际上就是在伤害诚信的商家。类似的例子实在太多了。你有没有看前两天的新闻？有个骗子就利用电商平台的退货服务拿假货替换真货（新闻内容是有卖假货的人上网买了名牌皮包，然后用假货退货，商家发现后报警）。我还知道有人买西装、衬衫参加婚礼，不撕商标，用完以后衣服搞个洞，说有质量问题要退货。到最后他们免费用了衣服，卖家不仅要承担衣服的损失，还得赔上来回运费！你永远不知道人性有多丑陋！

黄先生谈到这些糟糕的个人经历和新闻报道时越讲越气，最后直接说他对责骂这些无良顾客丝毫不感到后悔。对他来说，惩罚不道德的同行和消费者本身就是一种道德的行为。只要他有确凿的证据，他也会向电商平台举报这些人，对方可能会因此受到处罚。但相比于网商群体，平台很难对消费者做出真正具有威慑力的惩罚，因为它们本身不是执法主体。黄先生很清楚这种情况，所以如果一个顾客真的惹恼了他，他自己就会采取更严厉的手段。在我调查期间，他曾经连续三天半夜给一个顾客打电话并辱骂对方，而他所用的手机卡都是他从其他城市买来的未注册的号码。他愤怒地解释为什么要这么做："电商平台不惩罚他，我也要惩罚他。他想给我找麻烦，我就要给他找更大的麻烦！"他的一些团队成员提醒他，这种做法可能违背了他之前教导他们的商业伦理，乃至有可能已经违法了。但黄先生坚信他必须给那个顾客一个教训。他说道："我们先把道德放在一边，讲道德是一种理想的生活方式。现在事情已经发生了，我们必须现实一点。非常时期要用非常手段。如果我这次不教训他，他就永远不知道什么是对，什么是错！"

六、结语

与顾客和同行的斗争经历可能一度给黄先生造成了许多道德困扰，但是千帆过尽之后，他已经能够在内心说服自己他的做法没有错：情节较轻的情况，他会相信自己的举动仍然是道德的；情节较重的情况，他会"先把道德放在一边"，做完之后再将自己的行为阐释成是在教育对方辨别"什么是对，什么是错"。和周先生一样，黄先生熟知许多能够帮助他击败同行或者解决客户争端的方法，他说他研究这些是为了自我保护，但情况并非总是如此。为了报复那些给他制造麻烦的人，他利用了自己在其他城市的关系网络和从异地购买来的未注册的手机卡，这样做都是为了降低被电商平台和政府追踪的风险，避免后续可能的处罚。他很清楚自己对顾客的责骂和骚扰与他所宣扬的道德观相去甚远，因而有必要提出一个新的道德框架来使自身的行为合理化，即将惩罚和教育不道德的人也视作一种道德的举止。最终，黄先生的道德能动性顺应了他作为经济人的主体身份，其道德选择也成为其商业利益的一部分，通过重新阐释特定的商业情境和挪用他个人（以及其他人）的糟糕经历来撰写自我辩护的叙事。

如果说各种商业策略和服务其自身利益的新道德框架帮助黄先生和周先生扩大了他们采取不道德商业行为的自由，那么王先生对电商平台游戏规则的充分掌握和他的勤奋令他具备了抗拒这些不道德商业行为的自由。这些自由在宏观层面上自然是中国社会转型（尤其是国家权力的部分退场和市场化）

的结果①，但同时也是网商们想象和实践的结果。他们通过对所处的情境和个人经历进行（重新）解读和编撰，建构出了一个相对自由的空间，既可以让那些想采取不道德商业行为的网商按照自身的意愿行事，也可以让那些想采取道德商业行为的网商出淤泥而不染，不必被迫随波逐流。他们的道德轨迹都彰显出个体能动性在建构道德主体性过程中的巨大作用。

概而言之，本文深描了中国网商作为道德、不道德与道德分裂主体的经商轨迹。这些不同类型道德主体的并存揭示了这个职业群体的道德多元化。作为普通公民，他们差异化的道德观念和实践也反映了中国社会的道德多样性和复杂性。以此经验性发现为基础，本文旨在对中国的道德研究和广义的道德人类学研究分别做出一定的贡献。关于中国社会道德状况的研究长期以来呈现出两极化的趋势。尽管也有文献暗示过现实中的道德多元化，但却很少有学者直接阐发这一问题。本文试图打破既有的两极化观点，同时也为道德多样化现象提供了一个解释——虽然这个解释主要依托中国本土的情境生发而来，但它或许也适用于解读其他社会的类似状况。针对现有的道德人类学研究，已有一些文献讨论了个体的道德主体性如何受到社会转型和个人经历的塑造，但由于这些文献很大程度上依赖以个人为中心的访谈，其研究发现多是研究对象事后的道德反思，研究者很难确定他们的受访者是否以及如何操纵了他们对个人经历的叙述和解读。通过参与他们的商业活动和日常生活，密切观察他们的道德决策过程，我发现中国的网商经常挑选和重新阐释某些情境和个人经历来支持或佐证他们的道德选择。本文的实例揭示了个体能动性在道德选择的每一步中都扮演着重要的角色，它提醒我们应当将主体放在道德人类学殿堂更重要的位置。

---

① Xin Liu，*In One's Own Shadow*：*An Ethnographic Account of the Condition of Post-Reform Rural China*，Berkeley：University of California Press，2000；阎云翔：《私人生活的变革：一个中国村庄里的爱情、家庭与亲密关系(1949—1999)》，龚小夏译，上海：上海人民出版社，2017年。

人作为语言动物的能力

——读查尔斯·泰勒的《语言动物》

王　琼*

（南京晓庄学院 外国语学院，江苏 南京 211171）

摘　要：查尔斯·泰勒近年出版的专著《语言动物》是泰勒30年语言思想的集大成之作。本书系统讨论了语言的本质问题，是泰勒哲学非常重要的构成。泰勒在书中通过探讨人作为语言动物究竟意味着什么问题，从语言学视角剖析了现代哲学，为当代语言哲学研究做出了贡献。

关键词：语言；框架理论；建构理论；内在正确性

　　自现代哲学发生语言转向以后，任何哲学讨论都绕不开语言问题。查尔斯·泰勒于2016年3月出版的著作《语言动物》（*The Language Animal*）正是一部探讨人类语言本质及其哲学问题的力作，但自出版以来，国内学界几乎未曾关注，对本书观点的介绍与讨论一直付之阙如。

　　查尔斯·泰勒是当今英语世界著名的哲学家，2016年9月被美国教育网站TheBestSchools选为全球50位最具影响力的健在哲学家之一。"语言动物"这一说法源于亚里士多德对人类的定义"Zwon echon logon"，从希腊原文的字面意思翻译即为"animal possessing logos"。泰勒认为不妨将此处的"logos"理解为"language"，于是便有了本书书名"语言动物"①。泰勒试图通过回答"什么是人类的语言能力"这一语言哲学问题，打开通往形而上学、政治学、伦理学的大门。在序言中泰勒直言18世纪德国的浪漫主义是他解读语言本质的主要灵感来源，因此泰勒并没有纠缠于哲学传统的内部角力，而是将研究重心指向以德国哲学家赫尔德（Johann Gottfried Herder）、洪堡特（Wilhelm von Humboldt）、哈曼（Graham Hamann）为代表的建构理论（Constitutive Theory）与以霍布斯（Thomas Hobbes）、洛克（John Locke）、孔迪拉克（Etienne Bonnot de Condillac）为代表的框架理论（Enframing Theory）（又称指称工具论）之对比，前者可以视为欧陆哲学家语言思想的基础，而后者与分析哲学阵营紧密相关。泰勒把这两种语言理论作为全书的基本背景，在开篇就旗帜鲜明地表明对前者的赞同和对后者的批评。他对两者的对比不是泛泛而谈，而是依照着自身对语言本质的理解具体地展开。

　　首先，泰勒否定了框架理论。泰勒简称框架理论为HLC理论，针对该理论的根源，泰勒指出，它脱胎于笛卡尔主客两分的现代知识论，其谬误之处正与现代知识论相关：HLC理论预设了一个由人类生

---

　　* 作者简介：王琼，江苏南京人，南京晓庄学院外国语学院讲师、博士，研究方向：语言哲学。

　　基金项目：南京市晓庄学院校级项目"大学英语教学中'晓庄红色基因'的渗透与落实研究"（3022109）阶段性研究成果。江苏高校"共建高质量的外语教育新生态"专项研究"陶行知教育思想在大学英语课程思政建设中的融入"2022WJYB029阶段性研究成果。

　　① Taylor C. *The Language Animal：The Full Shape of the Human Linguistic Capacity* [M]. Cambridge/London：The Belknap Press of Harvard University Press，2016，p. 338.

活的全部场景构成的框架,该框架的存在与语言无关,语言出现在这个框架之后,用于一一对应地命名和描述框架内的事物,语言就此与外部世界一分为二,成为表征事物的媒介。这种视语言为外部世界解码工具的理论不仅强调严格定义词汇,反对一切无益于对现实世界准确表达的比喻与修辞,提出词语的使用要精简至自然科学的水准,并要求语言要从第三方的视角或客观、中立的立场描述事物与现象①。这样的语言脱离了历史、文化、社会背景,成为"原子式"的存在。不难看出,HLC 理论试图对语言"祛魅"、去修辞化,认为只有"透明"的语言才能实现词与物之间的对应关系,才能获得语言的普遍性。这种视角下的语言与思想之间没有联系,其发生充满随意性。

泰勒把对 HLC 理论的质疑与对语言来源的追问相结合。他一方面赞同赫尔德对孔迪拉克著名推断②的批判,主张语言发生之时,用于命名的信息并不预先存在,另一方面借鉴托马塞洛(Michael Tomasello)和唐纳德(Merlin Donald)的观点,从个体和整个人类演变的角度阐述语言的发生与发展,提出在个体成长的过程中,共同意愿优先于个人主体性,儿童只有在交流中才能习得语言,个体与父母或看护人的感情投入及共同关注在此期间起到了至关重要的作用。不同于动物的"语言",人类语言不仅与思想丝丝相连,还蕴含了个体嵌入其中的历史、文化、社会之意蕴。动物可以执行符号命令,却无法理解符号背后的意义,人类语言在解码和信息交换之外,包含着人与人之间的情感分享,让我们获得了 HLC 理论无法解释的人类意义。针对语言的"祛魅"论,泰勒阐释了比喻及与比喻类似的表达对人类语言发展的重要性,认为 HLC 理论既无法说明某些领域(如社会、政治)的价值,又无法展示语言的创造能力。

其次,如果说泰勒对 HLC 理论的批评遵循的是边破边立的路径,那么他对"什么是人类的语言能力"之回答则奠基于对表达建构理论(泰勒简称其为 HHH 理论)追根溯源般的认同。赫尔德是表达建构理论的关键人物,也是泰勒语言思想的主要来源。泰勒通过对赫尔德"反思"(reflection)概念的重新解读,引入贯穿他整个语言思想的核心概念——内在正确性(intrinsic rightness),它探究使得一个词能够与它所表达的内容相匹配的反思式的意识,以及这一意识为什么会发生。泰勒主张"反思"即在语义维度出于对内在正确性问题的敏感而行动③。与动物受到刺激后做出反应的模式不同,人类的反思式意识出现在特定的时间和空间中,由多种力量共同作用产生,承载着人类对自身、自身与他人关系的理解,同时指向对某种社会、历史和文化背景的认同,这是人类语言与动物符号语言间的区别所在。

泰勒直言赫尔德为他提供了语言建构理论的范式,该范式赋予语言非同一般的创造力和生成力。在这个范式内,泰勒分别从语义和语用两个层面阐述语言的能力。他认为语言的三种表达形式(泰勒也称其为表达阶梯上的三层踏足,three rungs of a ladder)——言说(verbal)、演绎(deductive)和描绘(portrayals)——在语义层面完成了对人类意义的创造、维持和发展。泰勒相信不论语言演变成何种程度,新的意义总在不断地出现,在某些关涉人类感觉(泰勒称为元生物意义,metabiological meanings)的领域,比如人类的情绪、情感、道德等,并没有客观存在的对象与语言所描绘的内容对应,这些意义专属于人类,它们对我们产生作用,我们的身体具有"感知直觉"(felt intuition),一旦我们获得这种直觉,语言的三种表达形式便在内在正确性的指引下赋予我们表达情感、建立关系以及展现价值观的能力。泰勒认同休谟的观点,承认感觉(feelings)在人类意义生产过程中的重要作用,但他指出情感主义的"感

---

①　Taylor C. *The Language Animal*: *The Full Shape of the Human Linguistic Capacity* [M]. Cambridge/London: The Belknap Press of Harvard University Press, 2016, pp. 129-32.

②　孔迪拉克提出两个在沙漠中的小孩看见彼此悲伤地哭泣就会明白哭泣象征某种东西,并以此作为参照,语词就这样诞生了。赫尔德反对这种观点,他认为孔迪拉克预设了他需要解释的东西,把象征关系视为理所应当,仿佛小孩已经理解了一个语词代表什么。

③　Charles Taylor, *The Language Animal*: *The Full Shape of the Human Linguistic Capacity* [M]. Cambridge/London: The Belknap Press of Harvard University Press, 2016, p.27.

觉"只是简单的"反应",缺少了理性的作用,此处的理性是一种释义学理性,不同于康德的"理性"或是理性主义的"工具理性"。

在语用层面,语言为交谈双方建立了某种关系(footing),确定他们所扮演的角色。不同的交谈背景和对象要求人们采用不同的方式交流,从而形成差异化的"语域"(register),随之带来规则、礼仪、交往类型的变化。交谈双方不断地更新并实践这些因素,使它们处于持续的更替之中,新的社会秩序得以呈现,自我和他者共同存在的空间不断得以完善。泰勒对话语创造力的思考延伸到"仪式"(ritual)和"宇宙"(cosmos)秩序,在他看来仪式是语言使用的一种形式,影响着语言的产生和发展,人类通过重建仪式修复受到创伤并偏离轨道的宇宙秩序①。更进一步,泰勒发展了 HHH 理论的语言整体观。语言是一个体系,若脱离了使用语言的社会、文化、人际关系背景,语言就失去了意义。泰勒借助整体观向我们说明个体对意义的解读方式不同,不能用统一的标准判断人类对意义的理解。

语言的建构能力是本书的核心。泰勒认为语言的"表达建构"能力体现在三方面:其一,语言的形式不再拘泥于书面的、口头的表达,肢体动作、姿态、音乐、艺术作品同样属于语言范畴;其二,人类不断寻找的新意义超越了 HLC 理论所界定的"客观物质"范围,意义的产生既受到政治、文化、宗教等因素的影响,又折射出由于这些因素的改变而促生的价值转变,新意义形成之后,反过来作用于对上述关涉人类意义的因素的认识,乃至改变人类自身;其三,语言确定了人与人、人与社会、人与宇宙之间的关系,语言将人类、自然和宇宙连接在一起。泰勒认为正是因为语言的建构能力,人类才得以完成人化过程,同时获得了其他物种不可比拟的"灵活性"(flexibility)——一种能改变、转换自己能力的可能性②。这种强大的"灵活性"体现了人作为语言动物的能力。当我们面对冲突,语言赋予我们的"灵活性"能够帮助我们识别"更高的善",这善超越了我们从先辈那里继承的"排外"的"普遍人类直觉"(universal human instincts),"让我们可以和对手的感觉达到一致"③。

在本书的最后,泰勒指出,受现代自然科学的影响,叙事历来被视为人类追求知识过程中可有可无的部分④。但泰勒将语言的创造力从句子扩展至语篇,强调叙事通过编制故事创造出意义,让我们在故事中感知过去与现实,接近自我,成为自我,因此叙事不可替代。泰勒对语言的阐述关涉其对人类行为、现代道德哲学与政治哲学的思考。较之现代知识论反复申言的自我意识与客观世界的二元对立,以及自我意识之形成在主体间世界(intersubjective world)之前的观点,泰勒更强调语言发展过程中共同关注和感情纽带的关键地位,表明"他者"在自我认同形成中不可忽略的作用,主张作为语言动物的人类只有通过对话式的交谈才能习得语言。交谈的主体(以儿童为例)在语言学习过程中首先获得正确的表达,然后学习规范的行为,最后拥有社会、宇宙的秩序感。泰勒认为,自我意识源于主体间世界,强烈批判现代性的极度个人主义与工具理性,在交谈中主体与他者形成一个共融的文化共同体即社群,它负载着人类在语言及历史上的关联,构成了人之所以为人的全部背景。只有在社群中,人才能实现自我认同,形成个人的价值和目的。人最初对善的体悟形成于与他者的交流和分享活动中,语言既充当这些活动的"组织者",也是它们的"塑形者"。概言之,泰勒对群体主义和自由主义、正义和善的讨论都建立在语言共同体观念基础之上。

---

① Charles Taylor, *The Language Animal*: *The Full Shape of the Human Linguistic Capacity* [M]. Cambridge/London: The Belknap Press of Harvard University Press, 2016, p.274.

② Charles Taylor, *The Language Animal*: *The Full Shape of the Human Linguistic Capacity* [M]. Cambridge/London: The Belknap Press of Harvard University Press, 2016, p.339.

③ Charles Taylor, *The Language Animal*: *The Full Shape of the Human Linguistic Capacity* [M]. Cambridge/London: The Belknap Press of Harvard University Press, 2016, p.340.

④ Charles Taylor, *The Language Animal*: *The Full Shape of the Human Linguistic Capacity* [M]. Cambridge/London: The Belknap Press of Harvard University Press, 2016, p.316.

　　与 30 多年前的语言学旧作相比①,《语言动物》更关注语言理论的系统化发展,更具体也更全面地呈现人作为语言动物所拥有的能力,即人与宇宙之间因为语言而产生的精神层面的相互作用。泰勒在其成名作《自我的根源》中曾说将会从语言哲学和认识论视角再谈现代性与现代认同②,《语言动物》兑现了他之前的承诺(认识论视角参见 2017 年出版的 *Charles Taylor, Michael Polanyi and the Critique of Modernity*③)。泰勒透过对人类的语言能力多方位、多层次的立体阐述,从更广阔的视角分析人类语言在人与世界的相互关系中所扮演的角色,最终指向对现代性的思考。身处现代性中,人类社会面临着严重的文化、社会、政治、宗教、环境等问题,价值冲突、恐怖主义、战争影响着世界秩序。在泰勒看来,语言与这一切相关,不同的语言有着不同的词汇和语法结构,不仅可以形式化事物,而且建构了一切人类最重要的关涉,这些关涉又透过语言对人类本身产生影响。因而即使在同一社会内部也会存在文化差异,唯一能达成政治或道德上一致的方式是耐心地互相学习和平等的相互交换④。如果仅遵循 HLC 的原子式语言观,执着于对单个事物的描述,我们无法全面呈现语言的创造性力量,也无法揭示人类与宇宙之间的生物性和精神性的相互关系,更无法化解这危机四伏的时代局面。

　　泰勒对语言的思考呈现了语言最本真的样态,他不仅改变了我们对语言与人关系的固有观念,也对国内当下语言教学和研究颇有启示。20 世纪初分析哲学、实用主义等思潮传入中国,随后成为中国语言研究的主流,直接导致当今学界很大程度上都持有一种语言工具观,不仅语言研究中的各种技术手段层出不穷,甚至出现用脑电波替代语言的观点。如果仅从这些视角审视语言,遮蔽了语言中更为基本的东西,人的伦理、道德、精神、信仰和情感等人类意义将隐而不彰。泰勒的《语言动物》传递了另一种声音,一种唤起我们对语言人文属性关注的声音,更是一种呼唤解释学——现象学哲学传统的声音。尽管泰勒说人类至今无法完全参透语言的秘密,《语言动物》只是他试图通过表达建构语言观去理解世界的一篇导言,但是我们可以断言这本著作仍是他的学术图景中的重要构成,期待更多精彩的论点出现在他后续的作品中!

---

①　Charles Taylor. *Human Agency and Language*[M]. New York: Cambridge University Press, 1985.

②　[加]查尔斯・泰勒:《自我的根源:现代认同的形成》,韩震 等译,南京:译林出版社,2001 年,序言。

③　Charles W. Lowney Ⅱ (ed.), *Charles Taylor, Michael Polanyi and the Critique of Modernity: Pluralist and Emergentist Directions*[M]. Palgrave Macmilla, 2017.

④　Charles Taylor, *The Language Animal: The Full Shape of the Human Linguistic Capacity* [M]. Cambridge/London: The Belknap Press of Harvard University Press, 2016, p67.